电离层垂直探测电离图度量手册

何绍红 等 编著

赵正予 赵振维 主审

图书在版编目(CIP)数据

电离层垂直探测电离图度量手册/何绍红等编著.—武汉:武汉大学出版社,2021.9

ISBN 978-7-307-22368-4

Ⅰ.电…　Ⅱ.何…　Ⅲ. 电离层探测—垂直探测—手册　Ⅳ.P352.7-62

中国版本图书馆 CIP 数据核字(2021)第 102899 号

责任编辑:鲍　玲　　　责任校对:汪欣怡　　　版式设计:韩闻锦

出版发行:**武汉大学出版社**　(430072　武昌　珞珈山)

(电子邮箱:cbs22@ whu.edu.cn 网址:www.wdp.com.cn)

印刷:湖北恒泰印务有限公司

开本:787×1092　1/16　印张:16.5　字数:388 千字　插页:1

版次:2021 年 9 月第 1 版　2021 年 9 月第 1 次印刷

ISBN 978-7-307-22368-4　定价:39.00 元

前言

近年来，随着探测的电离图结构更加精细，国际上对电离层的分层结构有了更深入的认识，并提出了一些新的分层定义，例如F0.5层、F1.5层和F3层等，因此随着对Es类型研究的深入，原有的电离图度量手册已经无法解释这些精细结构和新的分层结构。此外，已有的电离图度量手册中所有电离图例均是理想化电离图，与实测电离图存在一定的差距，给电离层度量解释带来一定的困难。因此，为了提高电离图判读的准确性，提升观测数据质量，统一度量标准，编写新的电离图度量手册就很有必要。我们经过三年的努力，广泛收集度量实践工作中遇到的大量问题，整理分析了2万余张电离图，甄选出典型图并配以度量结果和解释，集结成册，形成该《电离层垂直探测电离图度量手册》。

本手册共有3章内容：第1章为电离层基础知识，对电离层及其变化特性、电离层垂直探测与电离图等作了简要介绍。第2章为电离层参数的度量精度规则，主要对电离层14个参数、限量符号与说明符号作了解释说明并给出了这些参数度量的详细精度规则说明。第3章为电离图度量说明及实例解释，这是本手册的核心篇，分别按E层、Es层、F1层、F2层和其他电离图情况的顺序对度量方法进行了详细说明，包括各层的度量参数定义和度量规则说明，以及对各层不同描迹情况进行分类定义，并给出了对应的观测实例的度量解释；特别是对特殊电离图的度量方法进行了更多的举例和更加详细的解释和说明。

为了使本手册通俗易懂和贴近实际，手册中绝大多数引用了中国电波传播研究所电波观测站网的真实数据和图例，这也是本手册不同于已有的国外手册的特色之一。本度量手册另一个特色是：观测实例的度量解释采用实测电离图、14个参数的度量结果及相应的观测解释三部分对照列出。观测结果简要说明回波描迹的出现条件；解释主要是阐明怎样去解释出现在电离图上的描迹，以及怎样为参数取得最为恰当的度量值。

本手册阅读对象主要是电离层专业观测人员和电离图度量人员，对于电离层研究人员以及各种相关电子信息系统工程技术人员同样有一定的参考价值，对高等院校相关专业的教师和学生解读电离层数据也有很大的帮助。

本手册主要由中国电波传播研究所何绍红编著，参与编写的人员还有中国电波传播研究所张艳茹、唐森、李筱、马丽、齐锋，武汉大学姜春华也参加了编著工作。在编著本手册的过程中，武汉大学赵正予教授和中国电波传播研究所赵振维研究员对全稿进行了详细审阅，并提出了宝贵的修改意见。另外已故中国电波传播研究所焦培南研究员，在手册编写初期曾对手册进行审阅并给予了指导和建议。

本手册在编著过程中，得到中国电波传播研究所领导、机关、各外站的支持和帮助。此外，中国电波传播研究所甄卫民、刘玉梅、孙树计、凡俊梅、许正文、柳文、徐彤、宋国正、薛新红、卢红光、王华峰、张萌萌等同志也对该手册的编著给予了支持和帮助。在此表示衷心的感谢！

由于编者水平所限，错误和不妥之处在所难免，欢迎读者批评指正。

目　录

第1章　电离层基础知识

1.1　电离层简介

大气层之上，高度为60~500km以上的区域，一部分空气分子被太阳紫外线电离产生电离气体。这些电离气体称为等离子体，这一区域称为电离层。

电离层电子浓度随高度的变化，常出现几个极大值区，称为层。电离层由四层组成。这样划分既有历史原因，也考虑到电离层的结构、特性及对高频通信的影响。白天四层都存在，分别为D层、E层、F1层和F2层，它们的高度范围大约为：

(1) D层：60~80km；

(2) E层：80~160km；

(3) F1层：160~210km；

(4) F2层：>210km。

其中，D层、E层和F1层仅白天存在。夜间只有F2层存在(高度在200km以上)，这时通常称为F层，如图1-1所示。

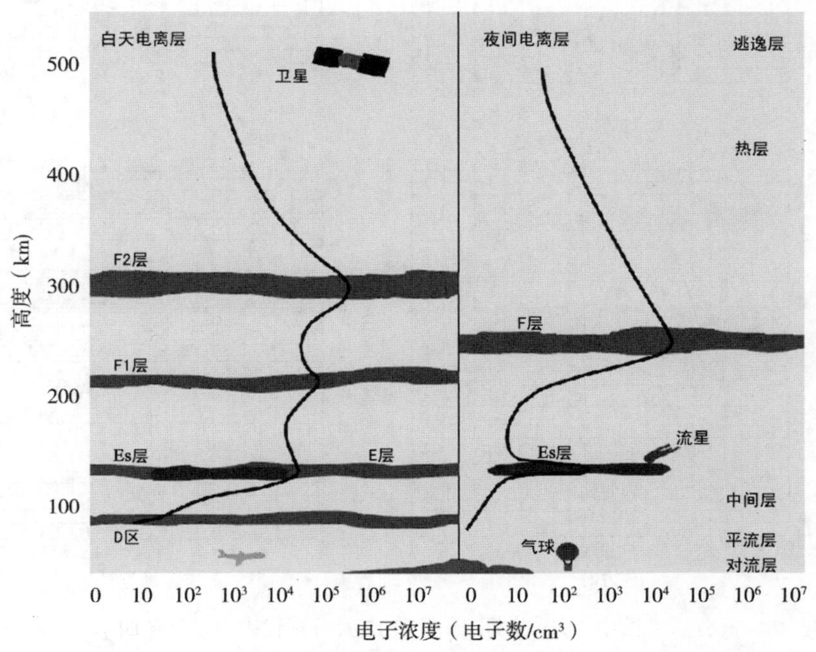

图1-1　电离层分层结构

1.2　电离层的变化特性

电离层的变化十分复杂，归纳起来有两类：一种是规则变化，另一种是干扰变化(不规则变化)。

1.2.1　规则变化

电离层的规则变化有两个方面：一个是随时间表现出来的变化，另一个是随地区表现出来的变化。随时间所表现的变化主要有日变化、季节变化和以太阳活动 11 年为周期的变化；而随地点表现出来的变化包括纬度变化和经度变化。

1.2.1.1　随时间的变化

1) 日变化、季节变化

图 1-2 和图 1-3 分别表示中纬度西安站电离层 E 层、Es 层、F1 层和 F2 层临界频率和高度的日变化和季节变化规律。

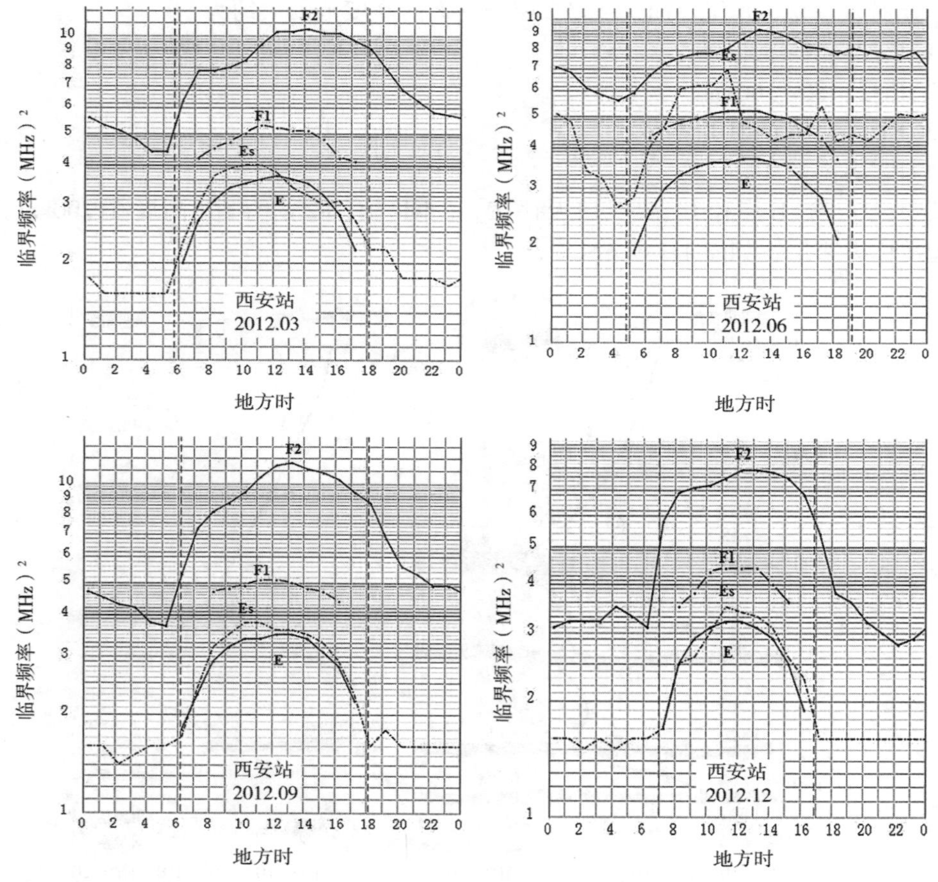

(注：此图中 3 月、6 月、9 月和 12 月分别代表春夏秋冬四季)

图 1-2　西安站 E 层、Es 层、F1 层和 F2 层临界频率平均日变化和四季变化

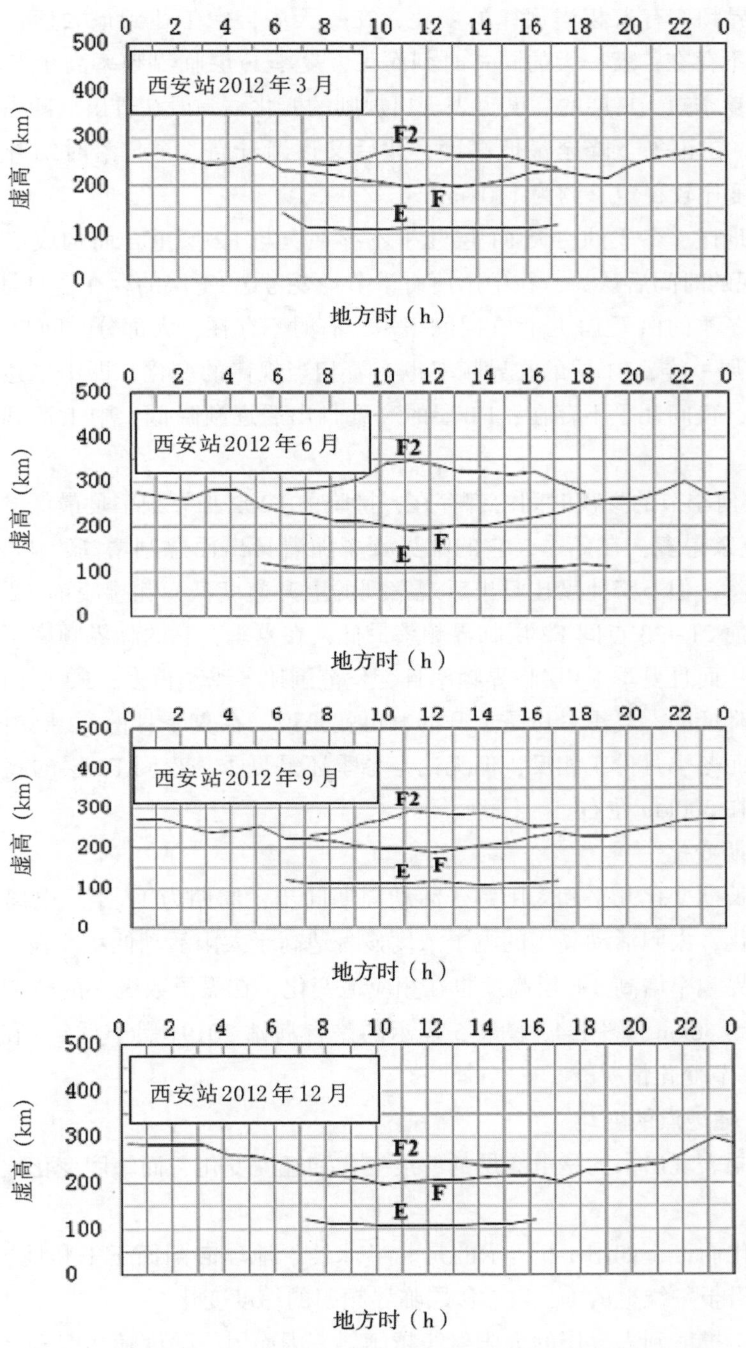

（注：此图中3月、6月、9月和12月分别代表春夏秋冬四季）

图1-3　西安站E层、F1层和F2层高度平均日变化和四季变化

从图 1-3 和图 1-4 中可看到：

E 层的临界频率有着相当规律的变化，在一天中，中午达到最大值，日出或日落较小，夜间几乎不存在；就一天的同一时刻而言，夏季 E 层临界频率高于冬季；冬季 E 层出现的时间比夏季短；E 层的高度也表现出规则的变化，一般在日出后随着电离度的增大 h′E 逐渐下降，在正午下降至最低高度，此后又逐渐升高，至日落时约升至日出时的高度。E 层的高度比较稳定，约为 110km。

在中纬度地区，冬季的白天 F1 层几乎不存在，与 F2 层重合而构成 F 层，但统计了中国 F1 层出现的时间后认为，在中国所有季节均要考虑 F1 层的存在，只是中国地区特别是满洲里地区冬季的白天 F1 层存在时间很短，有时不存在，大部分时间与 F2 层重合而构成 F 层；和 E 层一样，F1 层的临界频率也有着相当规律的变化，即中午达到最大值，日出或日落较小，夜间几乎不存在；F1 层的高度日出后逐渐降低，中午达到最低高度，然后又逐渐升高。

F2 层在任何季节的昼夜时间内都存在，拂晓前 F2 层临界频率是最低的。它的变化较 E 层和 F1 层复杂得多；在冬季，它的临界频率随着日出而急剧增高，中午达到极大值，然后又开始下降，但下降速度比日出后观察到的上升速度低，除拂晓前 F2 层临界频率有低谷外，午夜前 21~23 点间 F2 层临界频率最低；在夏季，它的临界频率不像冬季那样随日出急剧上升；而且夏季 F2 层临界频率日变化范围比冬季小得多；F2 层白天的高度表现为冬季月份是降低的，夏季月份是上升的，也就是说，在夏季月份 F2 层白天的高度高于夜间的高度，而冬季月份正相反，但无论是冬季还是夏季，夜间 F2 层的高度几乎是不变的，大致保持在 300km 左右。

2）太阳周期变化

电离层的长期变化几乎和太阳黑子活动周期同步，周期为 11 年。电离层电子浓度随太阳活动而变化，太阳活动高年的电子浓度显著地高于太阳活动低年。在太阳黑子数极大年，各层的临界频率增高。F 层高度也在相应地变化，在黑子数极大的时期，中纬度地区高出平均高度约 30km。图 1-4、图 1-5 显示的是青岛站 2019（黑子低年）和 2013（黑子高年）日变化和季节变化情况。

1.2.1.2　随地点的变化

随地点不同表现出来的是电离层的纬度变化和经度变化，而纬度变化比经度变化更为复杂。

就纬度变化而言，如图 1-6 所示的是北半球处于地球向阳面正午和地球背阴面午夜，从赤道到极点沿子午线上的 E、F_1、F_2层临界频率的纬度变化。

纬度越高，投射到大气层的太阳射线越倾斜。因而射线强度随纬度升高而减弱，使得电子密度减少。

1）高纬度（地理纬度>60°）

高纬度地区，投射到大气层的太阳射线严重倾斜，致使射线强度较低，电子密度较

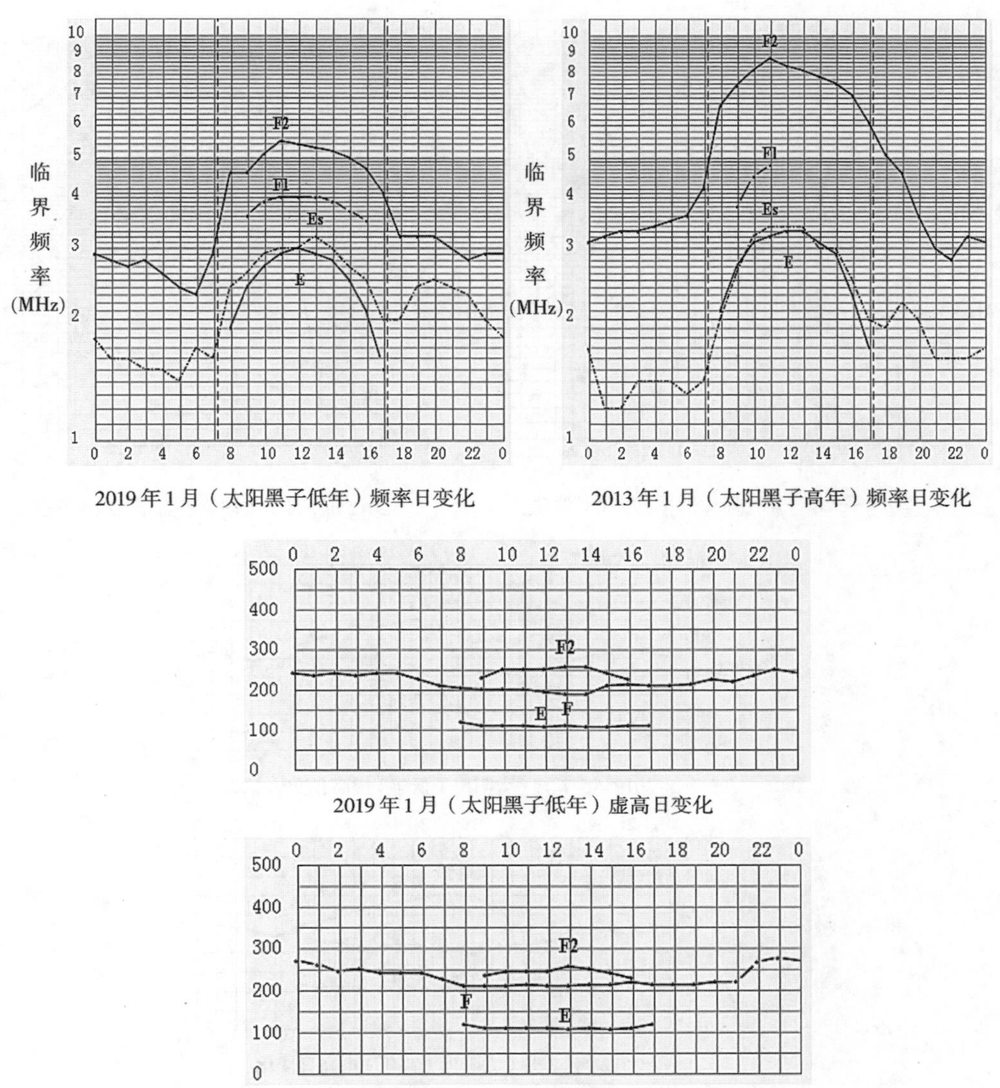

图 1-4 青岛站太阳黑子高年(2013 年)和低年(2019 年)各参数 1 月日变化图

小，同时电离层受高能极光粒子沉降、太阳风及外部空间粒子到达地球磁场相互作用产生的强电场影响较大，因此根据纬度、电离层特性等将高纬度区分为极冠区、极光椭圆及亚极光区或中纬度 F 区槽三个区域。其中，极冠区的电子浓度主要靠太阳风驱动对流；极光椭圆区的粒子沉降和电涌流较为活跃，电离层特征是极光 E 层，即沿极光椭圆的 E 区电离带；亚极光区的夜间 F 层电子浓度显著下降而电子温度显著增加，有尖锐边界、明显的水平梯度，即“中纬度槽”。

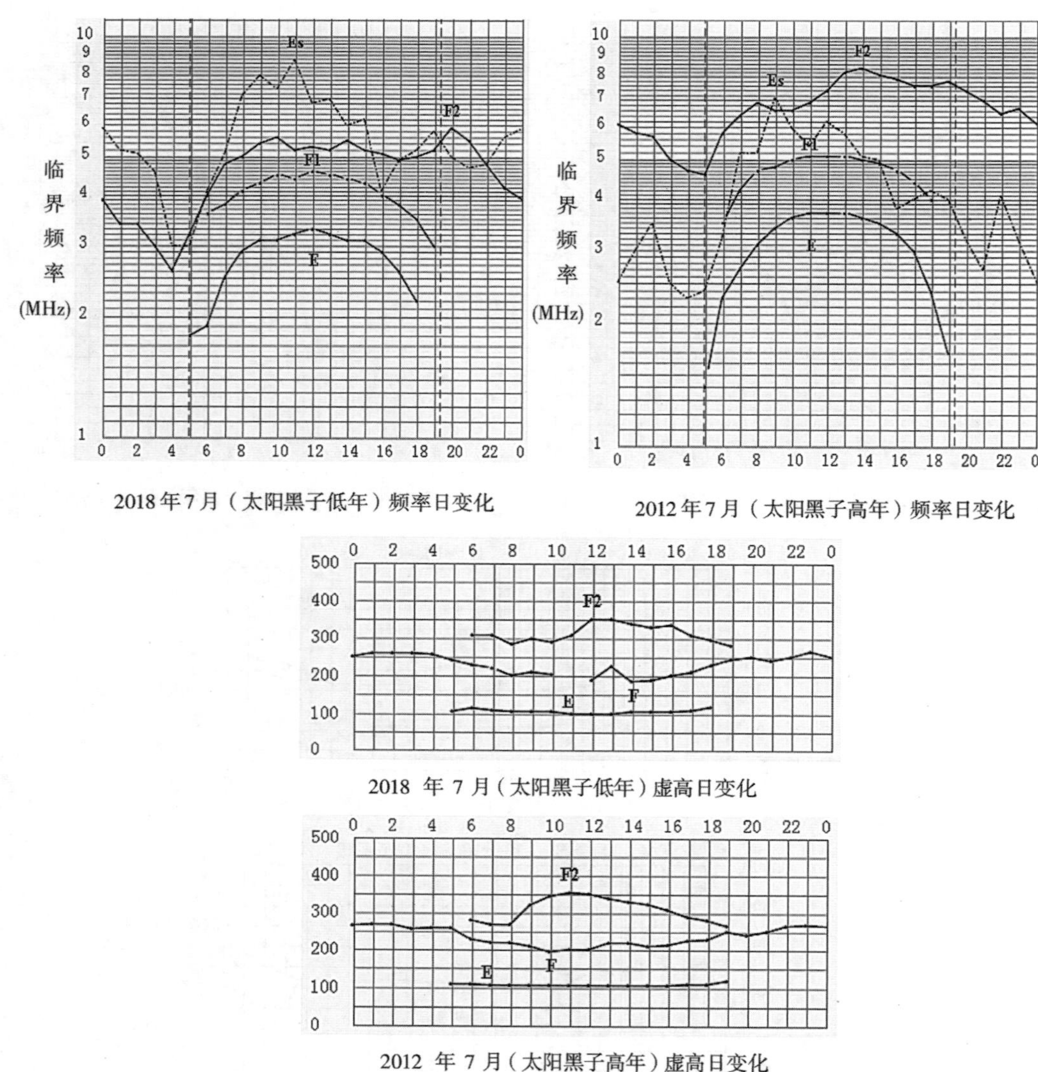

图 1-5　青岛站太阳黑子高年(2013 年)和低年(2019 年)各参数 7 月日变化图

2) 中纬度(地理纬度 30 °~60 °)

中纬度 F2 层日间与夜间电子浓度差别较大，夜间 F2 层主要靠大气风和等离子体沉降来维持，因此日间峰值虚高低于夜间。中纬度(30 °~60 °)地区电离层的 E 层、F1 层和 F2 层的电子浓度如用临界频率表示，则它与采用太阳黑子数度量的太阳活动呈线性关系。

3) 低纬度(地理纬度 0 °~30 °)

地磁赤道附近的电子浓度较邻近地磁纬度低，而地理纬度±10 °~±30 °区域在午后和

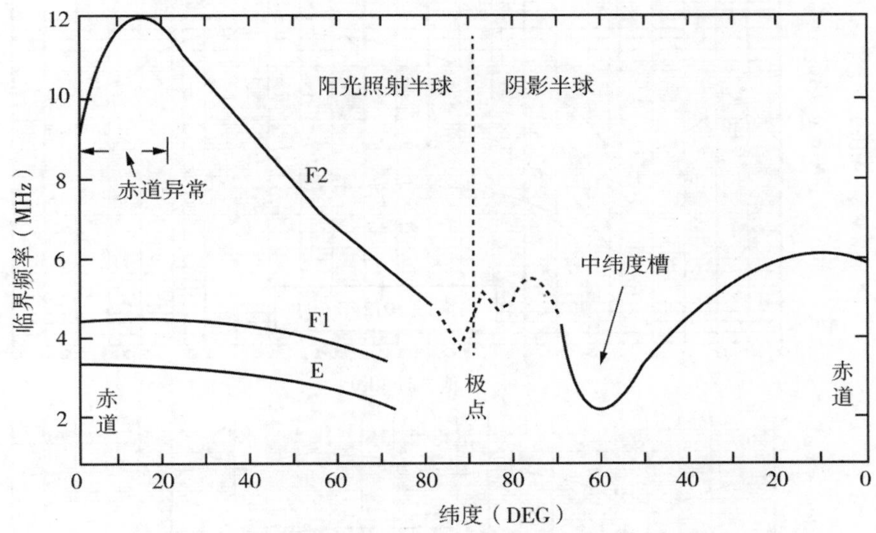

图 1-6 频率随纬度的变化(摘自参考文献[1])

傍晚有两个明显极大值，这种现象称为“赤道异常”或“双驼峰现象”。F 层在地磁赤道附近的厚度比其他地方都厚很多。

图 1-7 展示的是中国电波传播研究所电波观测网中海南(19.9 °N，110.3 °E)、新乡(35.3 °N，113.9 °E)、满洲里(49.6 °N，117.5 °E)站 E 层、F 层临界频率 6 月的变化情况。图 1-8 表示海南、新乡、满洲里这三个站 foE、foF1 及 foF2 临频变化值比较。

例如，图 1-9 表示 E 层临界频率分别在 6 月和 12 月的变化情况。不难看出，E 层临界频率是地方时和纬度的函数。大体上看来，随着日照程度的变化，E 层临界频率具有最大值的地方，在 6 月由赤道向北移动，而在 12 月向南移动。

图 1-10 表示中国电波传播研究所的北京、青岛、重庆、兰州、拉萨、满洲里、乌鲁木齐、长春、广州、海口、昆明、苏州、新乡、西安、伊犁、阿勒泰等 16 个观测站观测到的 E 层临界频率分别在 6 月和 12 月的变化情况。

由此可看出，对于我国同一纬度地区，6 月的 E 层临界频率的最大值高于 12 月。

就经度变化而言，F2 层即使在同一纬度上，地方时间也相当(日出、日落时间相当)，但经度不同的两个地点其临界频率也有些小差别，以长春站(44°N，125°E)和乌鲁木齐站(44°N，88°E)进行对比，如图 1-11 和图 1-12 所示。

此外，对分布在南北两个半球的两个观测站，即使它们的纬度和经度相同，其电离层特性的周年变化仍有不对称现象出现。有研究表明，F1 层和 F2 层的临界频率受地磁场控制，因而表现出对称于地磁赤道而不是地理赤道，具体地说，大约在地磁纬度±20°为极

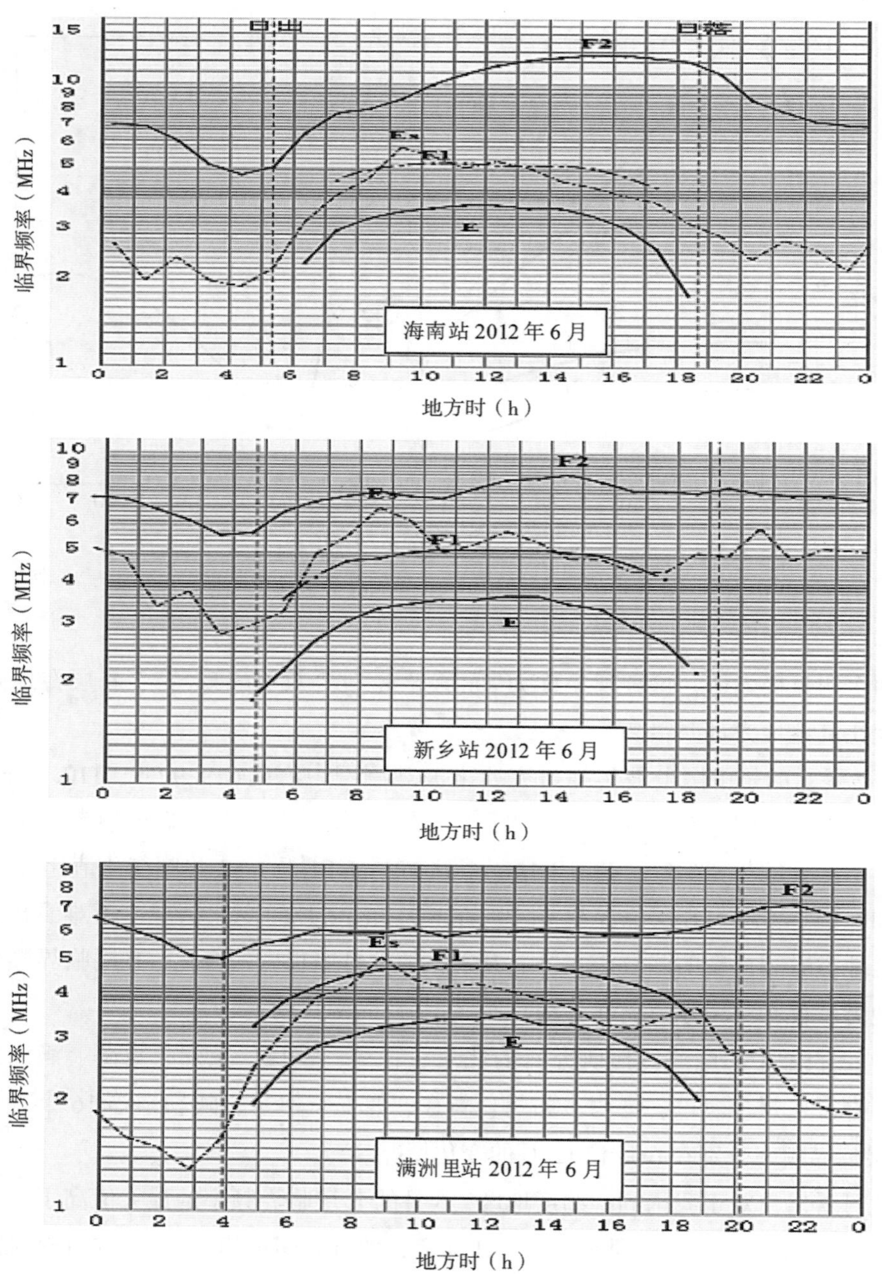

图 1-7　海南、新乡、满洲里站 E 层和 F 层临界频率 6 月的变化情况

大值，在磁赤道为极小值，这就是临界频率随地磁纬度分布的双驼峰现象。不过 F1 层的双驼峰现象没有 F2 层明显，而且这种现象低年不存在。

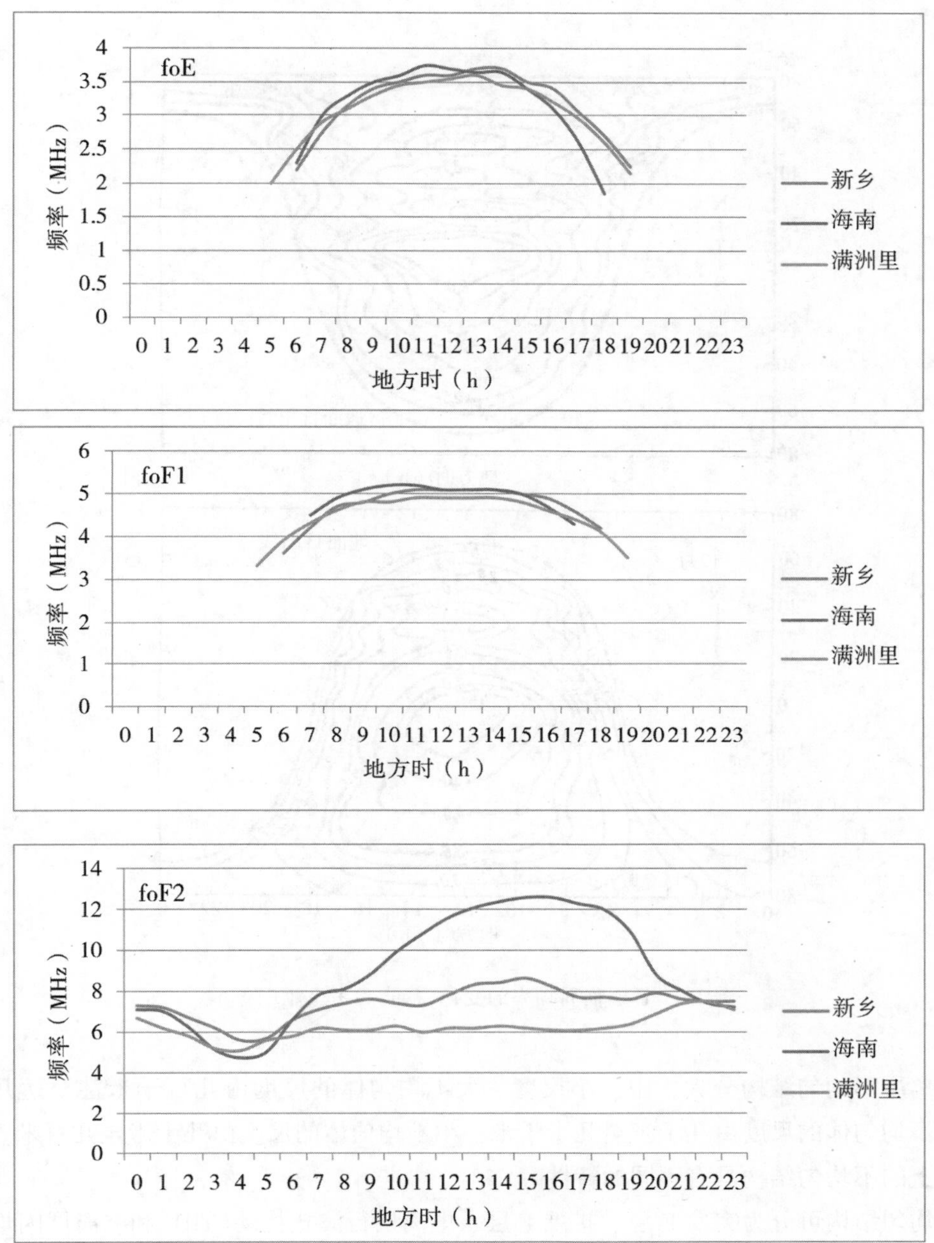

图 1-8 海南站、新乡站、满洲里站临频变化值比较

1.2.2 不规则变化

通常，电离层有着明显的周期性和规则性变化，但是当电离层出现突发不均匀结构或太阳发生异常活动时，便会引发电离层的种种不规则现象。

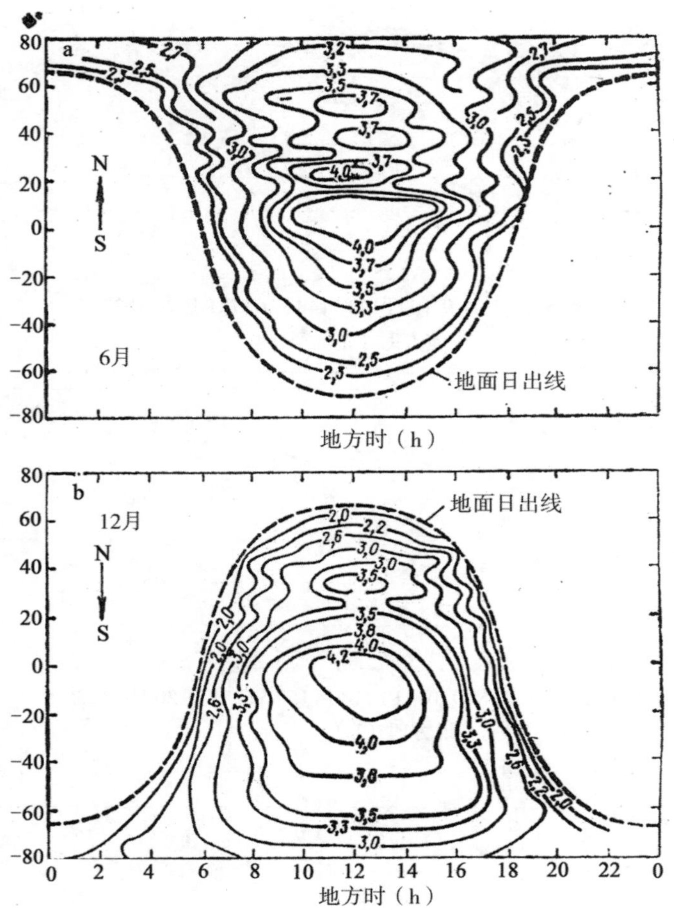

图 1-9　E 层临界频率的变化(摘自参考文献[19])

电离层不均匀结构分大、中、小尺度。大不均匀体的尺度由几百千米甚至达几千千米；中不均匀体的尺度由几千米至几十千米；小不均匀体的尺度由几十米至几百米。在不同高度上的不均匀结构具有不同的特性。

不均匀结构可分为突发 E 层、扩展 F 层、电离层行波式扰动(TID)和电离层闪烁四种类型。

当太阳上发生耀斑等活动现象时，往往伴有太阳光谱某些谱段(如 X 射线、紫外线)中光子辐射的急剧增加，同时抛射出大量高能粒子。当这些光子或粒子达到地球附近时，便在电离层中引起种种不规则的现象，这时电离层的电子浓度分布就会发生急剧变化，这种现象就称为电离层扰动。当发生电离层扰动时，常常造成短波通信骚扰乃至中断，其后果是很严重的。

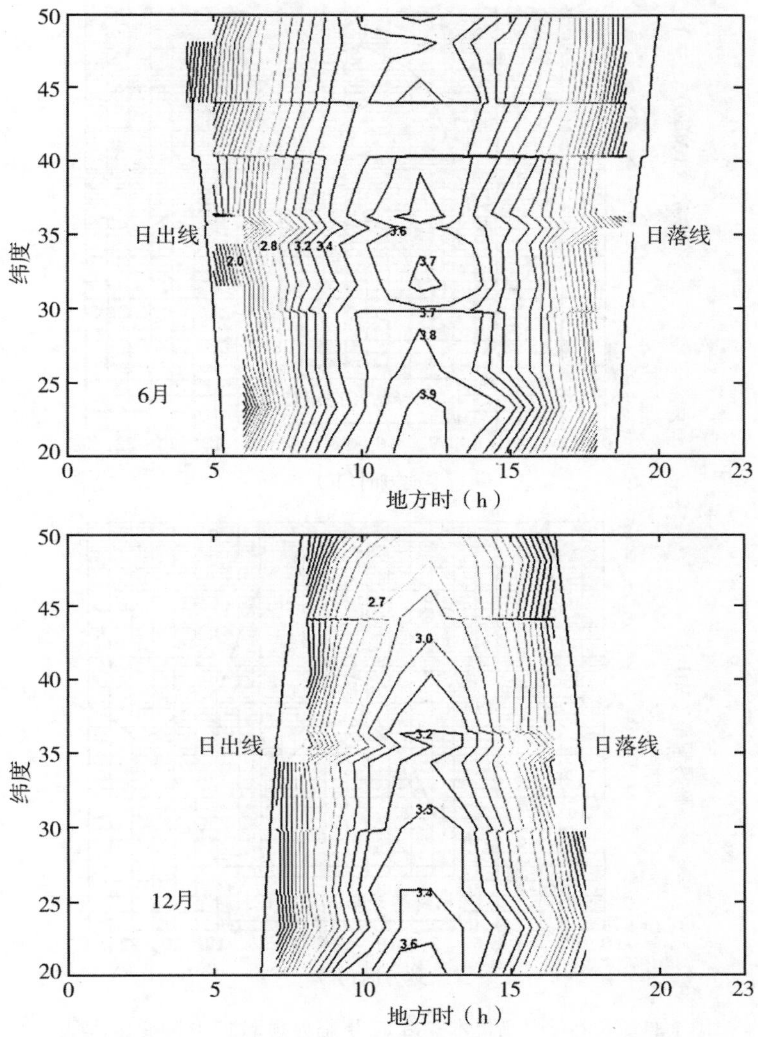

图 1-10　中国电波传播研究所的观测站 E 层临频的变化

电离层扰动经历的时间有长有短，短的不过几分钟到几十分钟，长的可达数小时甚至几天，主要有以下几种类型：电离层突然骚扰、极盖骚扰(太阳质子事件、极盖吸收、极光吸收、VLF 效应)、D 区暴、F 区电离层暴。其中，电离层突然骚扰(SID、极盖吸收(PCA))及全球性 F 区电离层暴最为重要。

1.2.2.1　Es 层(突发 E 层)

Es 层即 E 区的突发不均匀结构，也称为“突发 E 层”，它的厚度为 100~2000m，水平尺度为 200~100000m，有时候 Es 层可能在更大范围内连续，它是对高频通信起重要作用的电离层。

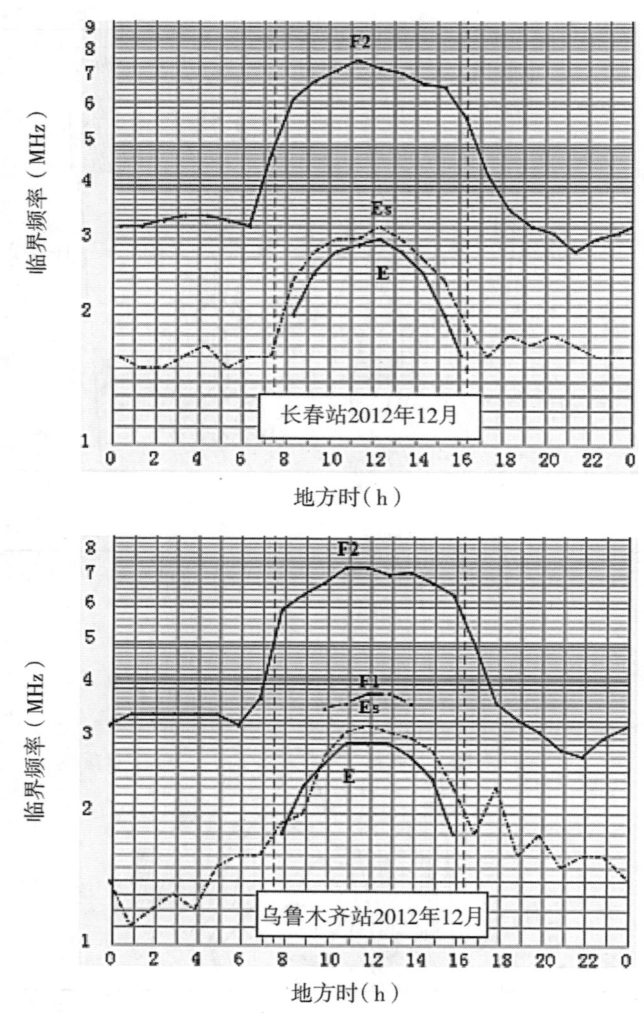

图 1-11　长春站、乌鲁木齐站 F2 层临界频率 12 月的变化情况

该层能反射的最大频率比 E 层大，有时比任何层都要大。一般地说，Es 层是一个薄层，出现时间不确定。有时 Es 层会呈现不透明状而遮住更高的一层，这意味着这时 Es 层很密致，很厚实；有时 Es 层会呈现半透明状，上层的回波可通过它返回，这意味着这时的 Es 层好像一个“栅网”。Es 层高度一般在 90~170km 区域。

据有关统计结果表明，赤道地区 Es 层白天常存在，且没有多大的季节变化；极区则是 Es 夜间较多出现，季节变化不太明显；中纬地区 foEs 比较低，有明显的季节变化，一般夏天多于冬天，白天多于夜间。Es 层除了有纬度效应外，还发现有经度效应。在垂测电离图上 Es 表现有多种类型。其 foEs 具有强烈的时空变化，在一个给定位置上 foEs 的变化可为 2~30MHz。Es 存在的时间一般为数小时。表 1-1 说明了极光带、中纬度地区、磁

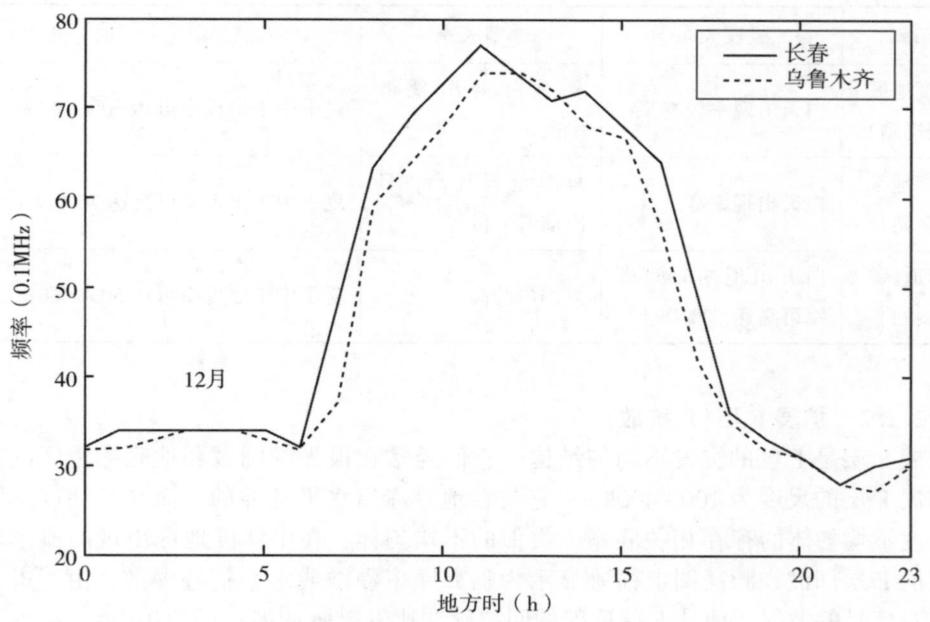

图 1-12　长春站、乌鲁木齐站 12 月 foF2 日变化值比较

赤道区 Es 的主要特征；但应注意，中国是 Es 高发区，黑子低年的夏季中国常有 Es 层而且 foEs 很高。表 1-2 说明了我国纬度跨度大的三个站海南(20°N，110°E)、新乡(35°N，113°E)、满洲里(49°N，117°E)Es 的主要特征。图 1-13 展示了我国纬度跨度大的海南、新乡、满洲里三个站 foEs>5MHz 的分布情况。图 1-14 展示了海南、新乡、满洲里站 2012 年 foEs>5MHz 的百分比分布。

表 1-1　　**不同区域 Es 的主要特征**

Es	昼夜关系	季节关系	其　他
极光带	夜间最经常	出现概率变化很小	来自磁层高能粒子的影响，与极光相联系
中纬度地区	白天出现率较高	夏季最经常	夏季中午出现率可高达 50%以上，对高频电波的反射区大小几十至几百千米并以 50m/s 速度漂移。与地磁活动相关性很小，有时与雷暴有一定的联系
磁赤道区	白天出现的时间概率可高达 90%以上	出现概率变化很小	与赤道电集流密切联系，存在沿地磁场线的不均匀性，具有片状结构

表 1-2　　中国纬度跨度大的三个区域 Es 的主要特征

Es	昼夜关系	季节关系	其　他
高纬度地区(满洲里站)	白天出现率较高	夏季白天出现概率高	夏季中午出现率可达 50%~60%
中纬度地区(新乡站)	白天出现率高	夏季全天较高，日出前有一低谷	夏季中午出现率可高达 70%以上
磁赤道区(海南站)	白天出现的时间概率可高达 70%以上	夏季午前高	夏季中午出现率可达 50%~60%

1.2.2.2　扩展 F 层(F 扩散)

扩展 F 层是 F 区的突发不均匀结构。它们经常在极光椭圆区和地磁赤道区的夜间存在。扩展 F 层的尺度为 100~400km。它与在地磁赤道水平延伸的、而在高纬度垂直延伸的小尺度不均匀体的存在相关联系。类似的不均匀体，在中纬度地区出现的概率较为减小。扩展 F 层回波在频高图上描迹显示为临界频率漫散或水平描迹漫散。由于电离层不均匀体对信号的散射，使从 F 层反射的回波脉冲比发射脉冲展宽可达 10 倍。扩展 F 层的扩散特性(按延迟“模糊”)使由电离层 F 区域反射回的和穿过电离层的无线电信号发生严重衰落。

频高图上描迹的临界频率漫散的叫“频率扩散”，另一种为水平描迹时延漫散，叫“区域扩散”。一般 F 层扩散，前者较为常见，而海南、广州夏夜则多为后者。

频率扩散也常叫 F 扩散，经常出现在夜间(极盖区几乎整天出现)。它在高纬地区(>±60°地磁纬度)和磁赤道附近(<±20°地磁纬度)出现频繁。在中纬区(地磁纬度 20°~40°)出现较少，它大多数出现在太阳活动低年冬季磁扰的夜晚。高低纬度的 F 扩散有明显的差别：F 扩射回波在低纬的出现率夏季大于冬季，在高纬则冬季大于夏季。我国满洲里(地磁纬度 40°)和海南(地磁纬度 10°)，分别趋于高纬和低纬特征。中国纬度跨度大的两个区域扩展 F 层的主要特性列于表 1-3。

表 1-3　　中国纬度跨度大的两个区域扩展 F 的主要特性

扩展 F	昼夜关系	季节关系	其他
满洲里站(地磁纬度 40°)	夜间经常，白天很少出现	冬季出现多，其次为秋季和春季，夏季最少	很少观测到区域型扩散，发生概率占总扩散总数的 5%左右
海南站(地磁纬度 10°)	夜间经常，白天很少出现	夏季出现多，其次为春季和秋季，冬季很少出现；夏季夜间每天发生概率 90%以上	常年观测到区域型扩散，发生概率占总扩散总数的 40%左右

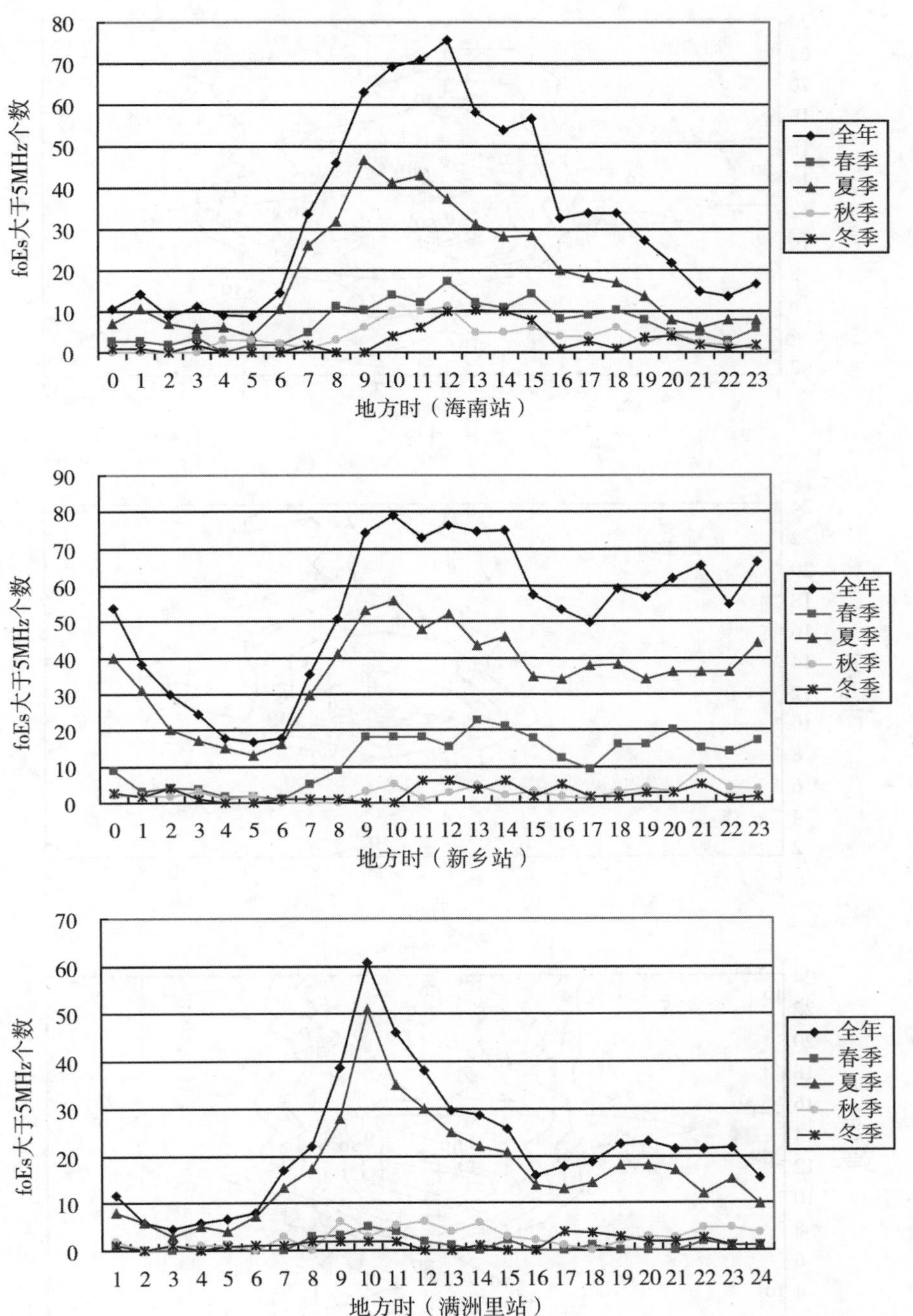

图 1-13 海南站、新乡站、满洲里站 2012 年(太阳黑子高年)foEs>5MHz 的出现次数(季节)分布

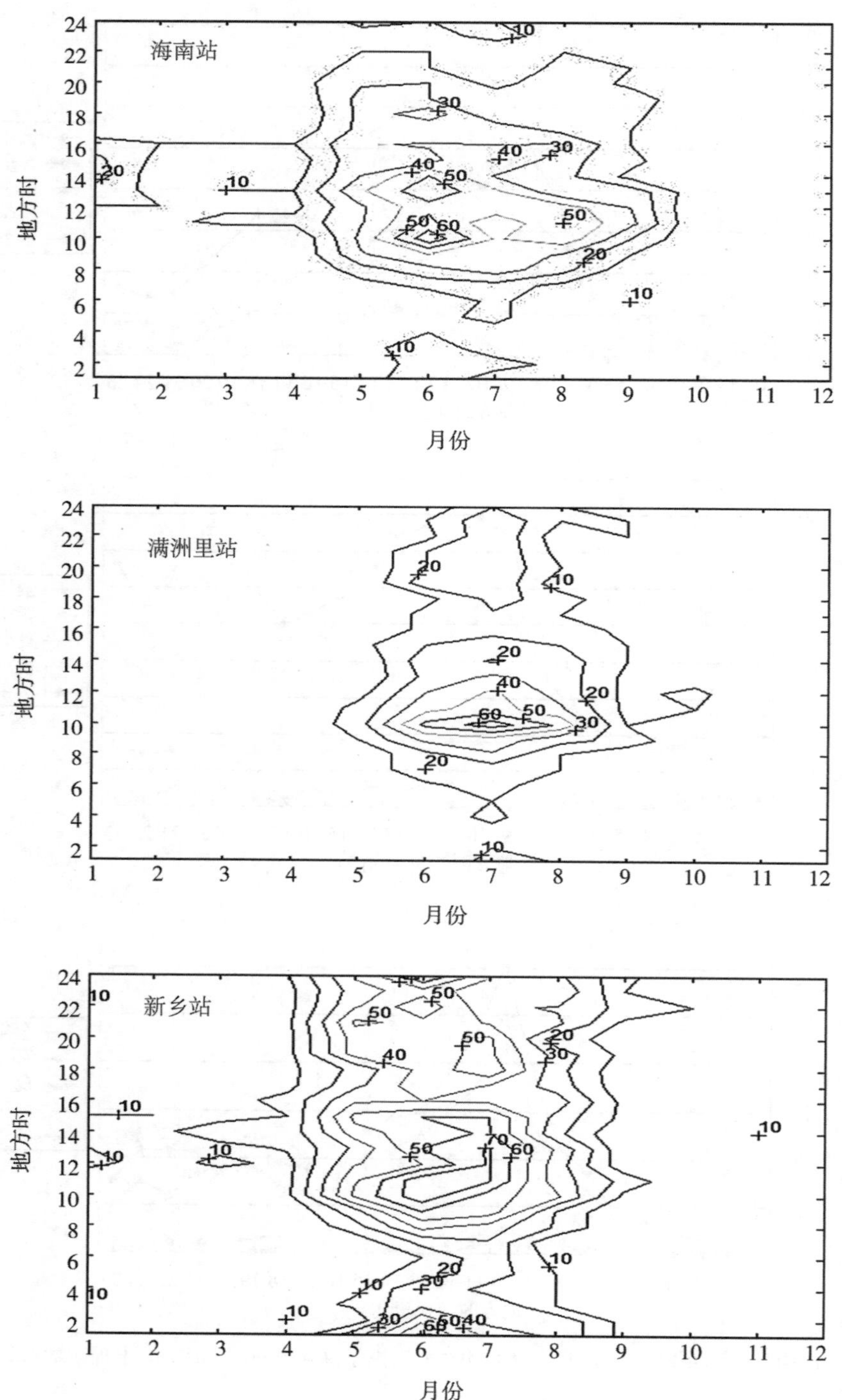

图 1-14　海南站、满洲里站、新乡站 2012 年 foEs>5MHz 的百分比分布

从图 1-15 中可看出，2012 年海南站和满洲里站夜间 F 扩散出现次数明显大于白天。四季中海南站冬季 F 扩散出现得最少，满洲里站冬季 F 扩散出现得最多。

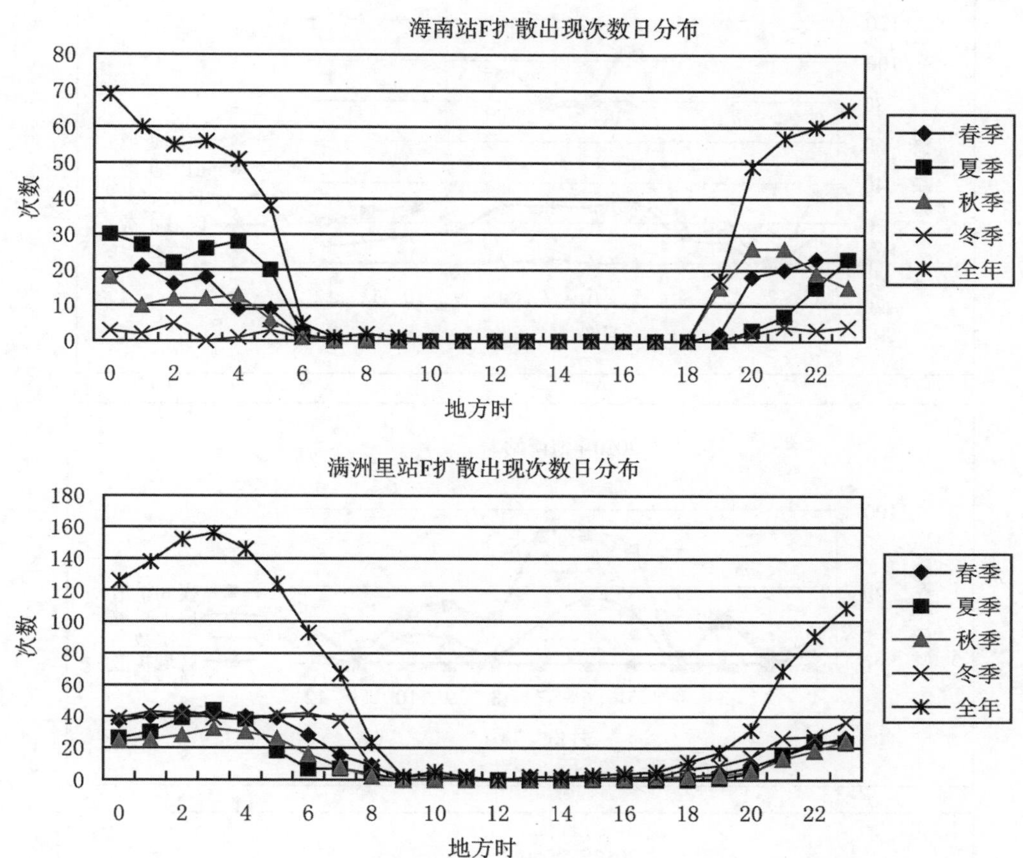

图 1-15 海南、满洲里站 2012 年(太阳黑子高年)出现扩展 F 的日分布图

从图 1-16 中可看出，海南站 F 扩散夜间出现率占总扩散太阳黑子低年为 99%、太阳黑子中年为 97%、太阳黑子高年为 95%，白天很少出现；夏季出现多，出现率占总扩散，太阳黑子低年为 50%、太阳黑子中年为 45%、太阳黑子高年为 34%，冬季很少出现。

从图 1-17 中可看出，满洲里站 F 扩散夜间出现率占总扩散太阳黑子低年为 94%、太阳黑子中年为 93%、太阳黑子高年为 89%，白天很少出现；冬季出现多，出现率占总扩散，太阳黑子低年为 35%、太阳黑子中年为 37%、太阳黑子高年为 33%，夏季出现较少。

综上所述，一般可以认为中国地区 F 扩散与太阳黑子活动高低年份关系不大，较高纬度在冬季夜间出现次数较多，但较低纬度在夏季夜间出现次数较多。

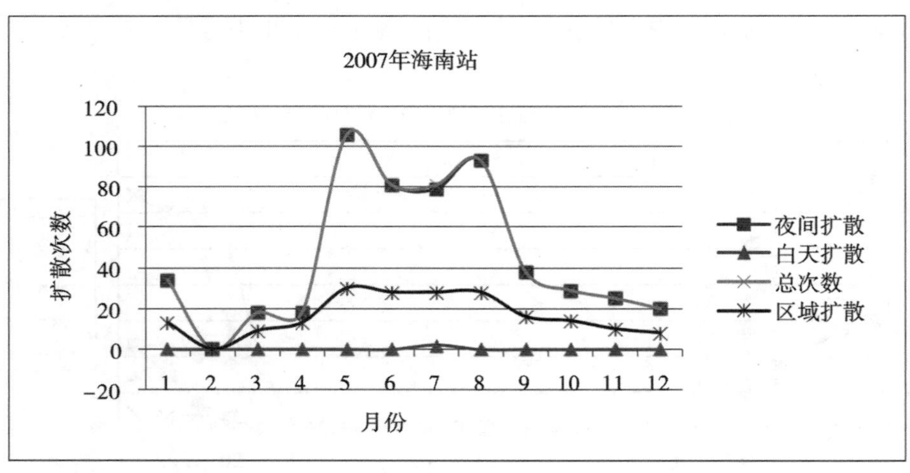

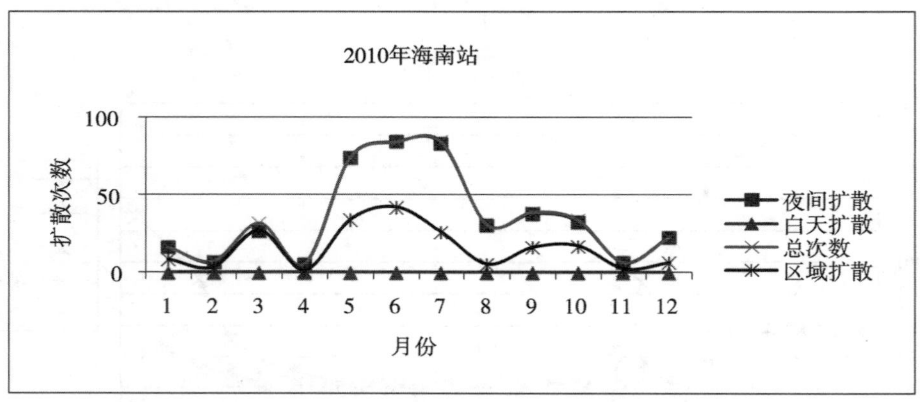

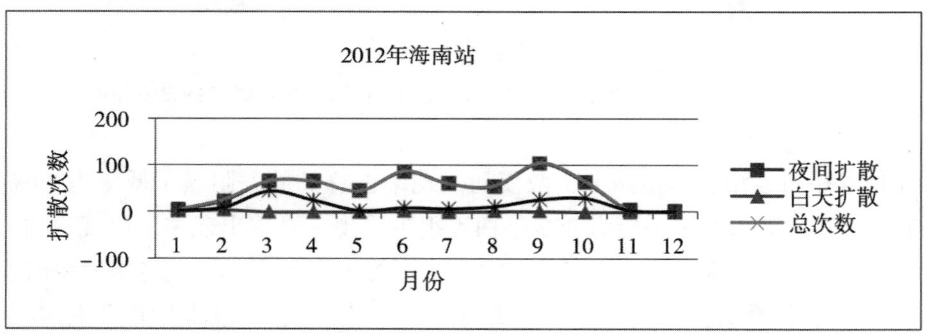

图 1-16 海南站 2007 年、2010 年、2012 年出现扩展 F 的年分布图

1.2.2.3 电离层行波式扰动(TID)

电离层行波式扰动(TID)是 F 层一种类似波浪运动的大尺度不均匀结构。它与太阳物理及地磁强度无关，而与上层大气内的声重力波运动有关。虽然声重力波产生的原因和地点尚不明确，但人们至少可以把它们分成两种类型：大尺度电离层行波式扰动和小尺度电

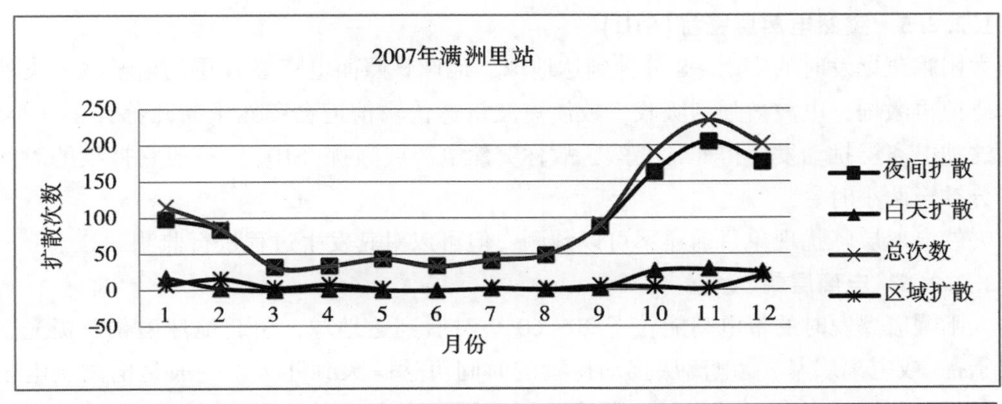

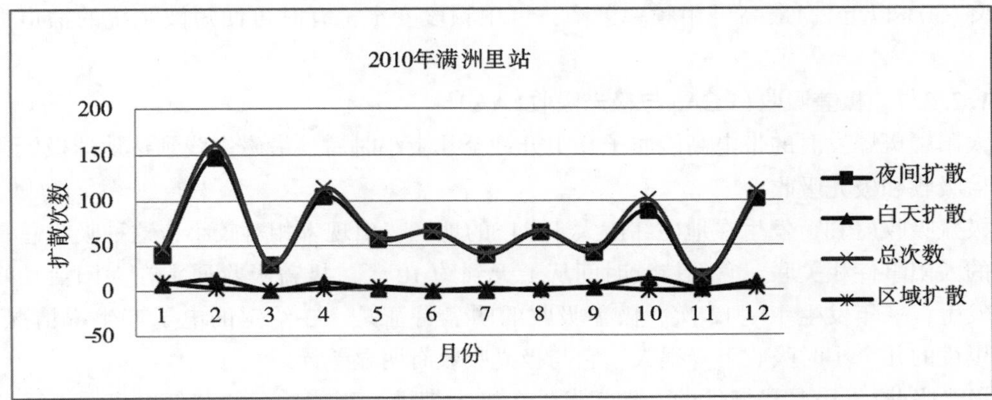

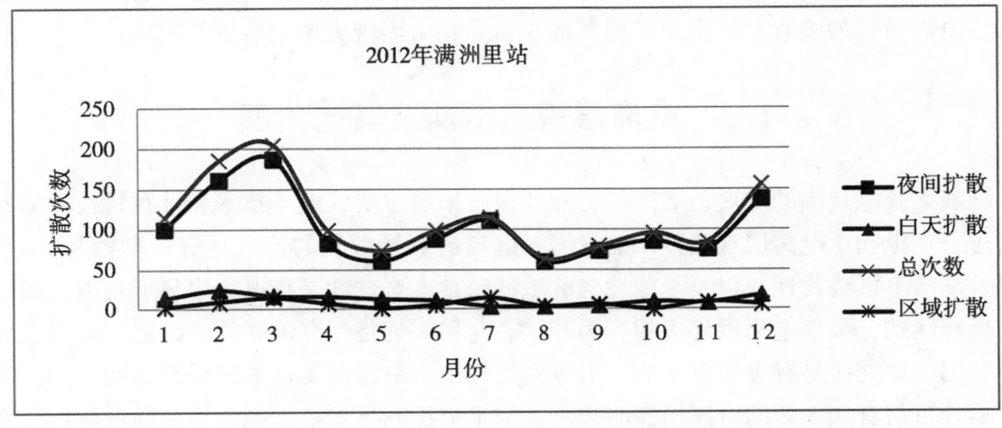

图 1-17 满洲里站 2007 年、2010 年、2012 年出现扩展 F 的年分布图

离层行波式扰动。

1.2.2.4 电离层闪烁

电离层闪烁是指无线电波穿过电离层电子密度不均匀体产生的电波信号幅度、相位、极化和到达角发生快速变化的电离层现象。它是发生得比较突然事件，对 30MHz～10GHz

穿过电离层的无线电波信号都会有不同程度的影响，可持续几十分钟至几小时。

1.2.2.5　突然电离层骚扰(SID)

太阳耀斑爆发时的X射线 8 分钟到达地球，地球日照面电离层 D 层的电子浓度突然激增，碰撞再激增，电波被强烈吸收，致使短波雷达传输信道会突然中断几分钟至几小时。由于这种电离层扰动发生得非常突然，故称突然电离层骚扰(SID)，一般它持续的时间有十多分钟至两小时。

突然电离层骚扰现象目前还不可以预测，但可以对其发生过程进行监测。

1.2.2.6　电离层暴

太阳耀斑爆发时的带电高能粒子 20～60 小时后到达地球，引起地球磁暴、极光、电离层骚扰(或电离层暴)。电离层扰动持续的时间可达一天到几天。一般是电离层电子浓度下降(30%以上)，最高可用频率下降，可用频段变窄，有时可使短波系统的信道完全中断。

1.2.2.7　极盖吸收(PCA)与极光吸收(AA)

太阳耀斑爆发时的带电高能质子几十分钟至几十小时后，沿磁力线到达地球极区并发生极盖吸收和极光吸收。

极盖吸收(PCA)发生在地磁纬度大于 64 °的地区，出现率相对较小，这种吸收总是与离散的太阳事件相关联，它的持续时间从 1 天到约 10 天。极盖吸收通常在太阳活动峰值年份发生，一年发生 10～12 次。极盖吸收的明显特征是，在给定的电子产生率情况下，处于黑夜的几个小时吸收下降很大。它与极光吸收有明显差异。

极光吸收(AA)是局域性的，常常发生在极光带内，高能质子使其低电离层电子浓度激增，电波被强烈吸收。它出现最频繁的年份是在太阳极大年之后的 2～3 年。

1.3　电离层垂直探测及其电离图

随着无线电技术的发展，电离层观测变得越来越重要，电子技术和计算机技术的发展应用进一步推动了电离层观测技术的发展，电离层观测数据的特点具有长期性与连续性、不可补缺与不可替代性，以及全球性与区域特殊性。全球性是指电离层环境是由太阳和地球磁场控制的，某处电离层环境的行为和状态与另一处是相互关联的，因此，电离层环境观测数据全球交换是有重要意义的，但电离层环境也呈现出明显的区域特殊性。

尽管目前有众多新的电离层探测技术，但垂直探测技术依然是最主要的电离层探测手段。电离层垂直探测仪实质上是一种高频雷达，其工作原理如下：当垂直入射到电离层的无线电脉冲频率满足其反射条件时，脉冲信号将被电离层折回地面，探测仪通过记录发射和接收脉冲之间的时间延迟，获取电离层的高度信息。其中，由于电磁波在大气中传播时受到时延、折射、衰减等因素的影响，传播速度略小于光速，因此利用 $\tau=c/2$(c 为光速)计算所得的时间延迟并非电离层的真实高度，而被称为反射虚高“h′”。

特别要指出的是，当电波频率接近某层的临界频率附近时，电波的时间延迟会明显增大，计算所得的反射虚高“h′”也明显增大(显示为一个“尖峰”状变化)，反射虚高“h′”与电离层的真实高度h的差异也会明显增大。当要表示各层反射虚高“h′”时，是以该层的“最低虚高”数值并记为h′E、h′F，等等。

通过改变脉冲的频率可以获得不同频率上的反射时间延迟 τ 的记录，当发射频率 f 在整个短波波段范围(一般为0.5~30MHz，TYC-1型电离层探测仪为1~32MHz)内以一定的频率步进连续改变时，就能记录到虚高(反射时延)随发射频率 f 变化的曲线图，即电离图，也称为频高图。图1-18是TYC-1电离层垂直探测仪测量到的电离图。

目前，世界上有近200个这样的电离层常规观测台站在连续24小时不间断地工作，

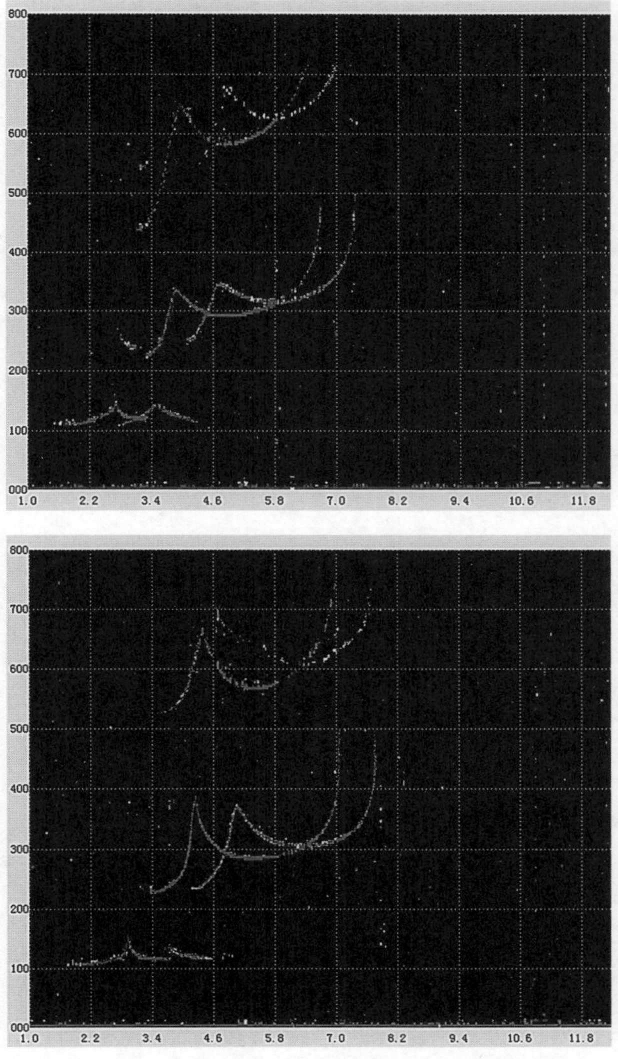

图1-18　TYC-1电离层垂直探测仪测量到的电离图

国内由中国电波传播研究所管理的国防科技工业电波观测网有北京、青岛、重庆、兰州、拉萨、满洲里、乌鲁木齐、长春、广州、海口、昆明、苏州、新乡、西安、伊犁、阿勒泰、喀什、厦门、桂林等近 20 个电波观测站，这些观测站使用的都是中国电波传播研究所研制生产的第四代(TYC-1 型)全自动数字式电离层垂直探测仪(也称垂测仪)，长期以来各网站积累了大量的探测资料，对电离层的研究发挥着重要作用。

通过对电离层垂直探测的电离图的度量可获取电离层特性参量。由于电离层是地基和天基信息系统的重要工作环境，这些特性参量将对雷达、通信、广播、导航、定位等信息系统的电离层效应补偿和预警提供重要信息。由此可见，电离图度量方法和度量精度对提高电离图的判读准确性，提升观测数据质量具有重要意义。

第 2 章　电离层参数的度量精度规则

2.1　电离层 14 个参数说明

TYC-1 型电离层垂直探测仪常规垂直探测提供以下 14 个参数：f_{min}、foE、h′E、foEs、fbEs、h′Es、foF1、h′F、M3F1、h′F2、foF2、M3F2、fxI、Es-type。

2.1.1　参数说明

(1)f_{min}(最低频率)：是在电离图上记录到的反射回波的最低频率。

(2)foE：是 E 区最低厚度的寻常波临界频率。

(3)h′E：表示正规 E 层的最低虚高。

(4)foEs：是 Es 层连续描迹寻常波分量的顶频。

(5)h′Es(Es 层的最低虚高)：是度量 foEs 描迹的最低虚高。

(6)Es-type：Es 描迹分为 11 种类型，有 f、l、c、h、q、r、a、s、d、n 和 k。在一个站观测到的类型并没有这么多，在中纬度出现的是 f、l、c 和 h 型，而在高纬度地区，经常出现的是 a 型 r 型，但是 a 型与 r 型也不仅仅是在高纬度地区出现。

(7)fbEs：是 Es 层的遮蔽频率，即是 Es 层允许从上面的层反射的头一个频率，换句话说，它相当于在比 Es 层还高的层中开始出现反射的频率，因此，fbEs 是表示 Es 层透明度的度量。fbEs 总是由通过 Es 层观测到较高层的寻常波分量的最低频率决定。

(8)foF1：是 F1 层的寻常波临界频率。

(9)h′F：是 F 层寻常波描迹的最低虚高。

(10)h′F2：是 F 区最高稳定层寻常波分量的最低虚高。

(11)foF2：是 F 区最高稳定层寻常波临界频率。

(12) fxI：定义为记录到的从 F 区(F1 或 F2 层)反射的最高频率，不管它是从垂直方向或是斜方向的反射(注意：除 fxI 之外，其他参数不从斜反射中度量)，fxI 是表明 F 层散射存在的一个参数，这种散射机理是斜入射传播的一种基本方式。fxI 同样也适用于极地地区或赤道歧迹，但不适用于地面后向散射的描迹。

(13)M 因子(最高可用频率因子)：是一个从垂测频率(fo)获得给定距离斜向传播最大可用频率的转换因子，以 3000km 作为标准传播距离的 M 因子，称作 M(3000)，它通常要附加上反射层的名称来表示，如 M(3000)F2 或 M(3000)F1。

2.1.2　参数格式说明

2.1.2.1　Es-type 参数的数据格式要求

Es-type 参数的数据格式要求如下：

(1)度量结果采用五个字符位表示，不足五位时在左侧补空格；

(2)只有一种 Es 类型时，第 1～3 位补空格，第 4 位为 Es 类型，第 5 位为其反射次数；

(3)出现两种 Es 类型时，第 1 位补空格，第 2 位为度量 foEs 的 Es 类型，第 3 位为其反射次数，第 4 位为另一 Es 类型，第 5 位为其反射次数；

(4)出现三种及以上 Es 类型时，第 1 位为度量 foEs 的 Es 类型，第 2 位为其反射次数，第 3 位和第 5 位分别为其他按照反射次数降序排列的 Es 类型，第 4 位为第 3 位 Es 类型的反射次数。

2.1.2.2　其他参数的数据格式要求

fbEs、fmin、foE、foEs、foF1、foF2、fxI、h′E、h′Es、h′F、h′F2、M(3000)F1、M(3000)F2 等 13 个参数的数据格式由五个字符位表示，第 1～3 位为数值，第 4 位为限量符号，第 5 位为说明符号，如图 2.1 所示。

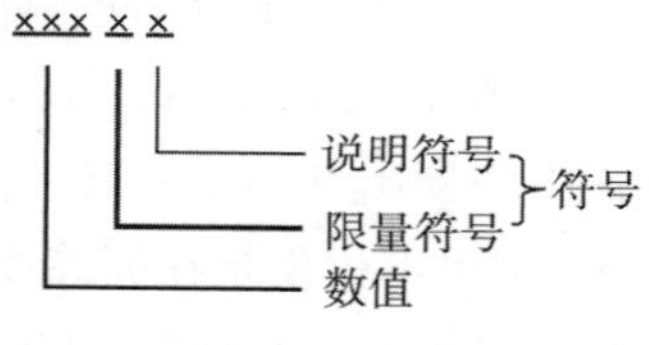

图 2.1　数据格式示意图

数据格式要求如下：

(1)数值不足三位时在左侧补 0；

(2)度量结果仅包含数值和说明符号时，限量符号用“-”或“ ”补充；

(3)对于无法取值的参数，只注说明符号；

(4)所有数据不用小数点。

2.2　限量符号与说明符号

2.2.1　符号说明

限量符号：表示列表值的度量的可靠性，占据度量表每栏中的第四位(共五位)。

限量字符为：A、D、E、I、J、M、O、T、U、Z。

说明符号：表示数值不确定或短缺的主要原因，或指出存在的某种现象，占据度量表每栏中的第五位(共五位)。当度量栏仅有一个符号时，必定是说明符号。

说明字符为：A、B、C、D、E、F、G、H、K、L、M、N、O、P、Q、R、S、T、V、W、X、Y、Z。

2.2.2 符号作用

说明符号与限量符号的作用详细说明如下：

① 解释特性测量缺值的原因；

② 表明认为可疑的特征测量的原因；

③ 表明为什么需要插入值；

④ 给频高图以有用的描述；

⑤ 估计数值(标明大于或小于的数值)；

⑥ 标明得到的数值是用某些方法处理的结果(如内插的，根据 X、Z 分量计算的或按 F 图推导的)。

具体描述如下：

A——限量符号：小于，仅用于 fbEs。

说明符号：由于较低高度存在薄层，(如 Es)使度量值受到影响或不能读取度量值。

B——由于在 fmin 附近的吸收而使度量值受到影响或不能读取度量值。

C——由于任何非电离层的原因而使度量值受到影响或不能读取度量值。

D——限量符号：大于。

说明符号：由于可用频率范围上限的限制而使度量值受到影响或不能读取度量值。

E——限量符号：小于。

说明符号：由于可用频率范围下限的限制而使度量值受到影响不能读取度量值。

F——由于频率扩散，因扩散回波的存在而使度量值受到影响或不可能读取度量值。

G——由于某层电子浓度太小，以致影响度量或不可能取得准确的度量值。

H——由于分层的存在，使度量值受到影响或不能读取度量值。

I——仅用作限量符号：缺值是由内插值给出的。

J——仅用作限量符号：寻常波分量特征参量是从非常分量推导出来的。

K——出现微粒 E 层。

L——出现混合扩散 F 层。由于描迹在各层之间缺乏明确的弯曲尖点，度量值受到影响或不可能取得度量值。

M——由于寻常波和非常波分量不能区分开，度量值的解释有疑问。

限量符号：与说明为什么两分量不能区分的说明符号一起使用。

说明符号：在解释可疑，而且还需要再加一个限量符号来指明其他情况时使用(如 U、

D、E)。

N——对测量结果不能作出解释的情况时使用本符号。

O——限量符号：非常分量特征是从寻常波分量推导出来的(仅用于非常波分量特征参量)。

说明符号：专指是从寻常波分量读取的度量值。

P——观测参数的人为干扰，或者出现歧迹型扩散 F 层。

Q——出现区域型扩散。

R——由于临界频率附近的衰减，使度量值受到影响或不能读取度量值。R 称为高频吸收又叫偏倚吸收，这种吸收必定是在厚层临界频率附近，而且与时延相关联。

S——由于干扰或大气噪声，使度量值受到影响或不能读取度量值。

T——可作限量与说明符号：当实际观测结果有矛盾或可疑时，参照该电离图前后一系列电离图确定的值。

U——仅用作限量符号：不确定或可疑的数位值。

V——可能会影响度量结果的分叉描迹。

W——由于回波处于记录的高度范围以外，使度量值受到影响或不能读取度量值。

X——指从非常波分量的度量结果。

Y——空白现象或出现严重 F 层倾斜。

Z——限量符号：从第三磁离子分量推算出来的值。

说明符号：第三磁离子分量存在。

下列说明符号用来表示扩散 F 层的类型，在标准 F 层表格中，要列出扩散 F 层类型。因此，要比其他任何符号优先使用。

F——出现频率扩散。只用于 foF2 和 fxI 表。

L——出现混合扩散。用于 foF2 和 fxI 表。

P——极区型歧迹。只用于 fxI 表。

Q——出现区域扩散。h′F，h′F2 表。很少用在 foF2 或 fxI 表中。

2.2.3　各参数常用的限量与说明符号

1) fmin

常用限量符号有：E；

常用说明符号有：B、C、E、S；

常用组合：ES、EC、EE。

2) foE

常用限量符号有：U、D、J；

常用说明符号有：A、B、C、E、H、K、R、S、V、Y、Z。

3) h′E

常用限量符号有：E；

常用说明符号有：A、B、C、E、H、K、S、Y。

4) foEs

常用限量符号有：D、E、U、J；

常用说明符号有：A、B、C、D、G、H、K、M、S、Y。

5) h′Es

常用限量符号有：E；

常用说明符号有：B、C、E、G、K、N、Q、S、Y。

6) fbEs

常用限量符号有：A、D、E、U；

常用说明符号有：A、B、C、E、G、K、S、Y。

7) foF1

常用限量符号有：D、U、J；

常用说明符号有：A、B、C、F、H、L、M、N、R、S、V、W、Y、Z。

8) h′F

常用限量符号有：E、U；

常用说明符号有：A、B、C、H、N、Q、S、Y。

9) h′F2

常用限量符号有：D、E、U；

常用说明符号有：A、B、C、H、L、Q、S、Y。

10) foF2

常用限量符号有：D、U、J；

常用说明符号有：A、B、C、F、H、M、N、Q、R、S、V、W、Y、Z。

11) fxI

常用限量符号有：D、U、O；

常用说明符号有：A、B、C、F、H、Q、R、S、W、X、Y、Z。

2.3　度量的精度规则

2.3.1　各参数的度量精度

度量电离层高度与临界频率的精度取决于机器固有的精度、校准方法的精度和度量电离图时的读图精度。一般精度规则给出了合乎需要的精度，适用于电离层结构和测高仪特性允许的情况，具体描述见表 2-1：

表 2-1　　**电离层参数的度量精度与单位**

参数名称	度量精度 Δ	单位	示例	
			参数值	度量结果
fbEs	0.1MHz	0.1MHz	2.6MHz	026
fmin	0.1MHz	0.1MHz	1.6MHz	016
foE	0.05MHz	0.01MHz	3.15MHz	315
foEs	0.1MHz	0.1MHz	5.3MHz	053
foF1	0.1MHz	0.01MHz	4.5MHz	450
foF2	0.1MHz	0.1MHz	8.2MHz	082
fxI	0.1MHz	0.1MHz	4.3MHz	043
h′E	5km	1km	105km	105
h′Es	5km	1km	105km	105
h′F	5km	1km	255km	255
h′F2	5km	1km	305km	305
M(3000)F1	0.05	0.01	3.15	315
M(3000)F2	0.05	0.01	4.05	405

2.3.2　精度规则

2.3.2.1　临界频率的精度规则

1)外推法获取最可几值的精度规则

由于干扰、测高仪故障或某些电离层因素(例如吸收或扩散)在临界频率附近没有清晰的记录情况下，建议使用外推方法获得 foF2、foE、foF1 的最可几值。外推方法是假设把描迹延伸到临界频率的最可几值。因为外推数值的精度必然依赖外推总量，所以在度量时应该遵从下列精度规则：

一般而言，确定值 A，外推值 a 有以下精度规则：

在图 2-2 中，B 表示最可几值、A 表示确定值、a 表示外推值、b 表示不确定性百分比、Δ 表示度量精度。其中，a、b 有如下关系：$b=(a/B)\times100\%=$(外推值/最可几值)×100%。

(1)当 $b\leqslant2\%$或 $a\leqslant2\Delta$(以度量精度高的为准)时，取最可几值不加限量符号。

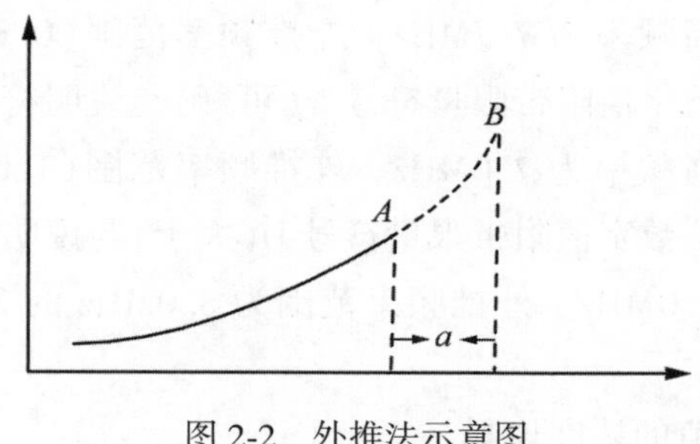

图 2-2 外推法示意图

(2)当 $2\%<b\leqslant10\%$ 或 $2\Delta<a\leqslant4\Delta$(以度量精度高的为准)时，取最可几值加限量符号 U。

(3)当 $10\%<b\leqslant20\%$ 或 $4\Delta<a\leqslant5\Delta$(以度量精度高的为准)时，取确定值加限量符号 D 或 E。

(4)当 $b>20\%$ 或 $a>5\Delta$(以度量精度高的为准)时，不取值只注说明符号。

外推法示例如图 2-3 所示。

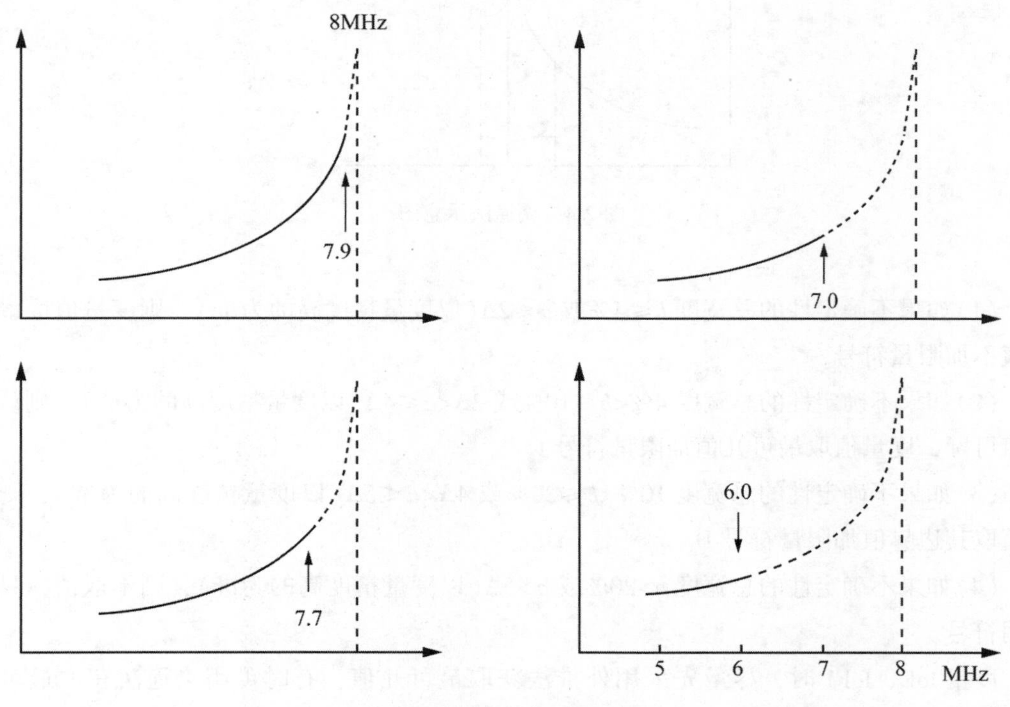

图 2-3 外推法示例图

(1)记录到的描迹最高频率为 7.9MHz。外推频率范围(0.1MHz)小于 8.0MHz 的 2%，数字值上应附加说明符号：foF2＝8.0S。

（2）记录到的描迹最高频率为 7.7MHz。外推频率范围（0.3MHz）大约为 8.0MHz 的 4%。因为 2%<*a*≤10%，数字值附带限量符号 U（可疑）与说明符号 S：foF2＝80US。

（3）记录到的描迹最高频率为 7.0MHz。外推频率范围（1.0MHz）大约为 8.0MHz 的 13%。因为 10%<*a*≤20%，数字值附带限量符号 D（大于）与说明符号 S：foF2＝7.0DS。

（4）描迹最高频率为 6.0MHz。外推频率范围为 8.0MHz 的 25%。因为超过 20%，仅使用说明符号：foF2＝S。

2）夹逼法获取最可几值的精度规则

如图 2-4 所示，两边值确定，*B* 表示最可几值、*A* 表示边界值、*a* 表示不确定性的总宽度、*b* 表示不确定性百分比、Δ 表示度量精度。其中，*a*、*b* 有如下关系：$b=(a/B)\times 100\%$＝（不确定性总宽度/最可几值）×100%。

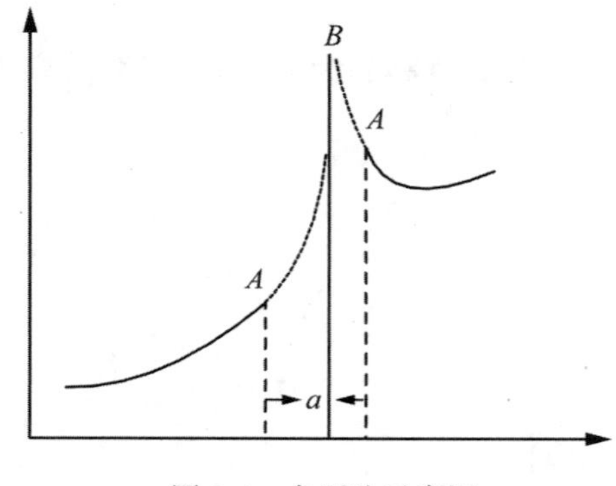

图 2-4　夹逼法示意图

（1）如果不确定性的总宽度 *b*≤4%或 *a*≤2Δ（以度量精度高的为准），则度量值取最可几值不加限量符号。

（2）如果不确定性的总宽度 4%<*b*≤10%或 2Δ<*a*≤4Δ（以度量精度高的为准），则认为此值可疑，度量值取最可几值加限量符号 U。

（3）如果不确定性的总宽度 10%<*b*≤20%或 4Δ<*a*≤5Δ（以度量精度高的为准），则度量值取其边界值加限量符号 D。

（4）如果不确定性的总宽度 *b*>20%或 *a*>5Δ（以度量精度高的为准），则不取值，只注说明符号。

度量 foE、foF1 时，尽量先采用外推法获取最可几值，有时可用夹逼法获取最可几值。但夹逼法获取最可几值在度量 foEs、fbEs 时用得较多。图 2-5 给出了 foEs、fbEs 获取度量值最可几值的精度规则。

foEs 获取度量值最可几值的精度规则：

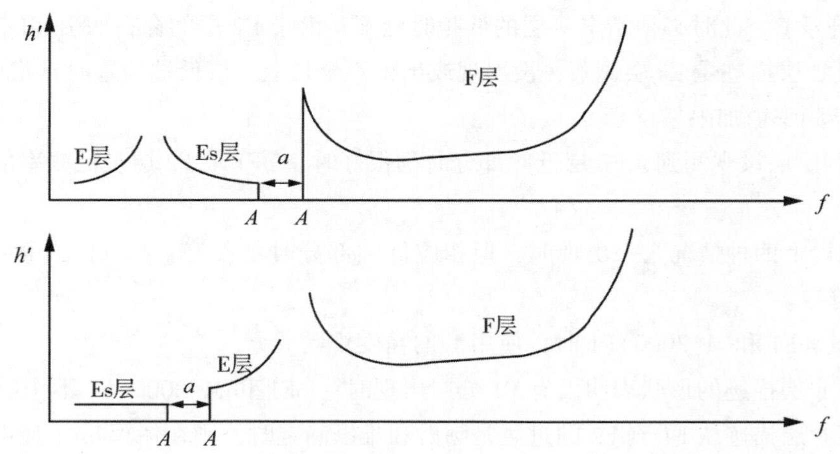

图 2-5　foEs 与 fbEs 度量值最可几值的精度规则示意图

(1)如果不确定性的总宽度 $b\leqslant10\%$或 $a\leqslant4\Delta$(以度量精度高的为准)，则度量值取边界值。

(2)如果不确定性的总宽度 $10\%<b\leqslant20\%$或 $4\Delta<a\leqslant5\Delta$(以度量精度高的为准)，且 Es 层非常波出现，则度量值取边界值。

(3)如果不确定性的总宽度 $10\%<b\leqslant20\%$或 $4\Delta<a\leqslant5\Delta$(以度量精度高的为准)，且 Es 层非常波没出现，则度量值取边界值加限量符号 D。

(4) 如果不确定性的总宽度 $b>20\%$或 $a>5\Delta$(以度量精度高的为准)，则不取值，只注说明符号。

fbEs 获取度量值最可几值的精度规则：

(1)如果不确定性的总宽度 $b\leqslant4\%$或 $a\leqslant2\Delta$(以度量精度高的为准)，则度量值取边界值不加限量符号。

(2)如果不确定性的总宽度 $4\%<b\leqslant10\%$或 $2\Delta<a\leqslant4\Delta$(以度量精度高的为准)，则认为此值可疑，度量值取边界值加限量符号 U。

(3)如果不确定性的总宽度 $10\%<b\leqslant20\%$或 $4\Delta<a\leqslant5\Delta$(以度量精度高的为准)，则度量值取边界值加限量符号 D。

(4)如果不确定性的总宽度 $b>20\%$或 $a>5\Delta$(以度量精度高的为准)，则不取值，只注说明符号。

3)时延法获取最可几值的精度规则

此法仅用于 foE、foF1 参数的度量。

(1)当 Es 层低频时延很好，其之前没观测到 E 层时，则 foE 取 Es 层最低频率值加限量符号 U。

（2）当 F 层低频部分时延很好，其之前没观测到 E 层和 Es 层时，foE 取 F 层最低频率值加限量符号 U。此时必须断定 F 层的低频时延不是由于 E2 层的存在而引起的。

（3）当 E 层描迹受 Es 层遮蔽，没出现或出得不全且上一层低端描迹时延很好，foE 取上一层最低频率值加限量符号 U。

（4）当 F1 层没观测到，F2 层低频部分时延很好时，foF1 取 F2 层最低频率值加限量符号 U。

（5）当以上四种情况之一出现时，但相应低频部分时延不好，则 foE 或 foF1 不取值，只注说明符号。

4）度量 foF1 和 M(3000)F1 时，使用 L 的精度规则

（1）当 F 层描迹的形状表明没有 F1 分层出现时，foF1 和 M(3000)F1 不作记录。

（2）当 F 层描迹从 F1 到 F2 的过渡是圆滑和难以确定时，则在估算 foF1 最可几值时其误差将超过 20%时，foF1 和 M(3000)F1 只注说明符号 L；在此情况下，M(3000)传输曲线不能给出与 F1 描迹的切点，而是以一个角度与 F1 描迹相交。

（3）当 M(3000)传输曲线与 F1 描迹有一个切点，但 F2 描迹没有完全水平时，度量 foF1 应取最可几值加限量符号 D 和说明符号 L，而 M(3000)F1 应读切点处因子值加限量符号 E 和说明符号 L。

（4）当 M(3000)传输曲线与 F1 描迹有一个切点时，同时描迹有一个不十分确定的尖点或一个仅在某一复次描迹上才显得较清楚的尖点时，foF1 和 M(3000)F1 的度量值应加限量符号 U 和说明符号 L。

（5）当 M(3000)传输曲线与 F1 描迹有一个切点时，同时描迹有一个确定的尖点但尖点处 F1 描迹的时延不垂直时，foF1 和 M(3000)F1 的度量值应加说明符号 L。

（6）当 foF1 尖点能足够好地确定，并服从精度规则时，度量直接取值不加限量符号和说明符号。

2.3.2.2 虚高的精度规则

1）虚高使用说明符号 A、B、C、S、Y 的规则

（1）当描迹的底端与水平线有一定的斜率（夹角），且斜率较小，并一般不超过正常值的 5%或 3Δ 时（以度量精度高的为准），取底端值，不加限量符号。

（2）当描迹的底端与水平线斜率较大，且超过正常值的 5%而不超过 20%或 3Δ 不超过 5Δ（以度量精度高的为准）时，取底端值，加限量符号 E。

（3）当描迹的底端与水平线的斜率陡峭且超过正常值的 20%或 5Δ 时，只注说明符号。

2）虚高使用 H 的规则

（1）一般不超过正常值的 5%或 3Δ（以度量精度高的为准），取底端值，不加限量符号。

（2）一般超过正常值的 5%或 3Δ（以度量精度高的为准），取底端值，加限量符号 U。

3)度量 h′F2 时使用 L 的精度规则

(1)当 F 层描迹的形状表明无 F1 分层出现时，不作记录。

(2)当 F2 层描迹未出现一段几乎水平的部分时，只注说明符号 L。

(3)当 F2 层描迹出现有一段最可几的范围时，h′F2 取最可几上限的值，加限量符号 E 和说明符号 L。

(4)当 F2 层描迹出现一段几乎水平的部分时，h′F2 取几乎水平的值，根据精度规则加限量符号 U 和说明符号 L 或者仅附说明符号 L。

(5)当 F2 层描迹底部有水平切线时，h′F2 取水平值，不加 L。

2.3.2.3　F 层扩散的精度规则

如图 2-5 所示，频率扩散精度规定如下：

(1)当回波出现很清晰的内边缘时，临频值取内边缘，不加限量符号，如图 2-6(a)所示。

(2)当回波出现很清晰的外边缘时，临频值取外边缘，不加限量符号，如图 2-6(b)所示。

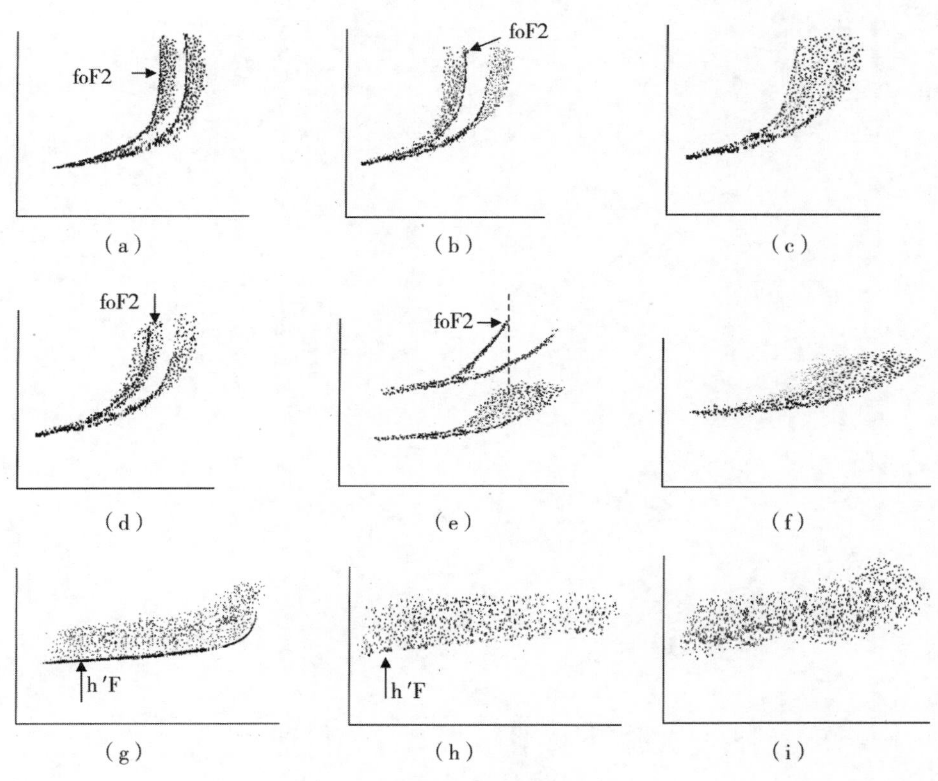

图 2-6　扩散精度规则示意图

(3)当回波出现不十分清晰的边缘时，临频值取内边缘，加限量符号 U，如图 2-6(c)所示。

(4)当扩散中有主描迹时，临频值取主描迹，并加限量符号 U，如图 2-6(d)所示。

(5)当扩散无主描迹时，仅有复次描迹，临频值取复次描迹，并加限量符号 U，如图 2-6(e)所示。

(6)在全部 F 描迹的频率范围内只看到回波扩散，看不到清晰的反射，只注说明符号，如图 2-6(f)所示。

如图 2-6 所示，区域扩散精度规定如下：

(1)当区域扩散存在清晰的下边缘时，h′F 取准确值，不加限量符号，如图 2-6(g)所示。

(2)当区域扩散存在不十分清晰的下边缘时，h′F 取准确值，加限量符号 U，如图 2-6(h)所示。

(3)当区域扩散存在不清晰的下边缘时，h′F 不取值，只注说明符号，如图 2-6(i)所示。

第3章　电离图度量说明及实例解释

3.1　E层

3.1.1　E层参数度量说明

3.1.1.1　E层参数

E层参数主要包括foE和h′E两个参数。

foE和h′E分别是E区最低厚层的寻常波临界频率和最低虚高(根据磁离子理论，O波和X波模式之间的频率间隔等于fB/2，fB是磁旋频率，即电子围绕着地磁场旋转的频率，fB的值是变化的，因站的纬度和电离层的高度而异，在中纬度地区fB大约是1.4MHz)。foE与太阳天顶角有密切关系，通常在当地中午前后达到最高值，并有平缓的日变化。图3-1为E层示意图。

3.1.1.2　度量精度

foE度量精度应为0.05MHz，所以，度量值的末位数字总是0或5(例如2.00MHz，3.15MHz)。

h′E度量精度是5km，例如100km，105km。

3.1.1.3　度量值的说明

根据精度规则的要求，foE和h′E都可以用带字母符号或不带字母符号的数字值表示，也可只用说明符号表示。

例如：对于foE，

S——由于干扰没有取得数字值；

315R——R是说明符号，表示临界频率附近回波减弱；

300UR——U是一个限量符号(表示不确定)。

对于h′E，

B——受吸收的影响，不能取得数字值；

100C——C是说明符号(观测仪故障)；

115UC——U是限量符号(可疑)。

3.1.1.4　度量的注意事项

1)foE

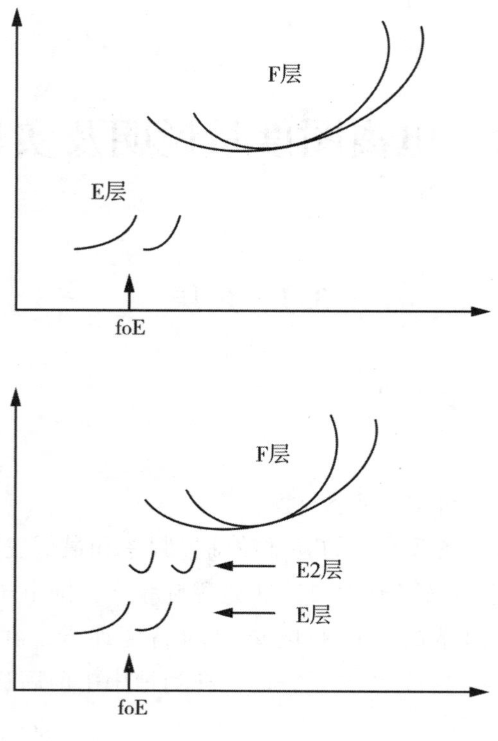

图 3-1　E 层示意图

(1)正规 E 层的出现和消失时间，随季节和纬度而变化，应在日出后日落前之间度量 foE。度量者应参考当地日出日落线和上个月同一时刻月中值度量。

(2)日出后，E 区常可观测到如 h 型 Es 层或 E2 层。应注意，不要把这种描迹与正规 E 层相混淆。这种 h 型 Es 层和 E2 层的虚高通常高于正规 E 层的虚高。在特殊情况下，短暂的 E2 层会出现在 150km 上下。和正规 E 层一样，在更高的频率上会出现时延。

(3)应从 E 层寻常波的临界频率度量。

(4)白天或出现微粒 E 层的夜间，应度量 foE。

(5)如果观测到微粒 E 层，度量 foE 时应注说明符号 K。

(6)在 E 层发展不完全或未观测到的情况下，应使用相应的限量符号和说明符号。

2)h′E

(1)应从 E 层寻常波的最低虚高度量。

(2)白天或出现微粒 E 层的夜间，应度量 h′E。

(3)如果观测到微粒 E 层，度量 h′E 时应使用说明符号 K。

(4)应从 E 层寻常波的水平部分度量 h′E，若水平部分因某种原因缺失，应使用相应的限量符号和说明符号。

3.1.2 E 层描迹的不同情况及其实例解释

我们将 E 层描迹主要分为典型 E 层、未观测到 E 层、E 层被 Es 层遮蔽、E 层低部不水平、E 层临频附近的衰减、微粒 E 层、E2 层、E 层瞬时分层等八种不同情况。

3.1.2.1 典型 E 层

白天电离图，E 层描迹有良好的时延，且低频端描迹水平，在中纬度地区往往伴随 c 型或 h 型 Es 层的出现。

3.1.2.2 未观测到 E 层

由于干扰、吸收、机器故障等原因，在 E 区未能观测到任何 E 层描迹。

3.1.2.3 E 层被 Es 层遮蔽

由于较低高度上的薄层(Es 层)的出现，E 层描迹被部分或全部遮蔽，对 E 层参数的度量造成影响，即 E 层描迹被 Es 层遮蔽，通常应按精度规则加相应限量符号和说明符号 A，或仅注符号 A。在中纬地区，E 层主要是被 c 型、l 型等 Es 层遮蔽。

3.1.2.4 E 层低部不水平

E 层低部因遮蔽、吸收、机器故障等原因导致低频端描迹未能发展完全而未能观测到水平描迹，影响 h′E 的取值，应根据精度规则在其数字值后附加相应的限量符号和说明符号。

3.1.2.5 E 层临频附近的衰减

E 层随频率的增加，高频端描迹变弱或消失，从而影响临界频率的度量，认为这是偏畸吸收造成的(符号 R)。此时，foE 的度量受到消失部分的频率间隙的约束，应根据精度规则使用相应的限量符号和说明符号。

3.1.2.6 微粒 E 层

夜间电离图，在电离层扰动期间粒子沉降进入较低的大气层而产生的 E 层，显示出比正规 E 层有更高的频率和虚高(用符号 K 表示)。

3.1.2.7 E2 层

常出现在正常 E 层与 F 层之间，是瞬时厚层，主要出现在日出与日落前后 2 小时内。E 层和 E2 层描迹有时是连续的，但有时却不连续，应该通过前后序列图察看 foE 的时延来确定。E2 层临频不需要度量。

3.1.2.8 E 层瞬时分层

出现在 foE 附近的弯曲点，与 E 层描迹是连续的，通过前后序列图 foE 的时延确定是 E 层。往往是 foF2 附近的弯曲点随时间向低频移动形成的，须取值并注说明符号 H。

表 3-1～表 3-8 是对上述每一种描迹情况结合各观测站实例观测结果分别进行的度量解释。

表 3-1　　　　　　　　　　　　　　**典型 E 层**

① 西安站 2013 年 3 月 17 日 08：15 时：

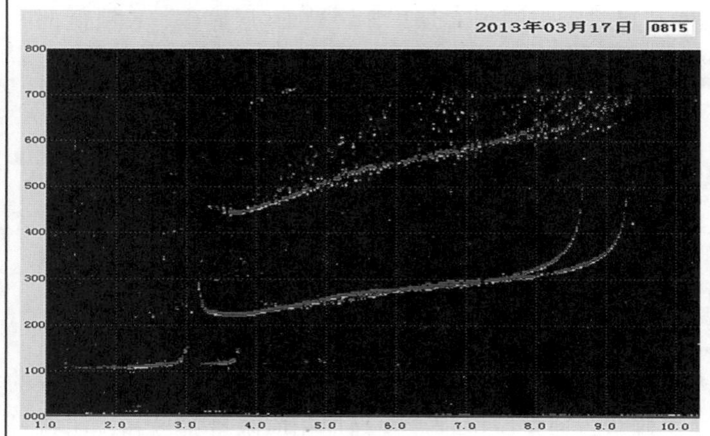

参数	结果
fmin	014
h′E	105
foE	300
foEs	030EG
h′Es	G
fbEs	030EG
h′F	220
foF1	L
M3F1	L
h′F2	270-L
foF2	087
M3F2	325
fxI	094-X
Es-type	

② 西安站 2013 年 8 月 3 日 13：30 时：

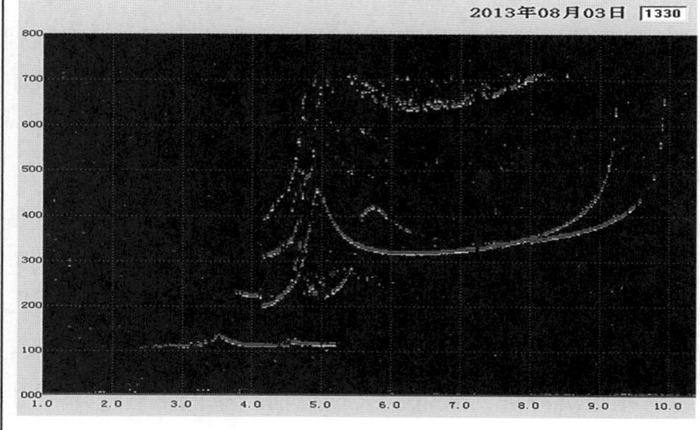

参数	结果
fmin	024
h′E	105
foE	355
foEs	046
h′Es	110
fbEs	041
h′F	200
foF1	490
M3F1	395
h′F2	315
foF2	093
M3F2	290
fxI	100-X
Es-type	c2

③ 西安站 2013 年 5 月 5 日 16：30 时：

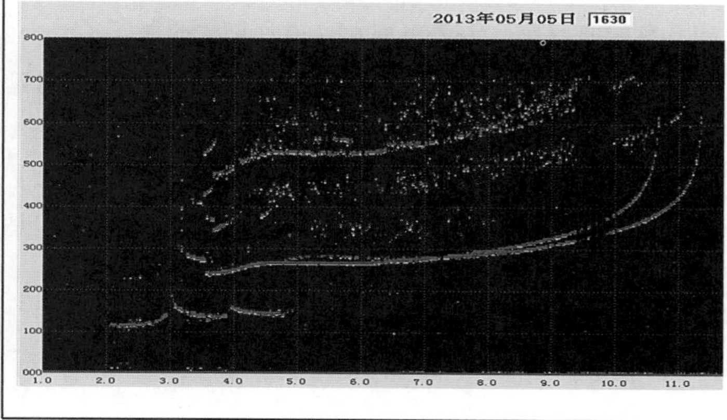

参数	结果
fmin	020
h′E	110
foE	300
foEs	039
h′Es	135
fbEs	035
h′F	235
foF1	L
M3F1	L
h′F2	260
foF2	107
M3F2	295
fxI	114
Es-type	h2

典型E层

【1】观测结果：电离图显示电离层处于平静状态，没有观测到Es层，且F1层分层不充分。

解　　释：foE的确定要考虑E区描迹时延的形状，由于E层和F1层时延发展良好，因此foE差不多等于F1层描迹的最低频率；h′E从E层水平描迹的最低部分去度量，即

foE = 300；h′E = 105

注　　意：因为非常波分量通常比寻常波有较大的吸收，有时该描迹变弱，在此情况下，接近fxE尖顶看不清楚。要注意，不要将这种情况与Es层描迹相混淆。

【2】观测结果：这种电离图通常见于夏季白天。正规E、F1、F2层与c型Es层都可观测到。

解　　释：E层时延发展良好，未被c型Es层遮蔽，因此弯曲点处的频率就是foE；E层低频端描迹水平，h′E可正常取值，即

foE = 355；h′E = 105

【3】观测结果：观测到正规E、F1、F2层与h型Es层。

解　　释：E层有时延，且h型Es层低频时延发展很好，foE的值几乎等于h型Es层描迹的最低频率；E层低频端描迹水平，所以foE和h′E都正常取值，即

foE = 300；h′E = 110

表 3-2　**未观测到 E 层**

① 海南站 2011 年 10 月 19 日 17:00 时:

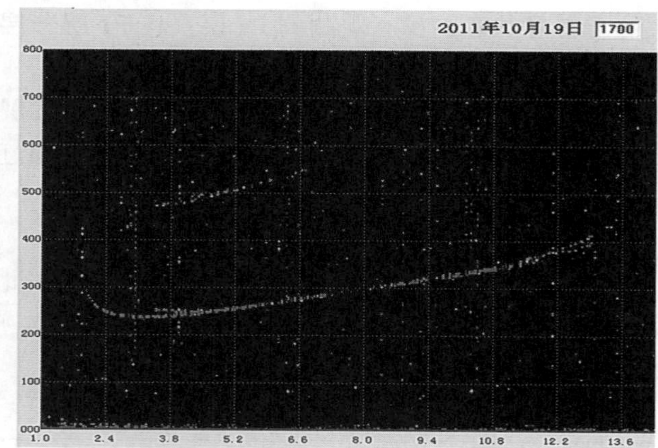

参数	结果
fmin	019ES
h′E	S
foE	190US
foEs	019ES
h′Es	S
fbEs	019ES
h′F	235
foF1	
M3F1	
h′F2	
foF2	146DR
M3F2	R
fxI	R
Es-type	

② 海南站 2011 年 10 月 19 日 09:00 时:

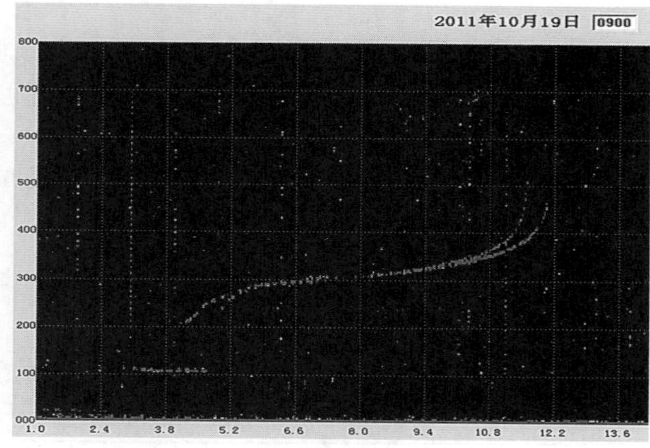

参数	结果
fmin	031ES
h′E	S
foE	S
foEs	047
h′Es	105
fbEs	042
h′F	210-A
foF1	510UL
M3F1	375UL
h′F2	310UL
foF2	116
M3F2	305
fxI	123OX
Es-type	c1

③ 海南站 2011 年 10 月 19 日 14:00 时:

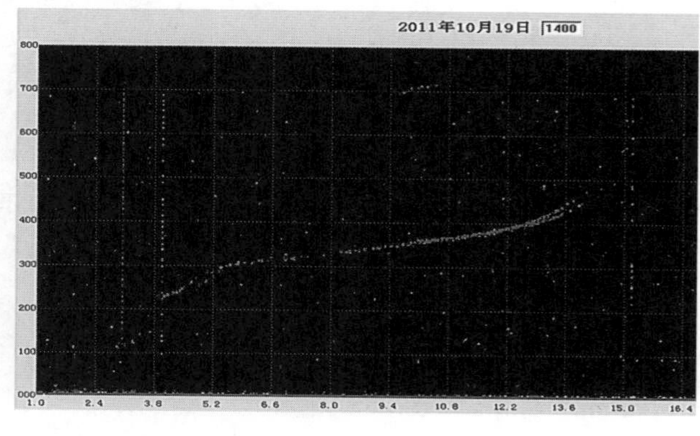

参数	结果
fmin	040ES
h′E	S
foE	S
foEs	040ES
h′Es	S
fbEs	040ES
h′F	230
foF1	540DL
M3F1	365EL
h′F2	355EL
foF2	148US
M3F2	265US
fxI	155UX
Es-type	

未观测到 E 层

【1】观测结果：只观测到 F 层描迹，而 E 层则由于干扰未被观测到。

解　　释：这种电离图常见于日出之后和日落之前。F 层低频时延发展良好，未受到干扰影响，因此 foE 能从 F 层低频时延推得；由于无法获得 h′E 的信息，只能用说明符号表示。即

foE＝190US；h′E＝S

【2】观测结果：低于 3.1MHz 的描迹因干扰而不清晰，致使 E 层未被观测到。

解　　释：因干扰致使 E 层未出现，而 c 型 Es 层低频端没有时延，因此 foE 无法由 Es 层低频时延推得，因此 foE 和 h′E 只能用说明符号表示。即

foE＝S；h′E＝S

注　　意：白天的干扰，可在电离图上看到有明显的干扰带切断描迹。

【3】观测结果：由于干扰，低于 4.0MHz 的描迹不清晰。

解　　释：E 层和 Es 层因干扰未被观测到，F1 层低频部分时延未发展完全，无法根据 F1 层时延推得 foE，因此 foE 和 h′E 只能用说明符号表示。即

foE＝S；h′E＝S

未观测到 E 层

① 西安站 2012 年 12 月 18 日 16:30 时:

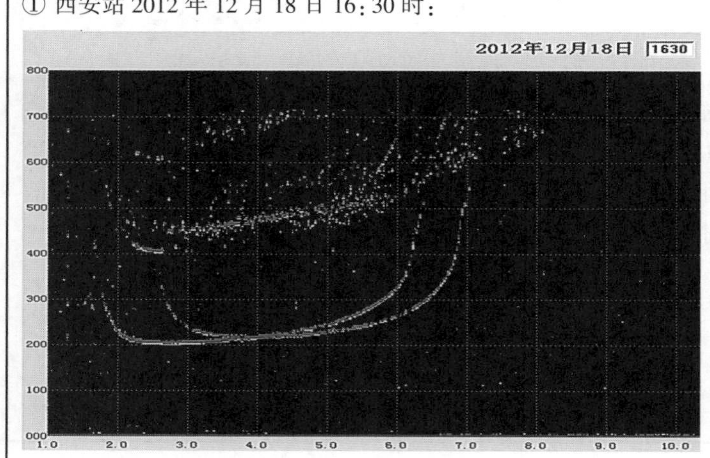

参数	结果
fmin	018
h′E	B
foE	180UB
foEs	018EG
h′Es	G
fbEs	018EG
h′F	200
foF1	
M3F1	
h′F2	
foF2	064-H
M3F2	335UH
fxI	071-X
Es-type	

② 西安站 2013 年 6 月 28 日 11:00 时:

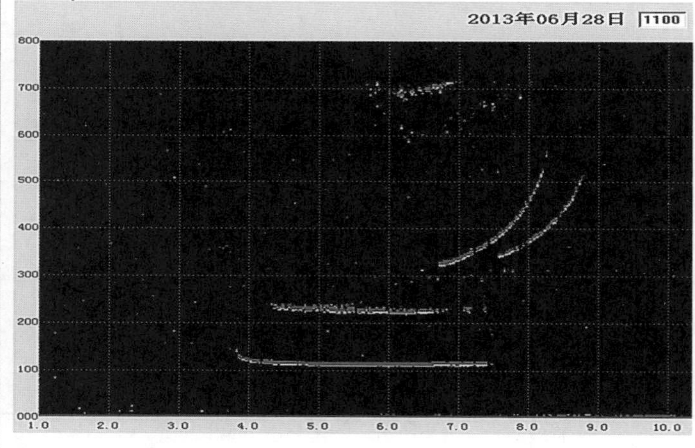

参数	结果
fmin	038
h′E	B
foE	380UB
foEs	067JA
h′Es	110
fbEs	067
h′F	A
foF1	A
M3F1	A
h′F2	320
foF2	083
M3F2	290
fxI	090OX
Es-type	c2

③ 海南站 2011 年 10 月 16 日 13:00 时:

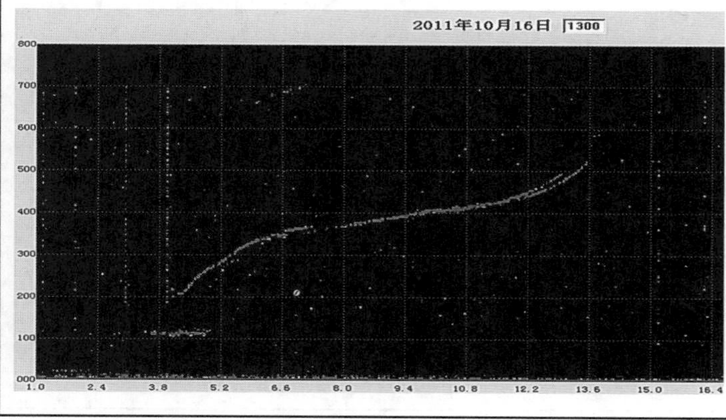

参数	结果
fmin	036
h′E	B
foE	B
foEs	042JA
h′Es	110
fbEs	042
h′F	205
foF1	600DL
M3F1	325EL
h′F2	400EL
foF2	135UR
M3F2	260UR
fxI	142UX
Es-type	c1

未观测到 E 层

【1】观测结果：由于吸收，在 E 区未观测到 E 层和 Es 层。

解　　释：这种电离图常见于日出之后和日落之前 2 小时内。吸收致使 E 层未出现，但 F 层低频部分存在较为完整的时延描迹，因此 foE 可由 F 层低频部分推得，而 h′E 则只能用说明符号列表。即

foE＝180UB；h′E＝B

【2】观测结果：观测到正规的 c 型 Es 层和 F2 层，E 层和 F1 层分别因吸收和遮蔽而未被观测到。

解　　释：由于 E 层未出现，而 Es 低频部分时延发展良好，因此 foE 可由 Es 层低频部分推得，而 h′E 则只能用说明符号列表。即

foE＝380UB；h′E＝B

【3】观测结果：由于吸收，仅观测到 F 层和部分 Es 层描迹，并在 3.0MHz、4.0MHz 等处观测到干扰。

解　　释：E 层未出现，Es 层没有时延，致使 foE 和 h′E 无法取得，4.0MHz 处的干扰未对 Es 层造成影响，因此 foE 和 h′E 用说明符号 B 列表。即

foE＝B；h′E＝B

未观测到 E 层

① 苏州站 2013 年 5 月 15 日 09：55 时：

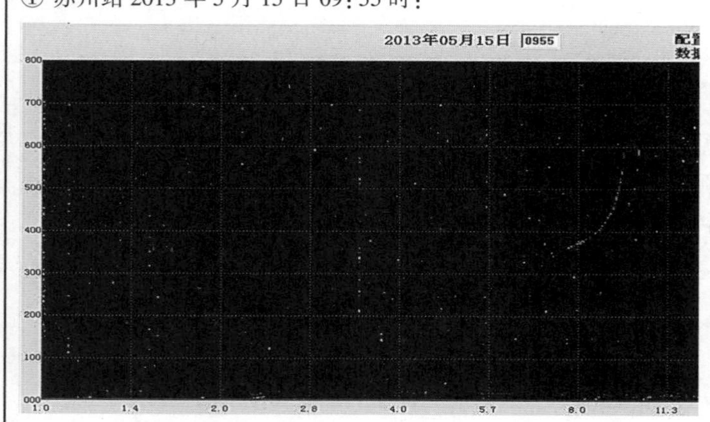

参数	结果
fmin	077
h′E	B
foE	B
foEs	077EB
h′Es	B
fbEs	077EB
h′F	B
foF1	B
M3F1	B
h′F2	0365
foF2	096
M3F2	275
fxI	102-X
Es-type	

② 乌鲁木齐站 2011 年 2 月 4 日 08：30 时：

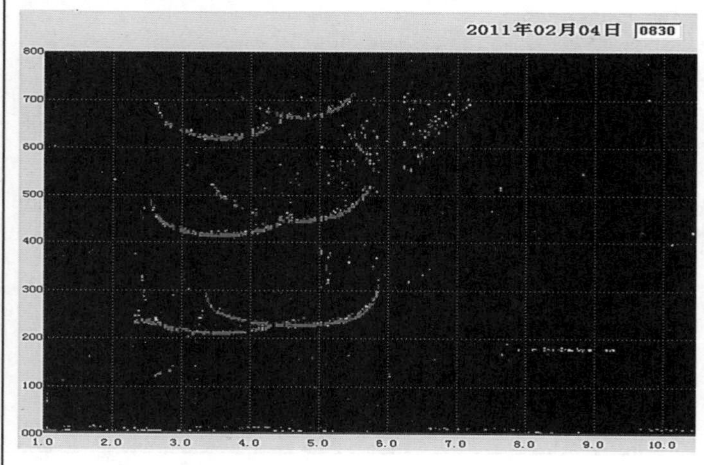

参数	结果
fmin	023
h′E	B
foE	220JB
foEs	G
h′Es	G
fbEs	G
h′F	210
foF1	
M3F1	
h′F2	
foF2	052JR
M3F2	R
fxI	059-X
Es-type	

③ 西安站 2013 年 3 月 18 日 13：15 时：

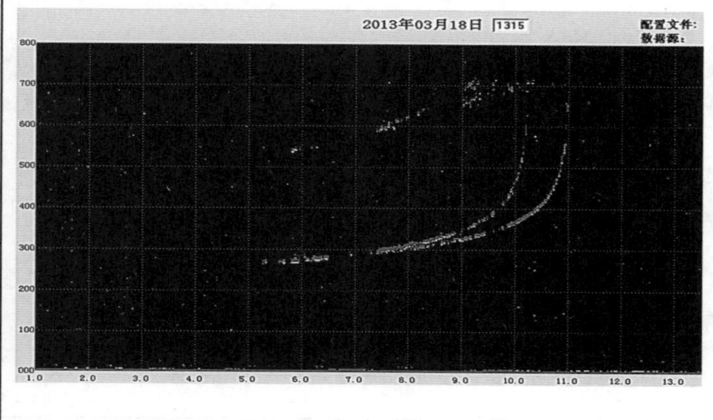

参数	结果
fmin	053EC
h′E	C
foE	C
foEs	053EC
h′Es	C
fbEs	053EC
h′F	C
foF1	C
M3F1	C
h′F2	265
foF2	103
M3F2	295
fxI	110-X
Es-type	

未观测到E层

【1】观测结果：低于7.7MHz的描迹全部消失，是由强吸收(SID)造成的。

解　　释：由太阳耀斑引起的吸收，总是出现在白天，致使E层描迹不明显可见，foE和h′E参数无法获得，只能用说明符号B列表。即

foE=B；h′E=B

【2】观测结果：低于2.3MHz的描迹消失，E区只观测到E层的X波，是由于吸收造成的。

解　　释：因为fxE是清楚的，从fxE减去fB/2得到foE，foE需要带限量符号J和说明符号B。即

foE=(fxE-fB/2)JB=220JB；h′E=B

【3】观测结果：低于5.3MHz的描迹全部消失，是由于测高仪缺陷造成的。

解　　释：测高仪缺陷致使E层、Es层和F1层描迹消失，foE和h′E应以说明符号C列表。即

foE=C；h′E=C

表 3-3　　　　　　　　　　**E 层被 Es 层遮蔽**

① 西安站 2012 年 1 月 10 日 10:30 时:

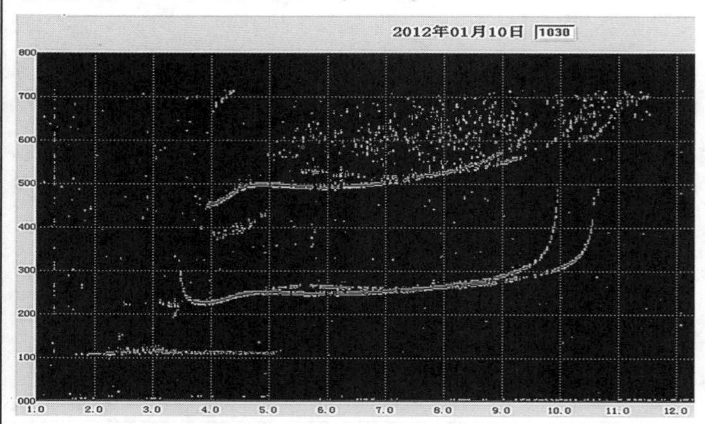

参数	结果
fmin	016
h′E	105
foE	340UA
foEs	045JA
h′Es	110
fbEs	034
h′F	220
foF1	L
M3F1	L
h′F2	245
foF2	099
M3F2	340
fxI	106-X
Es-type	c2

② 西安站 2013 年 5 月 12 日 15:45 时:

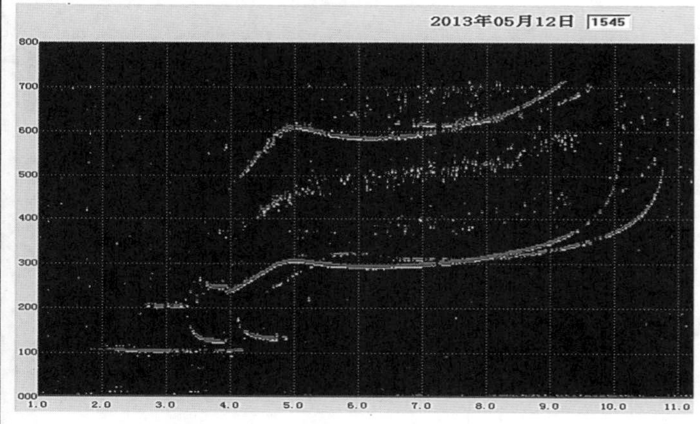

参数	结果
fmin	018
h′E	A
foE	335UA
foEs	040
h′Es	120
fbEs	039
h′F	235-A
foF1	490UL
M3F1	L
h′F2	290
foF2	102
M3F2	300
fxI	109-X
Es-type	c2l2

③ 西安站 2012 年 11 月 18 日 15:30 时:

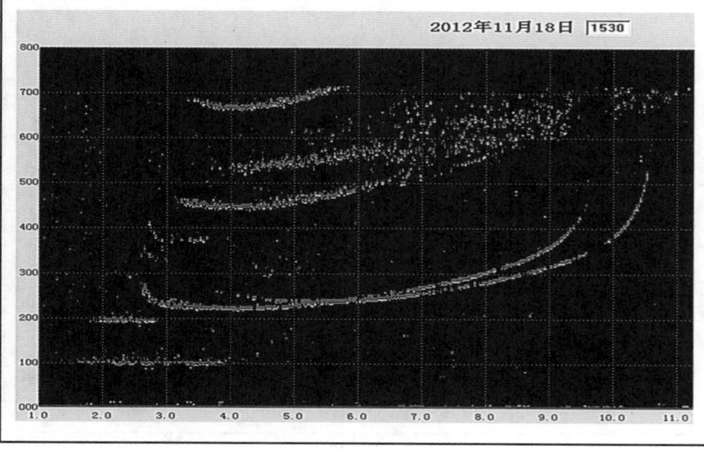

参数	结果
fmin	016
h′E	A
foE	260UA
foEs	033JA
h′Es	100
fbEs	026
h′F	220
foF1	
M3F1	
h′F2	
foF2	099JR
M3F2	305JR
fxI	106-X
Es-type	l2

E 层被 Es 层遮蔽

【1】观测结果：在 3.0MHz 附近观测到一个小的弯曲点，它离开 fminF 大约 0.4MHz。

解　　释：3.0MHz 处的弯曲点与 foE 有关，但不是 foE 本身。foE 附近被 c 型 Es 层遮蔽，但 F 层描迹低频部分时延很好，因此 foE 可以从 F 层描迹低频部分推得。由于低于 3.0MHz 的描迹都是属于正规 E 层。所以 h′E 可用数字值直接度量。即

foE＝340UA；h′E＝105

【2】观测结果：正规 E 层被 l 型 Es 层遮蔽，c 型 Es 层的寻常波分量出现在 120km 的高度上，F 层描迹的低频部分没有出现时延。

解　　释：foE 紧连着 c 型 Es 层的低频端，因此可以从 c 型 Es 层的低频部分时延的形状推得。h′E 由于 E 层被遮蔽，只能以说明符号 A 列表。即

foE＝335UA；h′E＝A

【3】观测结果：在 E 区仅有 l 型 Es 层出现，在 F 层描迹的低频端观测到时延。

解　　释：正规 E 层被 l 型 Es 层遮蔽，从 F 层描迹低频部分的形状判断，认为 foE 等于 fbEs，h′E 以说明符号 A 列表，然而必须保证，F 层时延不是由 E2 层的存在引起的。即

foE＝260UA；h′E＝A

注　　意：①、②和③图中 foE 度量都是依据时延法获取最可几值的精度规则中第(3)条；在没有时延的情况下，则 foE＝A 是依据第(5)条。

表 3-4　　**E 层低部不水平**

① 西安站 2012 年 12 月 10 日 08：15 时：

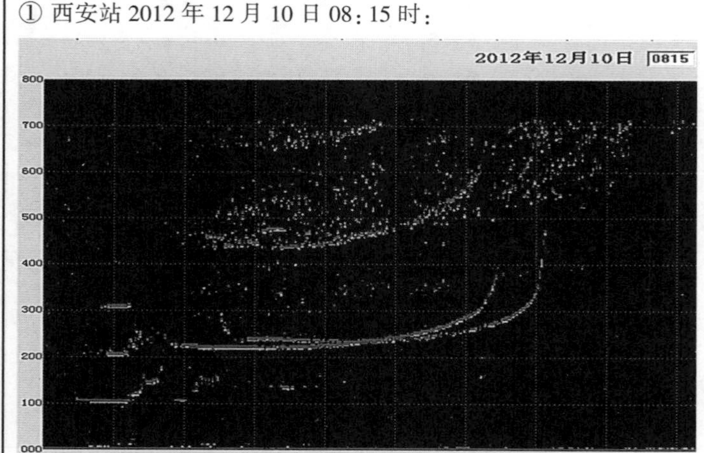

参数	结果
fmin	015
h′E	115-A
foE	240
foEs	023-G
h′Es	100
fbEs	022-G
h′F	215
foF1	
M3F1	
h′F2	
foF2	075
M3F2	355
fxI	082-X
Es-type	l3

② 西安站 2012 年 12 月 23 日 15：00 时：

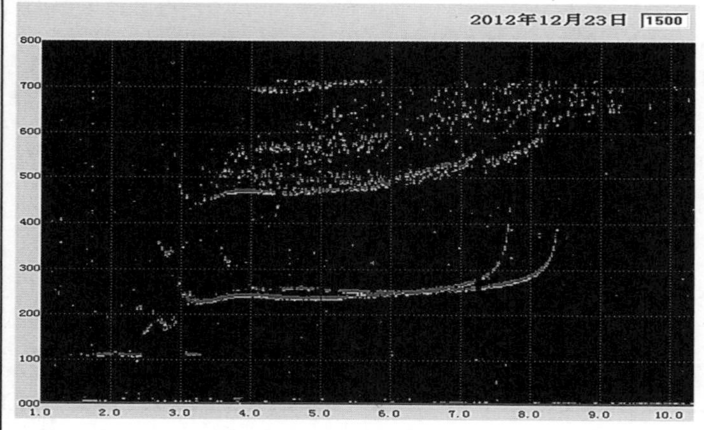

参数	结果
fmin	018
h′E	A
foE	260
foEs	025-G
h′Es	105
fbEs	025-G
h′F	225
foF1	L
M3F1	L
h′F2	230
foF2	077
M3F2	360
fxI	084-X
Es-type	l2

③ 西安站 2013 年 3 月 11 日 05：00 时：

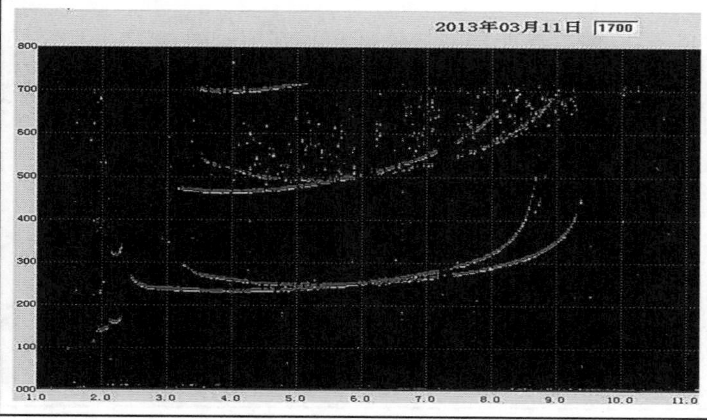

参数	结果
fmin	019
h′E	140EB
foE	210
foEs	021EG
h′Es	G
fbEs	021EG
h′F	230
foF1	
M3F1	
h′F2	
foF2	087
M3F2	325
fxI	094-X
Es-type	

E层低部不水平

【1】观测结果：低于2.2MHz的E层描迹被l型Es层遮蔽。foE＝2.4MHz。

解　　释：仅观测到正规E层的部分描迹。因接近2.2MHz时描迹不水平，即认为h′E低于115km，当E层低频端外推1Δ时，描迹趋于水平，因此根据虚高精度规则中第(1)条，其数字值应加说明符号A。foE发展很好，直接取值。即

foE＝240；h′E＝115-A

【2】观测结果：在E区观测到E2层和部分E层描迹。foE＝2.6MHz。

解　　释：2.5MHz处描迹不水平，E层的最低虚高为155km，认为E层低频端外推至120km(即外推7Δ)处描迹趋于水平，因此根据虚高精度规则，h′E仅用说明符号A列表。即

foE＝260；h′E＝A

【3】观测结果：由1.9MHz起出现E区描迹，包括E层和E2层。

解　　释：正规E层描迹显示出时延，即foE＝210；E层低频端因吸收而不水平，因此当E层低端外推4Δ时，描迹趋于水平，根据虚高精度规则，h′E需用观测到的最低虚高并标注限量符号E和说明符号B。即

foE＝210；h′E＝140EB

表 3-5　　**E 层临频附近的衰减**

① 拉萨站 2013 年 5 月 15 日 15：15 时：

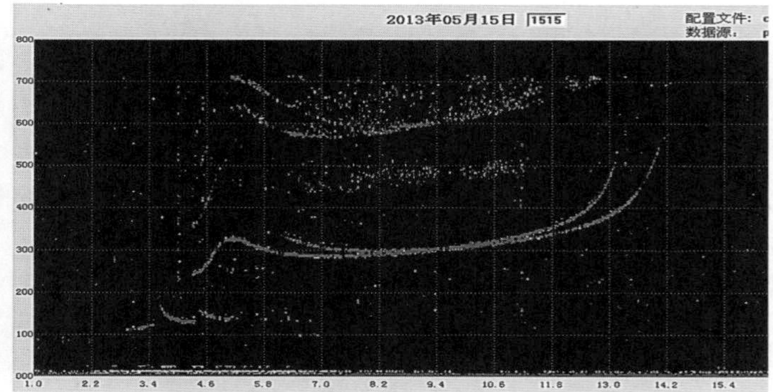

参数	结果
fmin	029
h′E	110
foE	360-R
foEs	044
h′Es	130
fbEs	043
h′F	235-A
foF1	510UL
M3F1	360UL
h′F2	285
foF2	134JR
M3F2	295JR
fxI	141-X
Es-type	h1

② 西安站 2013 年 6 月 4 日 08：00 时：

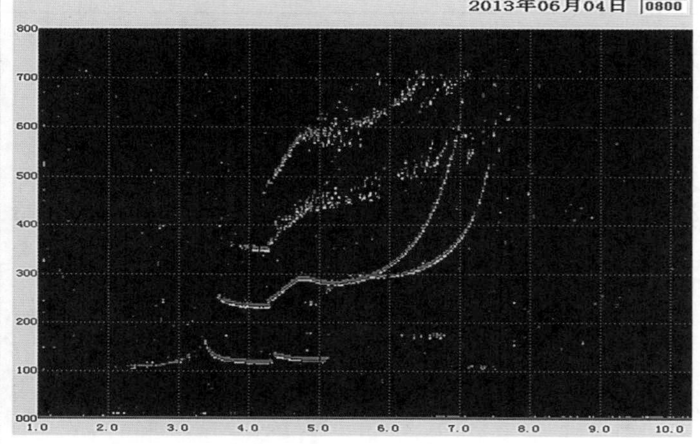

参数	结果
fmin	023
h′E	110
foE	335UR
foEs	043
h′Es	115
fbEs	042
h′F	A
foF1	470UL
M3F1	375UL
h′F2	275
foF2	071
M3F2	305
fxI	078-X
Es-type	c3

③ 西安站 2013 年 2 月 21 日 15：00 时：

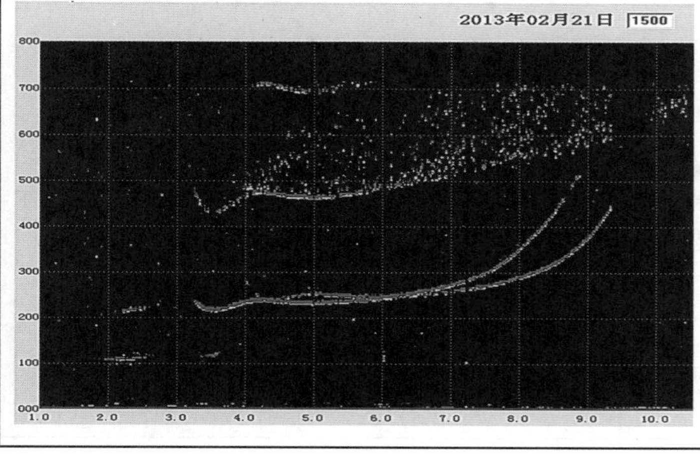

参数	结果
fmin	019
h′E	105
foE	R
foEs	G
h′Es	G
fbEs	G
h′F	215
foF1	L
M3F1	L
h′F2	230
foF2	089
M3F2	310
fxI	096OX
Es-type	

E 层临频附近的衰减

【1】观测结果：观测到 foE 附近描迹丢失，有 h 型 Es 层出现。

解　　释：foE 附近描迹消失，认为是由衰减引起的，不确定宽度为 2Δ，foE 最可几值为 3.6MHz，因此根据夹逼法精度规则，不确定宽度 $a \leqslant 2\Delta$ 时，需在最可几值后附加说明符号 R。即

foE＝360R；h′E＝110

【2】观测结果：3.15MHz 以上 E 层描迹消失，在 Es 层描迹的低频端观测到时延。

解　　释：E 层描迹丢失是由衰减引起的，认为 foE 最可几值为 3.35MHz，需外推 4Δ，根据临界频率的精度规则，外推在 $2\Delta \leqslant a \leqslant 4\Delta$ 以内。需附加限量符号 U 和说明符号 R。即

foE＝335UR；h′E＝110

【3】观测结果：E 区只观测到 E 层的部分描迹，高于 2.6MHz 的描迹丢失。

解　　释：结合 E 层 X 波不难看出 E 层描迹的丢失是衰减导致的，F 层没有时延出现，因此 foE 可以通过外推描迹的方法取得。根据外推法推得 foE 为 3.0MHz，共外推了 8Δ>5Δ，根据精度规则，foE 用说明符号 R 列表。即

foE＝R；h′E＝105

表 3-6　　　　**微粒 E 层**

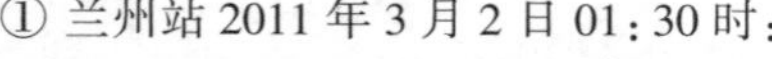

① 兰州站 2011 年 3 月 2 日 01：30 时：

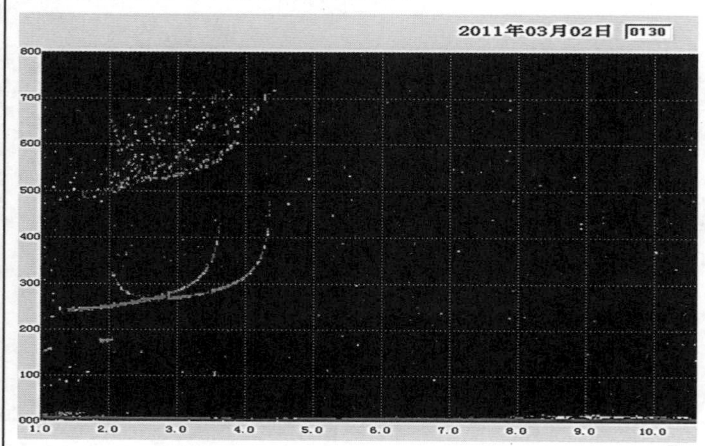

参数	结果
fmin	010EE
h′E	145-K
foE	120-K
foEs	012-K
h′Es	145-K
fbEs	012-K
h′F	240
foF1	
M3F1	
h′F2	
foF2	036
M3F2	330
fxI	044-X
Es-type	k1

② 拉萨站 2012 年 2 月 28 日 01：30 时：

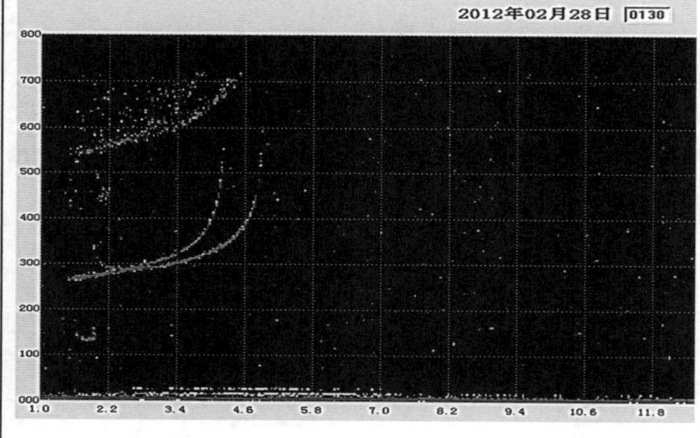

参数	结果
fmin	015ES
h′E	S
foE	130JK
foEs	013JK
h′Es	S
fbEs	015ES
h′F	260
foF1	
M3F1	
h′F2	
foF2	042
M3F2	300
fxI	049-X
Es-type	k1

③ 苏州站 2012 年 3 月 8 日 04：30 时：

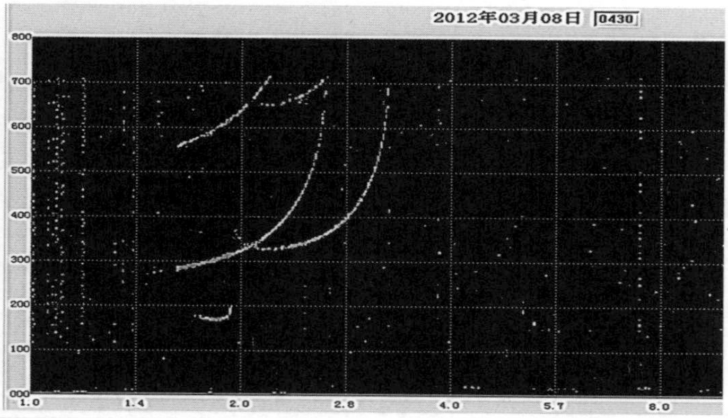

参数	结果
fmin	016ES
h′E	S
foE	120JK
foEs	012JK
h′Es	S
fbEs	016ES
h′F	280-S
foF1	
M3F1	
h′F2	
	026
M3F2	270
fxI	033-X
Es-type	k1

微粒E层

【1】观测结果：夜间电离图。微粒E层(foE=1.2MHz)描迹从测高仪的最低频率出现(1.0MHz)。h′E=145km，同时非常波描迹也被观测到。

解　　释：判断微粒E层是否存在的主要依据是：①E区出现寻常波或非常波描迹，或两描迹同时出现；②F层寻常波描迹的低频端出现明显时延；或至少三个国内站同一夜间在F层非常波描迹的低频端出现明显时延；③微粒E层在夜间观测到，可在100~200km高度上出现，高度经常在130~180km之间；④临界频率高于正规E层(夜间正规E层foE在1M以下)；⑤微粒E层常出现在迟延型Es(Es-r)或极光型Es(Es-a)前后或同时出现。即

foE=120-K；h′E=145-K

注　　意：当微粒E层出现时，虽然是夜间，foE与h′E都应写在报表上。

【2】观测结果：F层描迹从1.5MHz处出现，在E区125km的描迹是微粒E层的非常波。

解　　释：从F层X波描迹的低频部分时延可推断，E区描迹解释为微粒E层。注意：度量foE参数时，当说明符号K(微粒E层)与说明符号S(干扰)两个符号都适用，K优先于S。当时2月27日20时发生中级以上地磁暴，微粒E层的出现可能与那次地磁暴有关。即

foE=(fxE-fB/2)JK=130JK

h′E=S

【3】观测结果：大约在165km的高度观测到微粒E层的非常波描迹，由于干扰，观测不到1.6MHz以下的描迹。

解　　释：受太阳活动的影响，当时7日9时—12时和9日12时—14时我国电离层出现强吸收事件，有可能引起粒子沉降进入较低的大气层而产生微粒E层，它显示出比正规E层有更高的虚高。此图从F层X波描迹的较低部分的时延判断，认为该描迹在E区必然是微粒E层的非常波分量。即

foE=(fxE-fB/2)JK=120JK

h′E=S

微粒 E 层

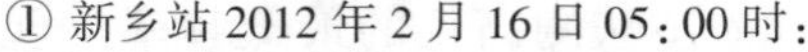

① 新乡站 2012 年 2 月 16 日 05:00 时:

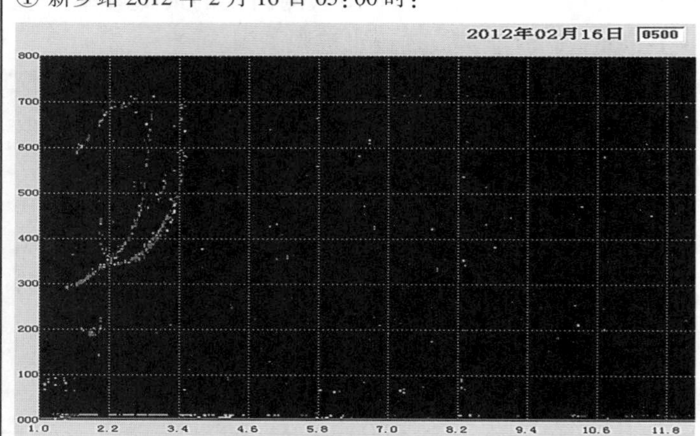

参数	结果
fmin	014ES
h′E	S
foE	130JK
foEs	013JK
h′Es	S
fbEs	014ES
h′F	290
foF1	
M3F1	
h′F2	
foF2	029
M3F2	270
fxI	035-X
Es-type	k1

② 北京站 2010 年 4 月 7 日 19:00 时:

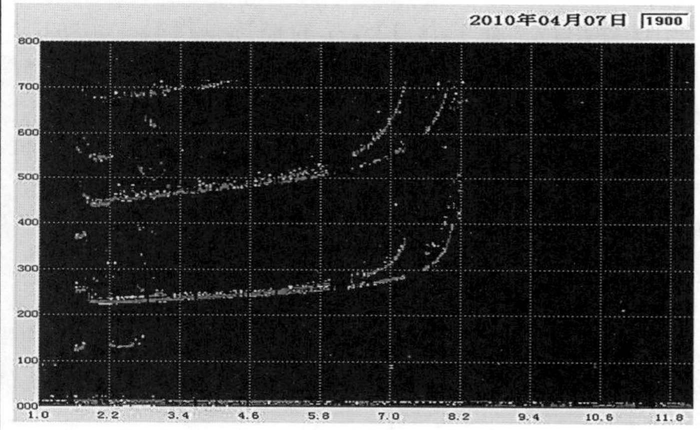

参数	结果
fmin	016ES
h′E	125-K
foE	180-K
foEs	018-K
h′Es	125-K
fbEs	018-K
h′F	225
foF1	
M3F1	
h′F2	
foF2	074JS
M3F2	335JS
fxI	081-X
Es-type	k3

③ 西安站 2012 年 2 月 16 日 01:20 时:

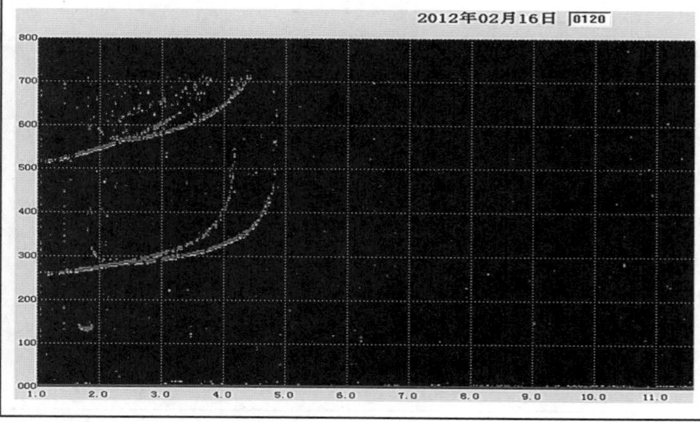

参数	结果
fmin	012ES
h′E	S
foE	120JK
foEs	012JK
h′Es	S
fbEs	012ES
h′F	260
foF1	
M3F1	
h′F2	
foF2	042
M3F2	295
fxI	049-X
Es-type	k1

微粒E层

【1】观测结果：夜间电离图，此图所在地点月份日出时间是6时47分。F层非常波描迹低频端(2.0MHz)出现时延，E区180km的描迹有时延，似乎是微粒E层的非常波。

解　　释：此图出现在一次中等磁暴的主相期间，有可能是粒子沉降进入较低的大气层而产生微粒E层，它显示出比正规E层有更高的虚高。fxE的值减去fB/2(此图是0.7MHz)，附加符号JK。符号K表示出现了微粒E层。即

foE＝(fxE−fB/2)JK＝130JK；h′E＝S；Es-type＝k1

【2】观测结果：观测到微粒E层的存在，foE为1.8MHz，h′E高度为125km。

解　　释：在太阳活动高年夜间E层频率平均在0.95MHz，比太阳活动低年高0.25MHz。夜间E层临频为1.8MHz，高于此值，应考虑微粒E层出现。foE、h′E都应写在报表上。即

foE＝180K；h′E＝125-K；Es-type＝k3

【3】观测结果：夜间电离图，从1.2MHz处观测到F层描迹，F层非常波描迹低频端(1.8MHz)出现时延，E区135km的描迹有时延，这表明描迹是微粒E层的非常波。

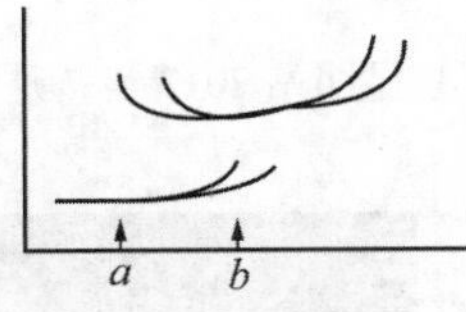

解　　释：微粒E层与r型(时延型)Es层描迹区别如右图所示：

在该图中，如果b大于a，则这个Es层应度量为r型；如果b十分接近a，则Es应度量为微粒E层。此图中E层的非常波临频(b处)等于或接近于F层非常波描迹低频端时延(a处)，所以判定为微粒E层。即

foE＝(fxE−fB/2)JK＝120JK；h′E＝S

Es-type＝k1

微粒 E 层

① 昆明站 2012 年 4 月 14 日 04：00 时：

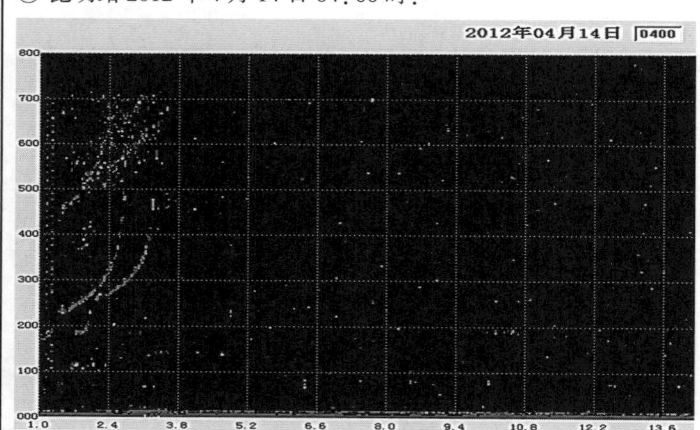

参数	结果
fmin	011ES
h′E	170-K
foE	130-K
foEs	013-K
h′Es	170-K
fbEs	013-K
h′F	230
foF1	
M3F1	
h′F2	
foF2	027
M3F2	320
fxI	033-X
Es-type	k1

② 昆明站 2012 年 3 月 26 日 04：00 时：

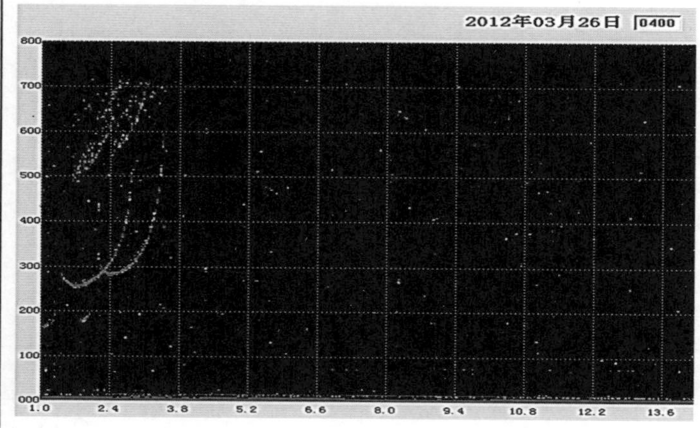

参数	结果
fmin	011ES
h′E	165-K
foE	130-K
foEs	013-K
h′Es	165-K
fbEs	013-K
h′F	250
foF1	
M3F1	
h′F2	
foF2	029
M3F2	310
fxI	035-X
Es-type	k1

③ 昆明站 2012 年 7 月 18 日 22：15 时：

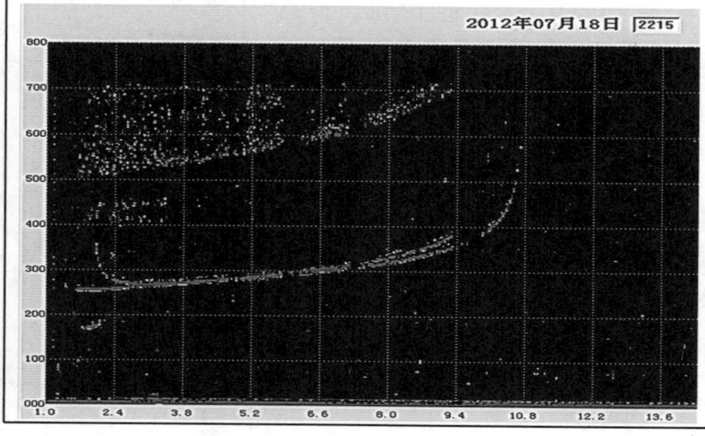

参数	结果
fmin	016ES
h′E	S
foE	150JK
foEs	015JK
h′Es	S
fbEs	016ES
h′F	250
foF1	
M3F1	
h′F2	
foF2	101JS
M3F2	295JS
fxI	107-X
Es-type	k1

微粒 E 层

【1】观测结果：夜间电离图，微粒 E 层出现，比正规 E 层有更高的虚高和更高的临界频率，E 层的临界频率接近 fminF。

解　　释：在电离层扰动期间，粒子沉降进入较低的大气层而产生微粒 E 层，它显示出比正规 E 层有更高的虚高。微粒 E 层出现时用符号 K，当微粒 E 层出现时，foE 与 h′E 都应写在报表上。即

foE＝130-K；h′E＝170-K；Es-type＝k1

【2】观测结果：夜间电离图。观测到微粒 E 层的寻常波和非常波，且时延较好，F 层时延也很好。

解　　释：当微粒 E 层出现时，foE 与 h′E 都应写在报表上，foE、h′E、foEs、h′Es、fbEs 都应加说明符号 K，Es 类型应列为 k 型 Es。即

foEs＝fbEs＝013-K；foE＝130-K；

h′E＝h′Es＝165-K；Es-type＝k1

【3】观测结果：大约在 165km 的高度观测到厚层的非常波描迹，由于干扰观测不到微粒 E 层的寻常波。

解　　释：根据 F 层描迹可判断出在 E 区的描迹必然是微粒 E 层的非常波分量，且非常波分量时延较好，因此 foE 和 foEs 应根据非常波分量推导出来（即使推导出来的值小于 fmin）。即

foE＝（fxE－fB/2）JK＝150JK；

h′E＝h′Es＝S；

foEs＝（fxEs－fB/2）JK＝015JK

表 3-7　　**E2 层**

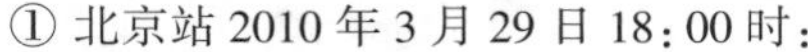
① 北京站 2010 年 3 月 29 日 18：00 时：

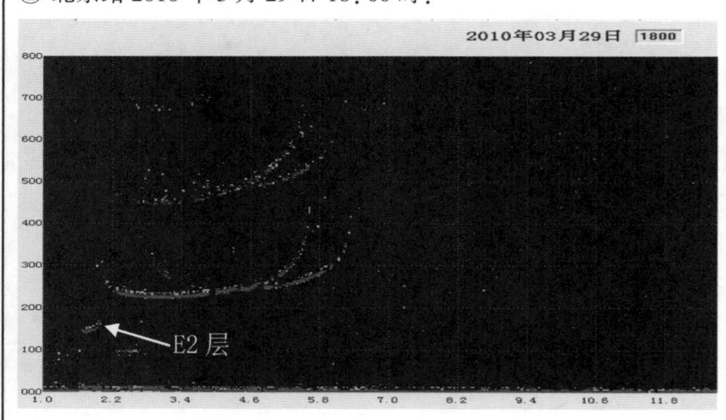

参数	结果
fmin	017
h′E	B
foE	B
foEs	019JA
h′Es	100
fbEs	017EB
h′F	220
foF1	
M3F1	
h′F2	
foF2	056
M3F2	350
fxI	063-X
Es-type	l1

② 北京站 2008 年 6 月 19 日 17：30 时：

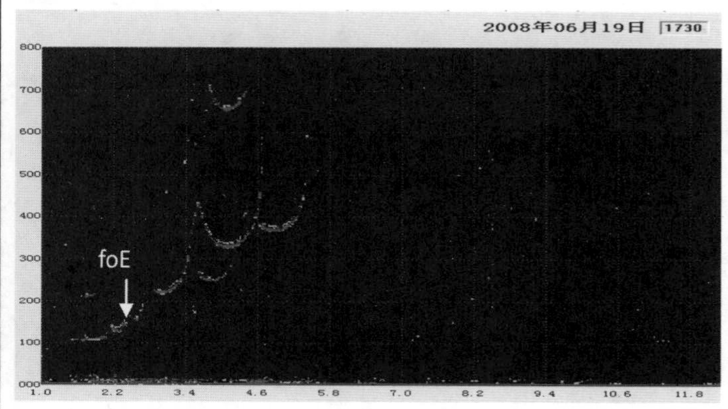

参数	结果
fmin	015
h′E	105-H
foE	240-H
foEs	024EG
h′Es	G
fbEs	024EG
h′F	220
foF1	360
M3F1	385
h′F2	325
foF2	047
M3F2	315
fxI	054-X
Es-type	

③ 北京站 2008 年 10 月 27 日 15：00 时：

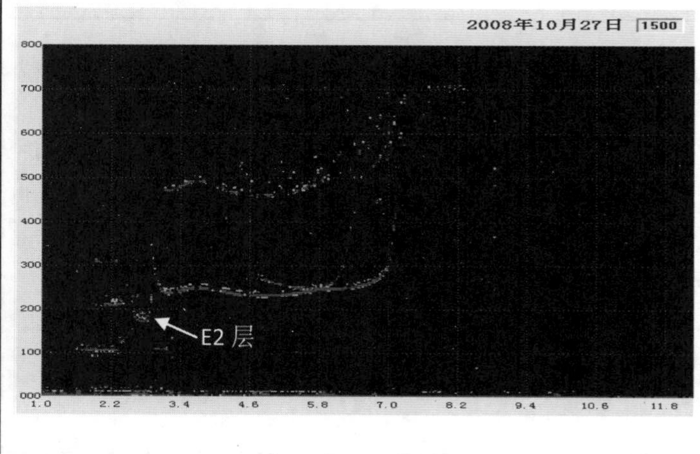

参数	结果
fmin	017
h′E	125-A
foE	255
foEs	023-G
h′Es	105
fbEs	023-G
h′F	235-N
foF1	L
M3F1	L
h′F2	230
foF2	064
M3F2	375
fxI	071-X
Es-type	l3

E2 层

【1】观测结果：在 E 区出现 E2 层和 1 型 Es 层，E2 层高度为 140km。

解　　释：E 层因吸收未出现，只观测到 E2 层，其高度为 140km。此外，还观察到微弱的 1 型 Es 层出现在 100km 高度上，顶频为 2.6MHz。1 型 Es 层未对 E2 层形成遮蔽，因此 fbEs = 17EB，foEs = 19JA，而 foE 和 h′E 在 E2 层之前，只能用说明符号 B 列表。即

foE = B；h′E = B

【2】观测结果：在 E 区观察到 E 层的瞬时分层和 E2 层。

解　　释：此图是日出与日落前后 2 小时内的电离图，从前后序列图看 E 层频率在 2.4MHz 处，E 层存在瞬时分层现象，因此 h′E 、foE 等参数的取值要加符号 H，在 E 层与 F1 层之间又出现一瞬时厚层。应认为是 E2 层，其临频值不需要度量。此外，由于不存在 Es 层，Es 层全部参数应用符号 G 加以说明。即

foE = 240-H；h′E = 105-H

【3】观测结果：E 区出现 1 型 Es 层、E 层和 E2 层，其中 E 层低频端被 1 型 Es 层遮蔽。

解　　释：E2 层不会影响 E 层参数的取值，因此 foE 可正常取值，但 h′E 因受到 1 型 Es 层影响，需附加说明符号 A。另外，foEs 和 fbEs 小于 foE，应加 G 进行说明，h′F 大于 h′F2，h′F 也应加说明符号 N。即

foE = 255；h′E = 125-A

E2 层

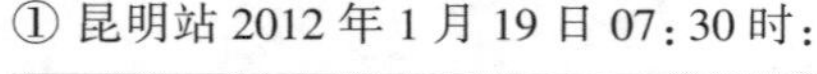
① 昆明站 2012 年 1 月 19 日 07:30 时:

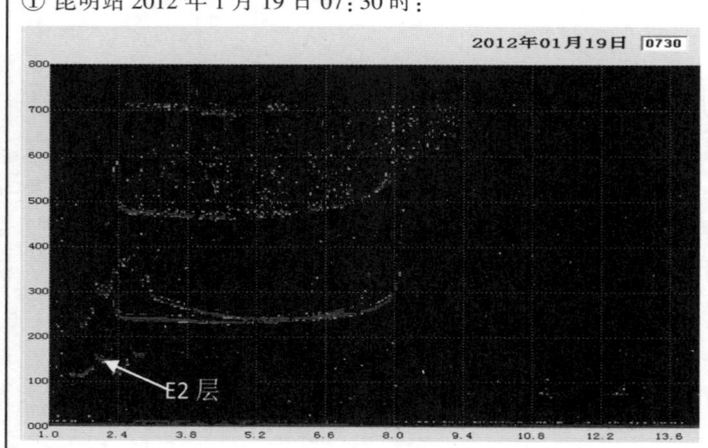

参数	结果
fmin	014
h′E	110
foE	190
foEs	019EG
h′Es	G
fbEs	019EG
h′F	230
foF1	
M3F1	
h′F2	
foF2	075
M3F2	375
fxI	081-X
Es-type	

② 昆明站 2012 年 1 月 5 日 07:00 时:

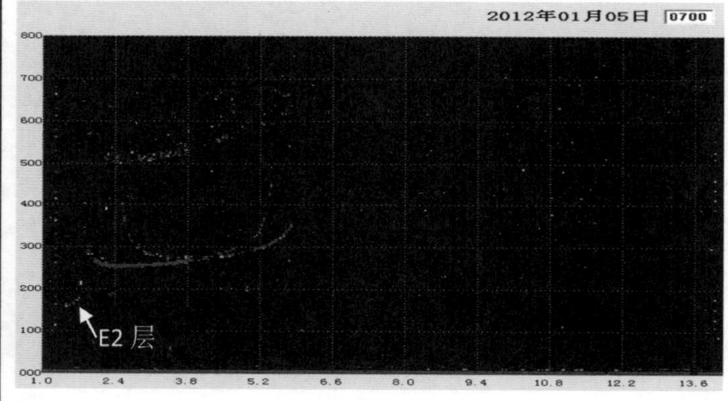

参数	结果
fmin	015
h′E	B
foE	B
foEs	015EB
h′Es	B
fbEs	015EB
h′F	250
foF1	
M3F1	
h′F2	
foF2	054
M3F2	330
fxI	060-X
Es-type	

③ 昆明站 2012 年 2 月 6 日 07:15 时:

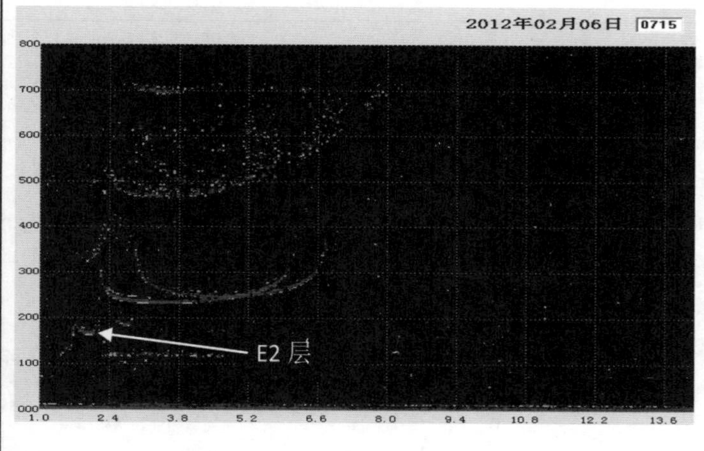

参数	结果
fmin	014
h′E	115-B
foE	170
foEs	041JA
h′Es	115
fbEs	017EG
h′F	230
foF1	
M3F1	
h′F2	
foF2	061
M3F2	360
fxI	067-X
Es-type	l1

E2层

【1】观测结果：E2层描迹出现在正常E层与F层之间，F1层不存在。

解　　释：E2层是瞬时的厚层，主要出现在日出与日落前后2小时内，且虚高比正规E层要高。此图中出现的E层和E2层是不连续的，是典型的E2层，因此foE和h′E正常取值即可。即

foE=190；h′E=110

【2】观测结果：由于吸收而未能观测到1.5MHz以下的描迹，在E区150km上下观测弯曲点描迹。

解　　释：此图作为正规E层就太高了，根据前后序列图判断应为E2层，正规E层被吸收，因此foE和h′E只需用说明符号B列表。即

foE=B；h′E=B

注　　意：7：00正好是日出时间，E2层易出现，在扰动情况下，观测到的有别于粒子层的其他描迹可认为是E2层。

【3】观测结果：此图观测到了E层、E2层与l型Es层，在正常E层与F层之间出现了E2层，且与E层是连续的。

解　　释：持续时间短的E2层出现在150km上下，与正规E层一样，在更高的频率上出现了时延。对于l型Es层的fminEs大于或等于fminE的情况，解释为l型Es层对上一层不具有遮蔽性，因此E层参数的度量并未受到影响。此外，根据遮蔽频率的定义可知：即

fbEs=(foE)EG=017EG；

foE=170；h′E=115-B

E2 层

① 拉萨站 2012 年 4 月 10 日 06：00 时：

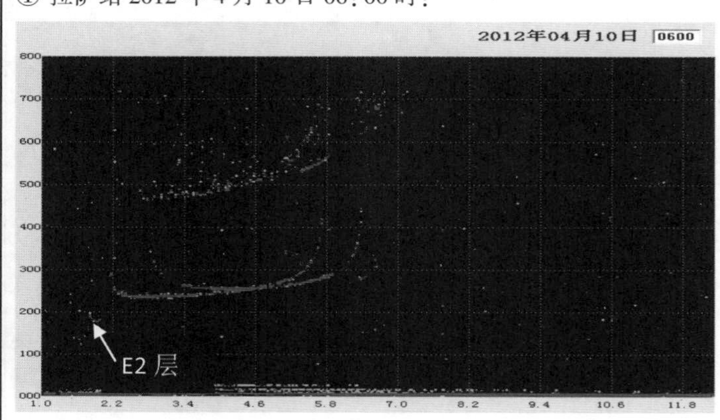

参数	结果
fmin	018
h′E	B
foE	B
foEs	018EB
h′Es	B
fbEs	018EB
h′F	235
foF1	
M3F1	
h′F2	
foF2	057
M3F2	350
fxI	064-X
Es-type	

② 北京站 2010 年 5 月 10 日 06：00 时：

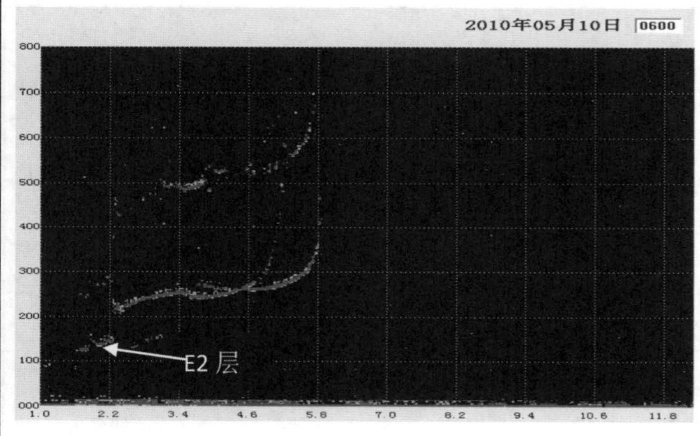

参数	结果
fmin	017
h′E	125-B
foE	190
foEs	023
h′Es	140-G
fbEs	023
h′F	210
foF1	L
M3F1	L
h′F2	240
foF2	051
M3F2	350
fxI	058-X
Es-type	h1

③ 昆明站 2013 年 1 月 8 日 07：15 时：

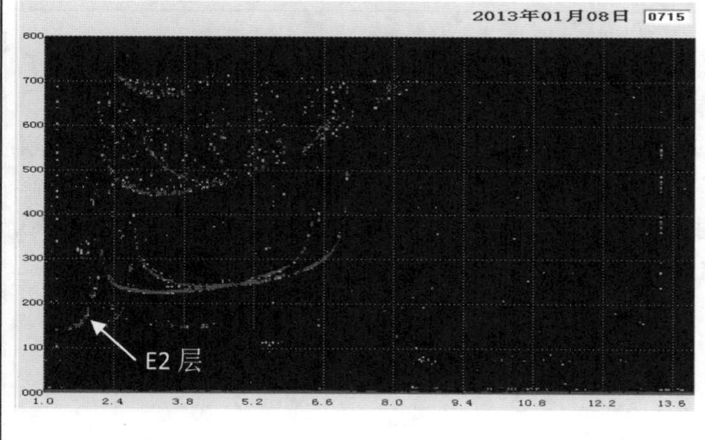

参数	结果
fmin	015
h′E	B
foE	B
foEs	015EB
h′Es	B
fbEs	015EB
h′F	215-H
foF1	
M3F1	
h′F2	
foF2	064
M3F2	345
fxI	070-X
Es-type	

E2 层

【1】观测结果：低于 1.8MHz 的描迹由于吸收没有被观测到，在 E 区 180km 上下观测弯曲点描迹。

解　　释：E 区描迹因虚高太高而不应作为正规 E 层来看。根据前后序列图判断，正规 E 层被吸收，可认为此描迹为 E2 层，E2 层主要在日出与日落前后 2 小时内，且高度在 150km 上下。即

foE＝B；h′E＝B

【2】观测结果：在正常 E 层与 h 型 Es 层之间出现 E2 层描迹，E2 层高度为 130km。

解　　释：根据前后序列图判断 E 层临频在 1.9MHz，与 h 型 Es 相续的应是 E2 层。由于 E 层低频端因吸收作用未能观测到水平描迹，因此 h′E 应附加说明符号 B；E2 层的存在不会影响 E 层参数的度量。即

foE＝190；h′E＝125B

【3】观测结果：低于 1.5MHz 的描迹因吸收而没有被观测到，在 E 区观测到某些弯曲点。

解　　释：E 区描迹的高度在 150km，根据前后序列图判断，E 区描迹应为 E2 层而不是 E 层，正规 E 层被吸收，因此 foE 和 h′E 只能以说明符号 B 列表。即

foE＝B；h′E＝B

表 3-8　　　　　　　　　　　　**E 层瞬时分层**

① 北京站 2010 年 10 月 29 日 07：30 时：

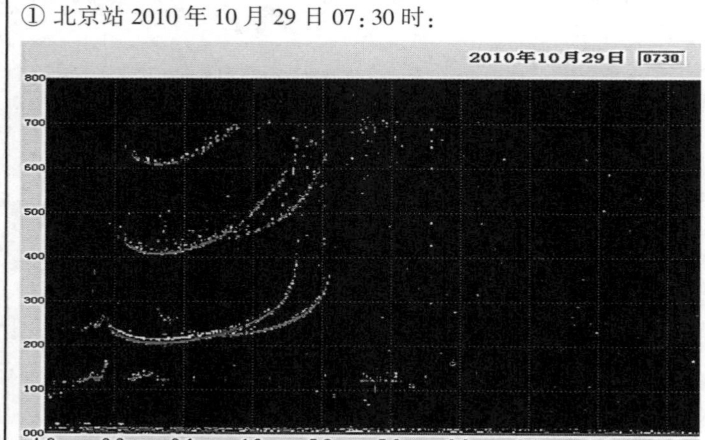

参数	结果
fmin	015
h′E	115-H
foE	210-H
foEs	021EG
h′Es	G
fbEs	021EG
h′F	200
foF1	
M3F1	
h′F2	
foF2	064
M3F2	355
fxI	071OX
Es-type	

② 兰州站 2008 年 8 月 10 日 07：00 时：

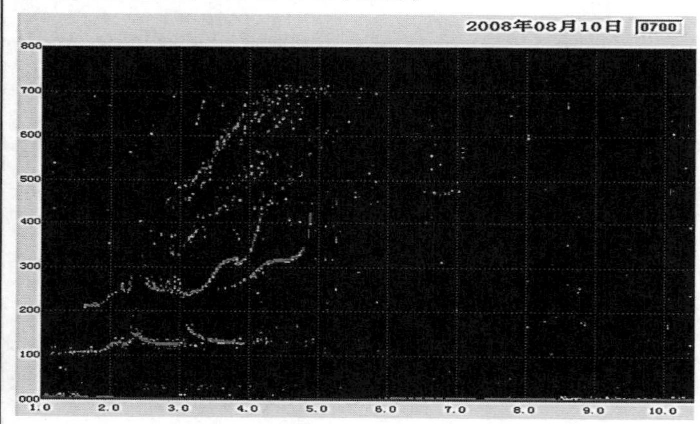

参数	结果
fmin	014
h′E	105
foE	240-H
foEs	031
h′Es	120
fbEs	030
h′F	235
foF1	380-H
M3F1	360UH
h′F2	305-H
foF2	042
M3F2	335UH
fxI	049-X
Es-type	c2

③ 拉萨站 2011 年 1 月 14 日 15：00 时：

参数	结果
fmin	019
h′E	110-H
foE	265-H
foEs	031
h′Es	150
fbEs	031
h′F	230
foF1	390UL
M3F1	L
h′F2	250
foF2	066
M3F2	365
fxI	073-X
Es-type	h1

E 层瞬时分层

【1】观测结果：E 层在接近 1.8MHz 处出现弯曲点，且无 Es 层。
解　　释：弯曲点接近 1.8MHz，从前后序列图看，E 层临频应是 2.1MHz 左右，故属于 E 层部分，原因在于下部成层，因此 foE、h′E 应附有说明符号 H。即

foE = 210-H；h′E = 115-H

【2】观测结果：E 层在 2.1MHz 附近存在弯曲点，出现分层现象，且存在 c 型 Es 层。
解　　释：E 层弯曲点接近 foE，远离 fmin，foE 可能会受到影响，而 h′E 没有受到分层影响，因此 foE 应加说明符号 H，h′E 则可以省略说明符号 H。即

foE = 240-H；h′E = 105

【3】观测结果：在 E 区观测到 E 层的瞬时分层和带 E2 层的 h 型 Es 层。
解　　释：根据前后序列图判断出 E 层的临界频率在 2.65MHz 处，在 foE 附近的弯曲点接近 2.45MHz，其原因是下部成层，因此 foE 和 h′E 应附加说明符号 H，以表达分层的影响。即

foE = 265-H；h′E = 110-H

此外，在 h 型 Es 层附近观测到了 E2 层，且和 Es 层是相连续的。

3.2 Es层

3.2.1 Es层参数度量说明

3.2.1.1 Es层参数

Es是一种薄层，出现时间不确定。它是E区突发的不均匀结构，出现在100km到170km的高度范围，呈快速变化特征。在这个区域，任何不能明显地识别为正规E层或E2层的描迹，应当作为Es层来对待。Es层参数主要包括foEs、h′Es和fbEs三个参数。

foEs是Es连续描迹寻常波分量的顶频，h′Es是度量foEs描迹的最低虚高，如图3-2所示。

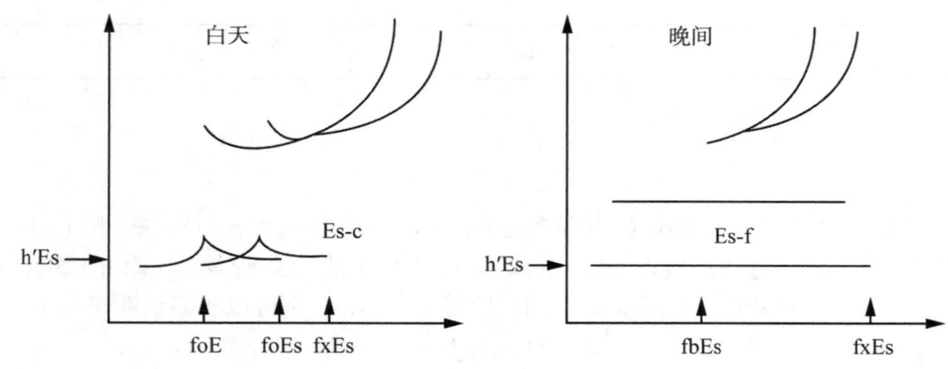

图3-2 Es层示意图

fbEs是Es层的遮蔽频率，即是Es层允许从上面的层反射的头一个频率，换句话说，它相当于在比Es层还高的层中开始出现反射的频率，因此，fbEs是表示Es层透明度的度量。

fbEs总是由通过Es层观测到较高层的寻常波分量的最低频率决定。

3.2.1.2 度量精度

foEs的度量精度为0.1MHz，例如5.3MHz。

h′Es的度量精度为5km，例如100km，105km。

fbEs的度量精度为0.1MHz，例如2.6MHz。

3.2.1.3 度量值说明

(1)foEs：用数字值，带符号数字值或用符号表示。例如：

G——在观测到正规E层(白天)的情况下Es层描迹看不见。解释为Es嵌在正规E层中。

16ES——E是限量符号，S是说明符号。

52JA——J是限量符号，A是说明符号。

(2)h′Es：表示为数字值，数字值带符号或仅一个符号。例如：

S——由于干扰的原因，没有取得数字值。

150EG——E 是限量符号，G 是说明符号。

(3)fbEs：用数字值或带符号的数字值或仅用一个符号表示。例如：

G——说明符号，在白天，fbEs 没有数字值时使用。

46UY——U 是限量符号，Y 是说明符号。

52AA——左边 A 是限量符号，右边 A 是说明符号。

10EE——左边 E 是限量符号，右边 E 是说明符号。

3.2.1.4 度量的注意事项(Es 部分)

1)foEs 与 h′Es

(1)foEs 与 h′Es 应作全天性度量，即 24 小时度量；

(2)应该在 Es 描迹变为水平的最低高度上度量 h′Es；

(3)Es 描迹的低频端由于 E 层引起的时延的影响，而使 h′Es 不水平，应按精度规则要求用限量符号并注以说明符号 G；

(4)以给出 foEs 的 Es 描迹来取得 h′Es 的值；

(5)当观测不到 Es 描迹时，说明 foEs 值的说明符号也适用于 h′Es。

2)fbEs

(1)因为 fbEs 受观测仪灵敏度的影响，它始终要在增益正常时观测到的电离图中度量；

(2)应该用数字值带符号，数字值或符号将表格中的 fbEs 全部栏目填满；

(3)fbEs 总是要从寻常波分量中度量；

(4)除特殊情况外，fbEs 的值必须等于或小于 foEs；

(5)因为 fbEs 随时间有多种多样的变化，所以，要获得尽可能多的数字值，以便计算月中值的入算次数；

(6)fbEs 是其 foEs 列表的那个 Es 描迹遮蔽效应的一种表示。当在电离图上记录有几种类型的 Es 层时，列入表中的 fbEs 值总是由有最高的 foEs 值的那个描迹取得。所以，fbEs 的典型值应是有最高 foEs 的 Es 描迹的 fbEs 值。

3)Es 类型

(1)E2、E0.5 等应严格区别，不能作 Es 度量；

(2)应忽略频高图或频高图系列所有表示斜反射的描迹；

(3)应忽略所有十分微弱的间断描迹；

(4)应忽略所有快速变化或瞬时现象，如流星余迹；要反复核实几张连续的电离图，以便把它们识别出来；

(5)选出一种基本连续到最高频率的描迹来度量 foEs、fbEs、h′Es 和 Es 类型(基本连续的意思：就是忽略描迹中的间断。因为这种间断可能是由于偶然衰减或测高仪灵敏度的变化所引起的，超过这间断后描迹又规则地连续下去)；

(6)当没有观测到 Es 回波描迹时，有关度量可根据具体情况使用符号 B、E、G、S、C；

(7)在夜间 E 出现时，应按夜间 E 规则处理(k)；

(8)对于 a 型(极光型)Es，虽然是弱的斜反射描迹，但仍应当度量 Es 各特性参数。上述规则(2)~(4)对 a 型 Es 无效；

(9)下列特点应认为是确认 Es 描迹的存在：

① 因为 Es 是薄层，在它的临界频率附近，通常观测不到时延(高纬度或扰动条件下的中纬度的 r 型和 k 型除外)；

② Es 层描迹总是出现在从 100km 到 150km 的高度范围，但是，h 型 Es 的高度偶尔也超过 150km；

③ Es 层总共分为 11 种类型，其中 l、c、h 与 f 型一般在中纬度地区常观测到。Es 的这些类型，有时单独地出现，有时同时出现。

(10)foEs、fbEs 与 h′Es 的值是从具有最高频率的描迹中度量的。

(11)当不同类型的 Es 描迹同时出现时，要逐个按类型度量出各自的 foEs 与 h′Es，在这种情况下，度量以临界频率为顺序，如果频率相同，由较高虚高者优先度量。

3.2.1.5　foEs 与 fxEs 判别方法

在度量 Es 层描迹时，如果 Es 层描迹的寻常波和非寻常波分开，如图 3-3 所示，foEs 与 fxEs 易于区分，但当 Es 层描迹的寻常波和非寻常波在同一高度上重叠时，foEs 与 fxEs 就变得难以区分，如图 3-4 所示，此时就需要参考相关电离层参数进行逻辑判断。

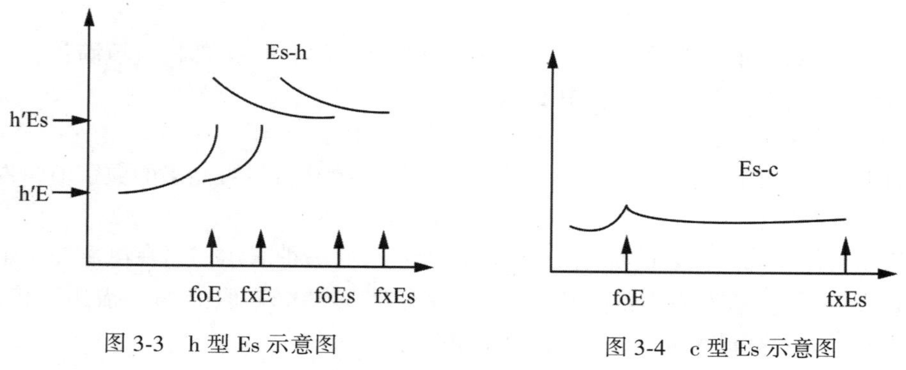

图 3-3　h 型 Es 示意图　　图 3-4　c 型 Es 示意图

当 Es 层寻常波和非寻常波描迹重叠时，foEs 与 fxEs 的判别规则如下：

(1)当夜间 ftEs 在 fB 附近时，如图 3-5(a)所示：

① ftEs≤fB+0.25MHz，则 ftEs=foEs；

② ftEs>fB+0.25MHz，则 ftEs=fxEs。

(2)当 fminFx 存在时，如图 3-5(b)所示；

① ftEs≥fminFx−fB/2，则 ftEs=fxEs；

② ftEs<fminFx−fB/2，则 ftEs=foEs。

(3)当 fminEx 存在时，如图 3-5(c)所示：

① ftEs≥fminEx−fB/2，则 ftEs=fxEs；

② ftEs<fminEx−fB/2，则 ftEs=foEs。

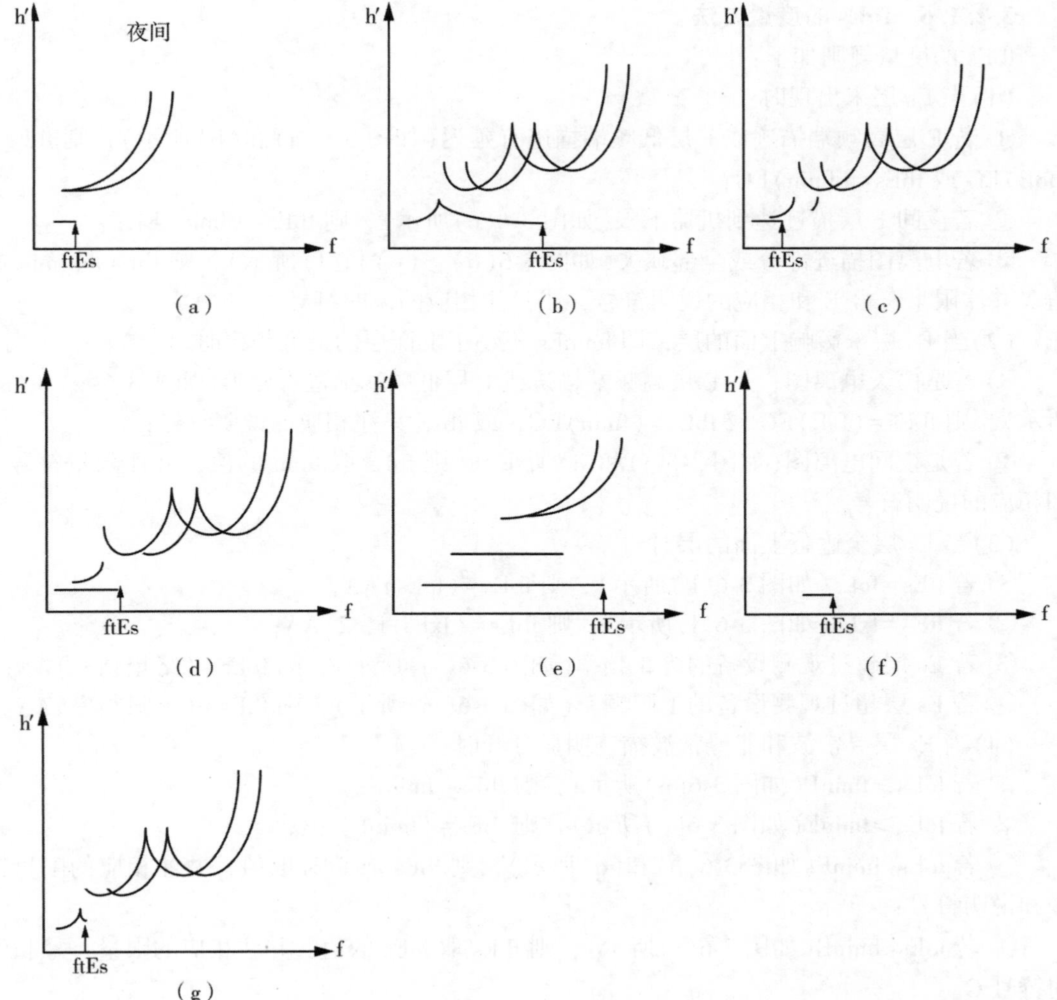

图 3-5 foEs 与 fxEs 判别示意图

(4)当 fminFx 或 fminEx 不存在或上一层低频端寻常波和非寻常波描迹重叠时，如图 3-5(d)和图 3-5(e)所示：

① ftEs≤foE+fB−0.4MHz，则 ftEs=foEs；

② foE+fB−0.4MHz<ftEs≤foE+fB+0.4MHz，则 foEs=(ftEs)−M；

③ ftEs>foE+fB+0.4MHz，则 ftEs=fxEs。

(5)当 F 层不存在时，如图 3-5(f)所示，若 fmin 吸收正常，则 ftEs=fxEs，否则：

① ftEs≤fmin+fB−0.4MHz，则 ftEs=foEs；

② fmin+fB−0.4MHz<ftEs≤fmin+fB+0.4MHz，则 foEs=(ftEs)−M；

③ ftEs>fmin+fB+0.4MHz，则 ftEs=fxEs。

(6)当 fminFx 存在，且已确定 ftEs 等于 fxEs 时，如图 3-5(g)所示，若 ftEs−fB/2=foEs

≤foE，则 ftEs=foEs。

3.2.1.6　fbEs 的度量方法

fbEs 的度量规则如下：

(1)当 Es 层未出现时：

① 若 E 层高频端描迹或 F 层低频端描迹有延迟(如图 3-6(a)和(b)所示)，则 fbEs=(foE)EG 或 fbEs=(fmin)EG；

② 若夜间 F 层描迹达到机器下限(如图 3-6(c)所示)，则 fbEs=(fmin)EE；

③ 若电离图描迹部分或全部缺失(如图 3-6(d)、(e)和(f)所示)，则 fbEs 取 fmin 的值，并注限量符号 E 和相应的说明符号，或只注相应的说明符号。

(2)当 Es 层未影响上面的层，即 fminEs 不小于上面层的最低频率时：

① 若是白天电离图，且 E 层高频端描迹或 F 层低频端描迹有延迟(如图 3-6(g)和(h)所示)，则 fbEs=(foE)EG 或 fbEs=(fmin)EG，或 fbEs 只注相应的说明符号；

② 若是夜间电离图(如图 3-6(i)和(j)所示)，则 fbEs 取 fmin 的值，并注限量符号 E 和相应的说明符号。

(3)当 Es 层全遮蔽上面的层时：

① 若 ftEs=foEs(如图 3-6(k)所示)，则 fbEs=(foEs)AA；

② 若 ftEs=fxEs(如图 3-6(l)所示)，则 fbEs=(fxEs-f_B/2)AA；

③ 若 Es 层超过观测设备的终止频率(如图 3-6(m)所示)，则 fbEs=(终止频率)AA；

④ 若 Es 层超过观测设备的上限频率(如图 3-6(m)所示)，则 fbEs=(上限频率)AA。

(4)当 Es 层寻常波和非寻常波描迹明显分开时：

① 若 foEs≥fminF(如图 3-6(n)所示)，则 fbEs=fminF；

② 若 foEs≥fminE(如图 3-6(o)所示)，则 fbEs=(fminE)-G；

③ 若 foEs<fminF(如图 3-6(p)和(q)所示)，则 fbEs 取 foEs 的值，并注相应的限量符号和说明符号；

④ 若 foEs<fminE(如图 3-6(r)所示)，则 fbEs 取 foEs 的值，并注相应的限量符号和说明符号 G。

(5)当 Es 层寻常波和非寻常波描迹重叠时：

① 若 foEs≥fminF(如图 3-6(s)所示)，则 fbEs=fminF；

② 若 foEs≥fminE(如图 3-6(t)所示)，则 fbEs=(fminE)-G；

③ 若 foEs<fminF(如图 3-6(u)和(v)所示)，则 fbEs 取 foEs 的值，并注相应的限量符号和说明符号；

④ 若 foEs<fminE(如图 3-6(w)所示)，则 fbEs 取 foEs 的值，并注相应的限量符号和说明符号 G；

⑤ 若 fxEs-fB/2<fminF(如图 3-6(x)和(y)所示)，则 fbEs 取 foEs 的值，并注相应的限量符号和说明符号；

⑥ 若 fxEs-fB/2<fminE(如图 3-6(z)所示)，则 fbEs 取 foEs 的值，并注相应的限量符号和说明符号 G。

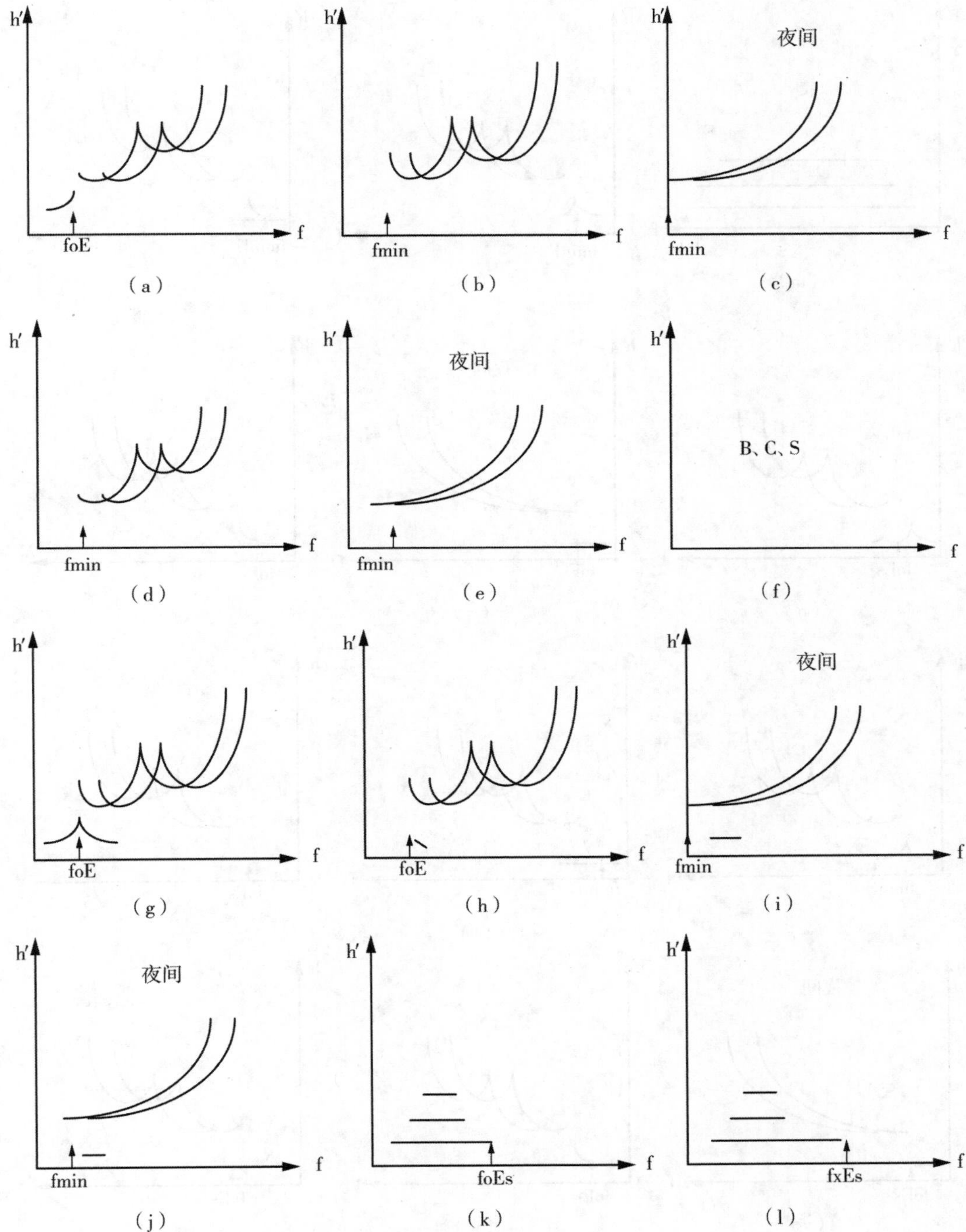
h′
f
foE
(a)
h′
f
fmin
(b)
h′
夜间
f
fmin
(c)
h′
f
fmin
(d)
h′
夜间
f
fmin
(e)
h′
B、C、S
f
(f)
h′
f
foE
(g)
h′
f
foE
(h)
h′
夜间
f
fmin
(i)
h′
夜间
f
fmin
(j)
h′
f
foEs
(k)
h′
f
fxEs
(l)

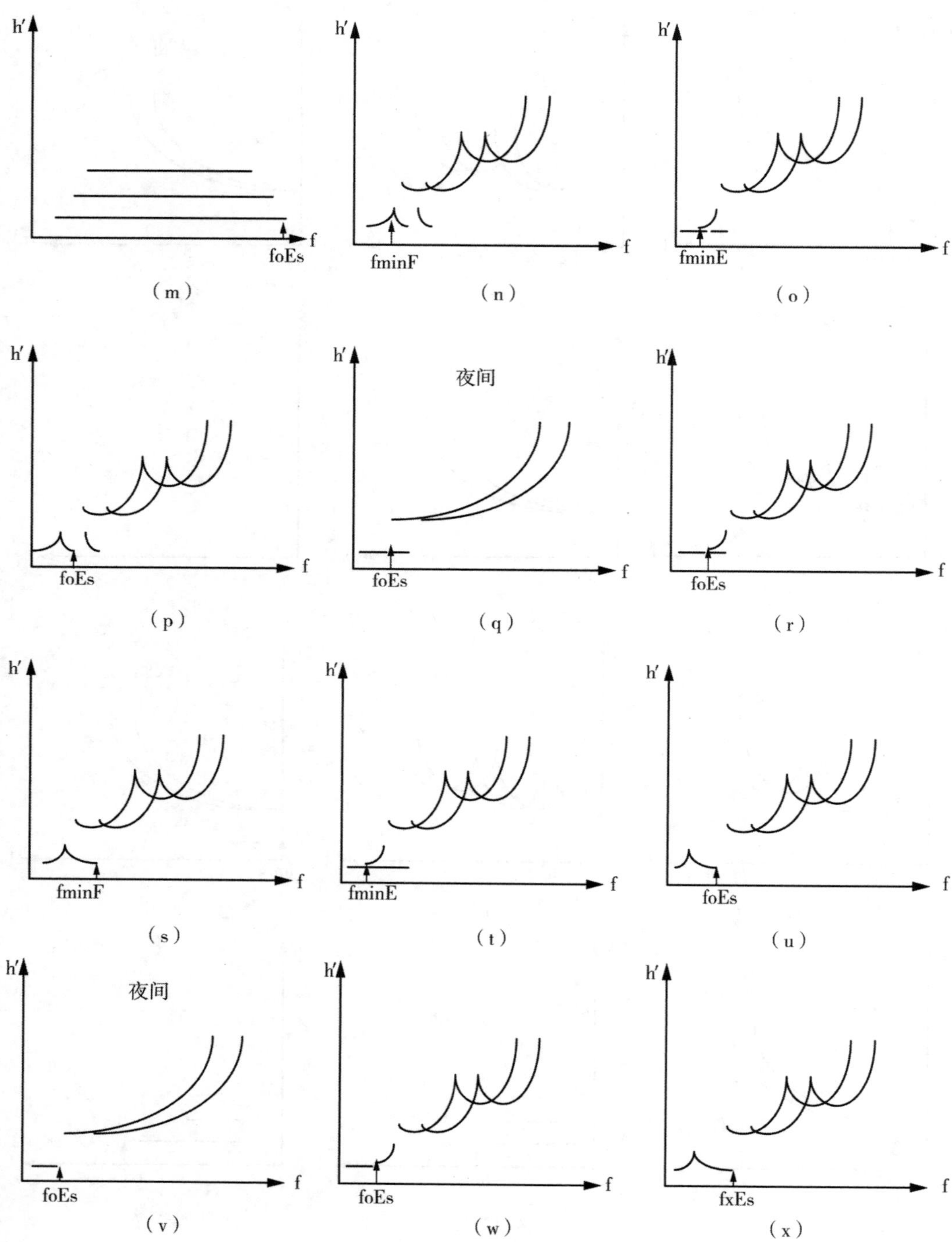
h′
f
foEs
(m)
h′
f
fminF
(n)
h′
f
fminE
(o)
h′
f
foEs
(p)
h′
夜间
f
foEs
(q)
h′
f
foEs
(r)
h′
f
fminF
(s)
h′
f
fminE
(t)
h′
f
foEs
(u)
h′
夜间
f
foEs
(v)
h′
f
foEs
(w)
h′
f
fxEs
(x)

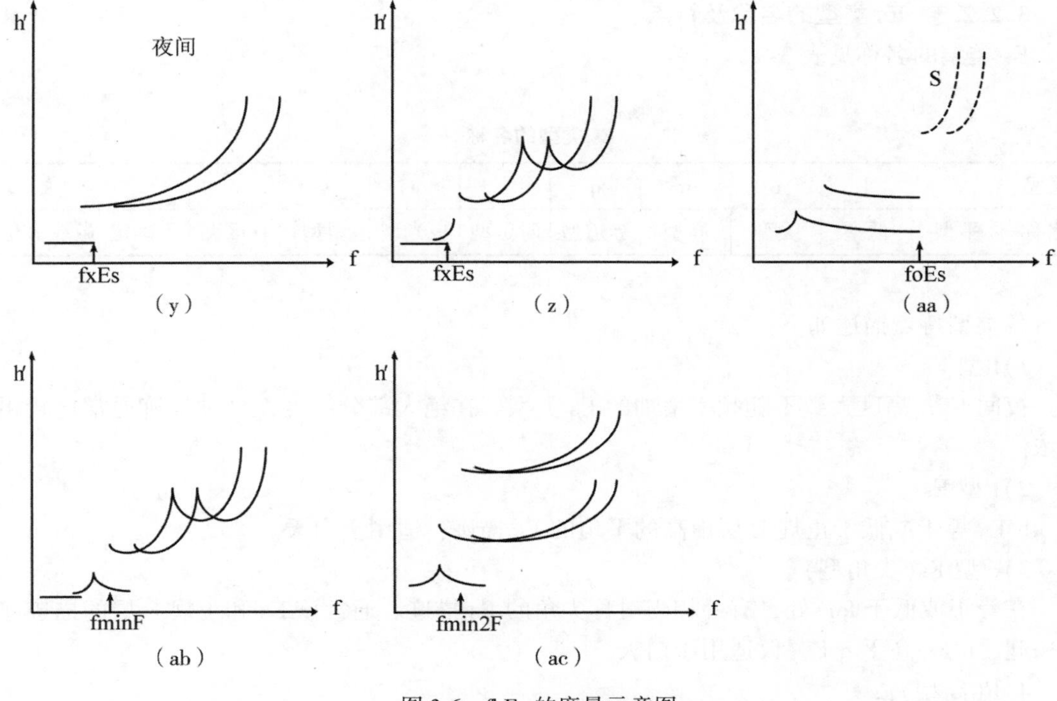

图 3-6 fbEs 的度量示意图

(6)当严重干扰导致干扰带内描迹缺失时(如图 3-6(aa)所示)，fbEs=(干扰带起始频率)D S;

(7)当出现多个 Es 层描迹时(如图 3-6(ab)所示)，fbEs 应从给出 foEs 的 Es 层描迹的上一层度量;

(8)当 F 层的低频端描迹部分隐没在 Es 层的二次反射回波中时(如图 3-6(ac)所示)，应参考 F 层的二次反射描迹度量 fbEs。

3.2.2 Es 类型

3.2.2.1 Es 分类

Es 分为 f、l、c、h、q、r、a、s、d、n 和 k 11 种类型。在一个站观测到的类型并没有这么多，在中纬度地区常出现的是 f、l、c 和 h 型，而在高纬度地区，正常出现的是 a 型 r 型。但是 a 型与 r 型也不是唯一地在高纬度地区出现。图 3-15、图 3-16 给出 Es 类型各种图例。

3.2.2.2 分类法

(1)记录在电离图中的所有 Es 描迹，将按类型鉴定法分类。

(2)按规定：foEs、h′Es 与 fbEs 不应从弱的或斜反射描迹度量，但无论如何，全部的 Es 类型都要列入报表中。(例如，d 型 Es 或 s 型 Es)。

(3)当测高仪的增益低，或由于描迹太复杂等原因，不能识别描迹的类型时，要参考高增益观测到的电离图，或在一小时内观测到的电离图来度量。

3.2.2.3　Es 类型的名称及特点

Es 类型的名称见表 3-9。

表 3-9　　**Es 类型的名称**

类型	f	l	c	h	q	r	a	s	d	n	k
名称	平型	低型	尖型	高型	赤道型	时延型	极光型	斜型	D 区型	不确定	微粒 E 层

各类型特点描述如下：

1) f 型 Es

夜间 Es，高度大致不随频率增加的 Es 类型。在绝大部分纬度，这种描迹通常比较粗而浓。

2) l 型 Es

h′Es 等于或低于正规 E 层虚高的平坦的 Es 描迹，适用于白天。

3) c 型 Es(尖角型)

在等于或低于 foE 处，有一相当对称尖角的 Es 描迹。通常该 Es 和正规 E 层的描迹连在一起，h′Es 高于 h′E，仅适用于白天。

4) h(高型) Es

在等于或大于 foE 处，正规 E 层描迹在高度上断开的 Es 描迹。尖角不对称；h′Es 高度明显大于 h′E，仅用于白天。

5) q 型 Es

也叫赤道型 Es(Es-q)。扩散的和非遮蔽性的 Es 描迹；常在磁赤道附近的白天出现。描迹线的下边缘通常相当确定。若干类型的 Es 常可叠加在这个图形上，尤其是 l 型 Es 加在它的低频端可以造成遮蔽。foEs 大大超过 fbEs。

6) r 型 Es

r 型 Es 也叫时延型 Es(Es-r)，描迹在顶频附近虚高增大，有小的扩散；当 E 区描迹的穿透频率超过 F 层描迹的最低频率时，E 区描迹应是 r 型 Es。此时 E 层的临界频率常比正规 E 层大得多。

7) a 型 Es

a 型 Es 有大的扩散，描迹严重扩散的全部类型都可归入极光型 Es，它的虚高可伸展到数百千米以上。它的典型特征是，外形有一个平缓的或稍稍上升的底边缘，并且有一个随时间变化很快的层状描迹(山坡状)。常在高纬度地区观测到，有极光活动影响的中纬度地区也能观测到。

8) s 型 Es

s 型也叫斜型 Es(Es-s)，是一种漫射(扩散)描迹，虚高随频率稳定地增加，它通常从诸如 foE、fxE、foEs、fxEs 基本水平描迹的点或从 Es 描迹的中间点显露出来。仅适用于描迹的倾斜部分，主要在高纬度地区观测到，在中低纬度地区也经常出现，在磁赤道区虽有但较微弱，表明 Es-s 既不单是磁扰的伴随现象，也不仅为极光地带与地磁赤道地区所特有。在极光区，s 型 Es 多与 r 型 Es 相伴随；在磁赤道区，s 型 Es 多与 q 型 Es 相伴随。

此类型不度量 foEs 和 h′Es，但类型要度量。

9) d 型 Es

d 型是一个弱的扩散描迹；正常情况下出现在低于 95km 的高度上；因为它不是严谨的 Es 描迹，不应当用来确定 fmin、foEs、h′Es；经常在 80km 高度观测到。

10) k 型 Es

夜间 foE 临频大于正规 E 层的临频，也叫微粒 E 层，可在 100～200km 高度上出现，经常出现在 120～180km 之间。其主要特征表现为夜间出现微粒 E 层的寻常波或非常波描迹，或两描迹同时出现；或 F 层寻常波描迹的低频端出现明显时延；或至少三个国内站同一夜间在 F 层非常波描迹的低频端出现明显时延，并且其最低频率对应的等离子体频率高于 0. 95MHz。

11) n 型 Es

n 型 Es 一般用来表示不能归为标准类型(以上 10 种类型)的 Es 描迹。当一个描迹介于某两种 Es 类型之间时，只要可能，应选定为一种类型，尽管它是不大确定的，n 一般使用得很少。

3. 2. 2. 4　Es 类型和多重反射表示方法

(1)用大写英文字母在度量表格中表示 Es 类型(按国际规则应该用小写英文字母表示 Es 类型，但由于软件生成所致只能大写)。

(2)当在电离图中，见到几种 Es 类型时，应该首先表示能度量出 foEs 代表值的 Es 描迹类型，其余 Es 描迹类型要按多重反射的阶次降价表示。

(3)在度量报表中记录 Es 类型时，应将它们多重反射次数的数码记入(不超过 9)。

【例】如图 3-7 所示，h 与 l 型分别可看到 4 次和 3 次反射。Es 类型表示如下：h4l3

(4)度量表每栏中有 5 个符号空格，这意味着 Es 第三种类型的反射次数没有空格可填。

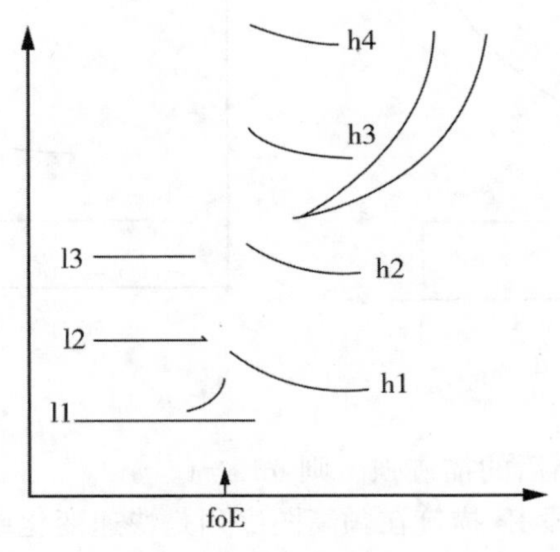

图 3-7　多重反射示意图

3.2.2.5　Es 描迹的间断处理方法

往往由于种种原因描迹出现间断，在度量时建议按下列步骤去处理 Es 的间断：

(1)如图 3-8 所示，c 段仍是 Es 的连续描迹，ftEs=f；

(2)如图 3-9 所示，c<fB/2，c<b，c 作为微弱描迹予以忽略，则 ftEs=f；

若 c+b=fB/2，则 foEs=f、fxEs=fx。

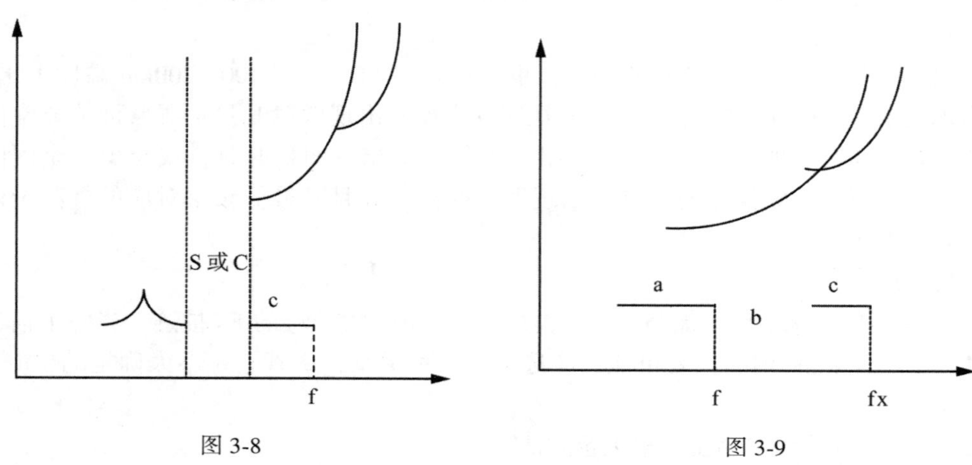

图 3-8　　　图 3-9

(3)如图 3-10 所示，Es 在 a、b 段间断，而以后又规则的连续下去，此时 a、b 段可能是由于偶然衰减或测高仪灵敏度变化引起的，故 c 段仍是连续描迹 ftEs=f。

(4)如图 3-11 所示，Es 描迹在 a、b、c 段间断，且间断后的描迹微弱，则予以忽略，ftEs=f。

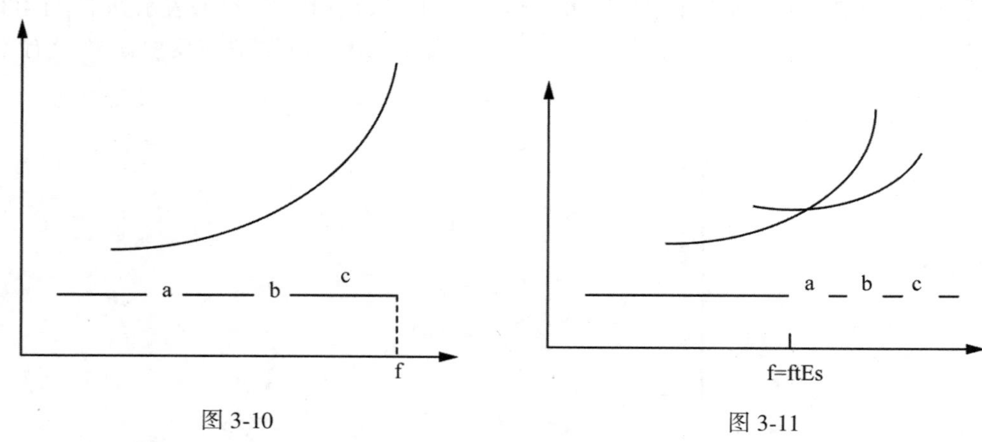

图 3-10　　　图 3-11

如图 3-12 所示，若间断后的描迹强，则 foEs=f。

(5)如图 3-13 所示，a 段 Es 描迹在频高图序列是快速变化或瞬时现象且 a 段又不具有遮蔽性，则 a 段可能是斜回波应予以忽略，foEs=(foE)EG。

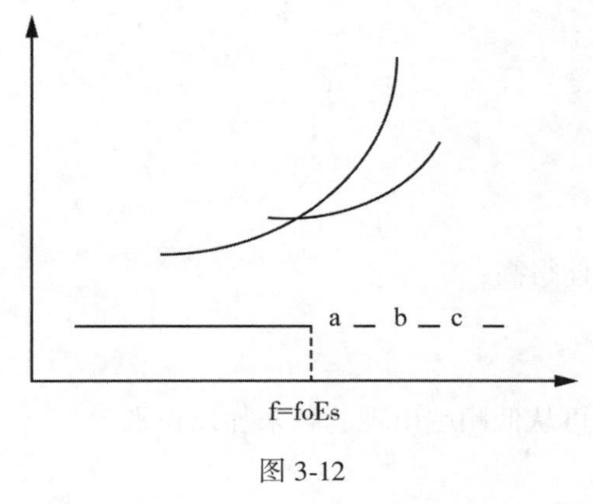

图 3-12

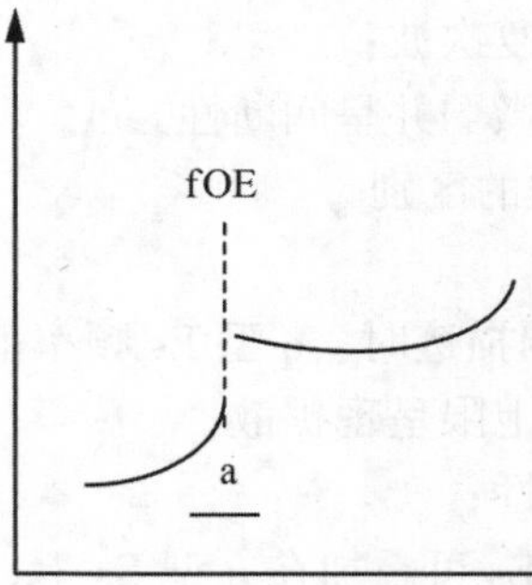

图 3-13

(6) 如图 3-14 所示，D 型 Es 描迹，foEs = fbEs = h′Es = B、Estype = D。

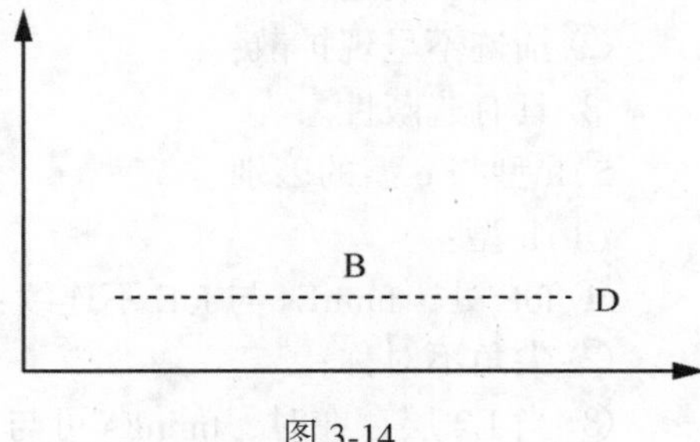

图 3-14

3.2.2.6 Es 类型之间的区分

1) f 型与 a 型的区分

(1) f 型：

① 有复次描迹；

② 有遮蔽性至少在部分范围内是遮蔽的；

③ 在吸收很少时，可能在基本描迹上有一点扩散；

④ 描迹的扩散随增益变化很小，或者根本没有变化。

(2) a 型：

① 没有复次描迹；

② 在吸收小时，表现出很大高度范围内的扩散；

③ 描迹扩散随增益增加而有很大增加。

2) r 型和 a 型的区分

(1) r 型：

① ftEs 处有时延，并在吸收小时在时延部分有扩散；

② 在部分描迹范围内经常表现为遮蔽性。

(2) a 型：

在很大的高度范围内呈现扩散描迹，并且 F 层描迹也出现扩散。

3) l 型与 d 型的区分

(1) l 型：

① 虚高在 95km 以上；

② 对高层具有遮蔽性；

③ 有复次波。

(2) d 型：

① 虚高一般在 95km 以下；

② 常与吸收有关，而使高层没有回波描迹；
③ 绝不会有复次波；
④ 描迹比较微弱并呈间断性。
4)q 型与 l 型的区别
(1)q 型：
① 当 Es 呈弱描迹时，q 型 Es 频率范围延伸得高；
② 描迹高度上限呈现扩散；
③ 不具遮蔽性；
④ 有时 l 型 Es 可叠加在 q 型 Es 上，此时可从低频端出现遮蔽来加以识别。
(2)l 型：
① 当是弱描迹时，l 型 Es 频率范围延伸得低；
② 描迹不呈现扩散；
③ 具有遮蔽性。
5)h 型与 c 型的区别
(1)h 型：
① foE 处，fminEs 与 foE 不连续；
② 尖角不对称；
③ 当 E2 层存在时，fminEs 可与 foE2 相连续；
④ h′Es 至少比 h′E 高出 10km。
(2)c 型：
① 在 foE 处 fminEs 与它连续；
② 尖角呈对称性；
③ h′Es 近似地等于 E 层高度 h′E。
6)l 型 Es 与 Z 模式的区别
(1)l 型：
① 不一定呈现遮蔽性；
② 当呈现遮蔽性时，其 fbEs 值随时间迅速变化；
③ ftEs 与 foE 之间的间隔是不定值。
(2)Z 模式：
① fzE 与 foE 之间间断等于 fB/2；
② Z 模式肯定遮蔽 O 模式；
③ 其遮蔽频率随时间变化很慢，且有规律性。

3.2.3　Es 层的度量及其实例解释

Es 层度量包括各种 Es 类型辨别、没有观测到 Es 类型、夜间 Es 类型中的 foEs 判定、白天 Es 类型中的 foEs 判定、Es 层不影响上面的层、Es 层影响上面的层、Es 层高度不水平、foEs 与 fminF 之间有间隙、两种以上 Es 类型中的 foEs 判定、特殊 fbEs 判定等十种情况。

1) 各种 Es 类型的辨别

各种 Es 类型的辨别是指 f、l、c、h、q、r、a、s、n、d、k 型等 Es 类型的判定。

2) 没有观测到 Es 类型

这是指一类电离图是正常的，但 Es 类型没出现。一般在白天适合使用符号 G，在夜间则使用符号 E。另一类由于干扰，仪器缺陷或吸收，电离图或多或少受到影响。Es 全部没有描迹。一般 foEs、fbEs 适用于 C、B(例如 fbEs=foEs=B 或 C)。

3) 夜间 Es 类型中的 foEs 判定

此判定是指夜间 f 型 Es 描迹的寻常波分量和非常波分量重叠不能识别的情况下，怎样从 ftEs(Es 层的顶频)求得 foEs。一般是参考 fB 来决定 foEs。

4) 白天 Es 类型中的 foEs 判定

此判定是指在白天 Es 描迹的寻常波分量和非常波分量重叠不能识别的情况下，怎样从 ftEs(Es 层的顶频)求得 foEs。一般是参考 fminFx 或 fminEx 来决定 foEs。

5) Es 层不影响上面的层

这种情况是指当 c 型 Es 出现、F 描迹的最低频率端时延很好，且 fbEs 的值等于 foE 的值；

当 l 型 Es 出现、fminEs(Es 描迹的最低频率)等于或大于 fminF(F 描迹的最低频率)或 fminE(E 层的最低频率)时，就可解释为 Es 层不影响上面的层，即对上面的层不具遮蔽性。符号 G 适用于白天，而符号 E 适用于夜间。

6) 由于遮蔽 Es 层影响上面的层

这种情况是指在电离图上，当 Es 层全部遮蔽或部分遮蔽了上一层。当 Es 层全部遮蔽了上一层(仅有 Es 描迹出现)时，fbEs=(foEs)AA；当 Es 层部分遮蔽了上一层时，符号 A 适用于 Es 层所有参数。

7) Es 层高度不水平

此情况是指 Es 层描迹的水平部分消失时根据度量精度来确定 h′Es 的值，说明符号 G 适用。

8) foEs 与 fminF 之间有间隙

此情况是指由于 F 层倾斜、干扰和其他原因而造成 foEs<fminF(或 fminE)，一般符号 Y 适用于白天，而符号 S 适用于夜间。明显干扰和机器原因符号 S 或 C 白天也适用。限量符号根据精度规则来确定。

9) 两种以上 Es 类型中的 foEs 判定

此判定是指一张电离图上，两种以上 Es 类型同时出现时，要逐个按类型度量出各自的 foEs 与 h′Es。度量以临界频率为顺序，foEs、fbEs 与 h′Es 的值是从具有最高频率的描迹中度量，如果频率相同，则有较高虚高者优先度量。

10) 特殊 fbEs 判定

此判定是指一张电离图上，记录到两种以上 Es 类型时，应将各个类型的 fbEs，按相关规定列出有最高 foEs 的描迹的 fbEs，它作为这个电离图的 fbEs 的代表值。

以下表 3-10~表 3-28 对上述 10 种 Es 度量情况结合观测实例分别进行解释。

图 3-15、3-16 为各种 Es 类型实例。

Es TYPES - TEMPERATE ZONE

Sample ionograms showing E_s types which commonly occur in the temperate zone.

Es TYPES - AURORAL ZONE

Sample ionograms showing E_s types which commonly occur in the auroral zone.

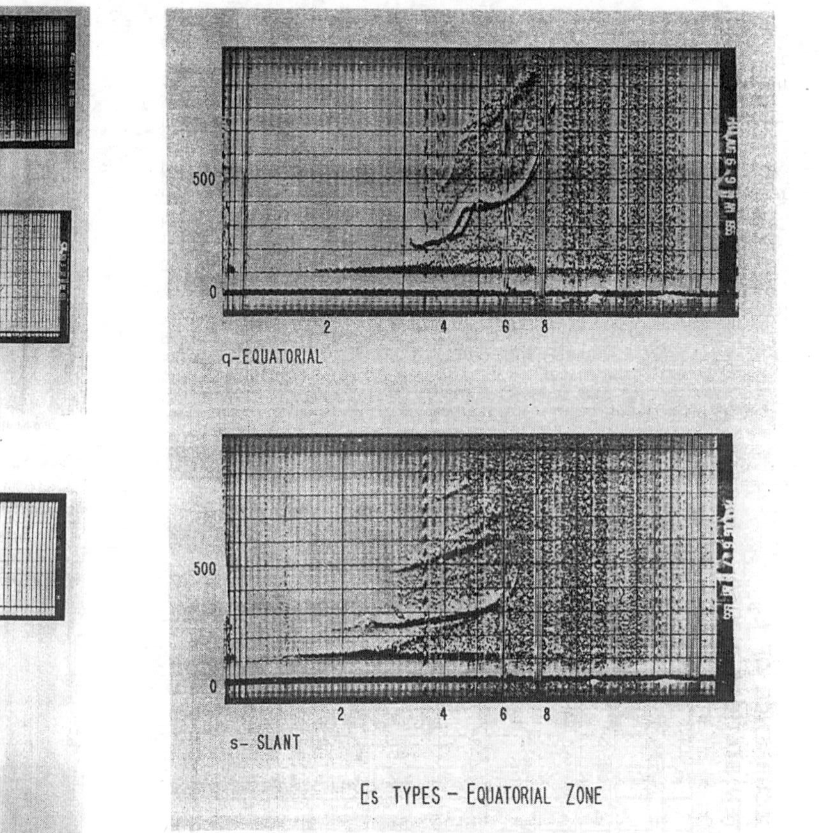

Sample ionograms showing E_s types which commonly occur in the equatorial zone.

图3-15①

① K S Ernest，M Sadami. Ionospheric Sporadic E，in International Serves of monographs on electromagnetic waves［M］. Oxford: Pergamon Press,1962.

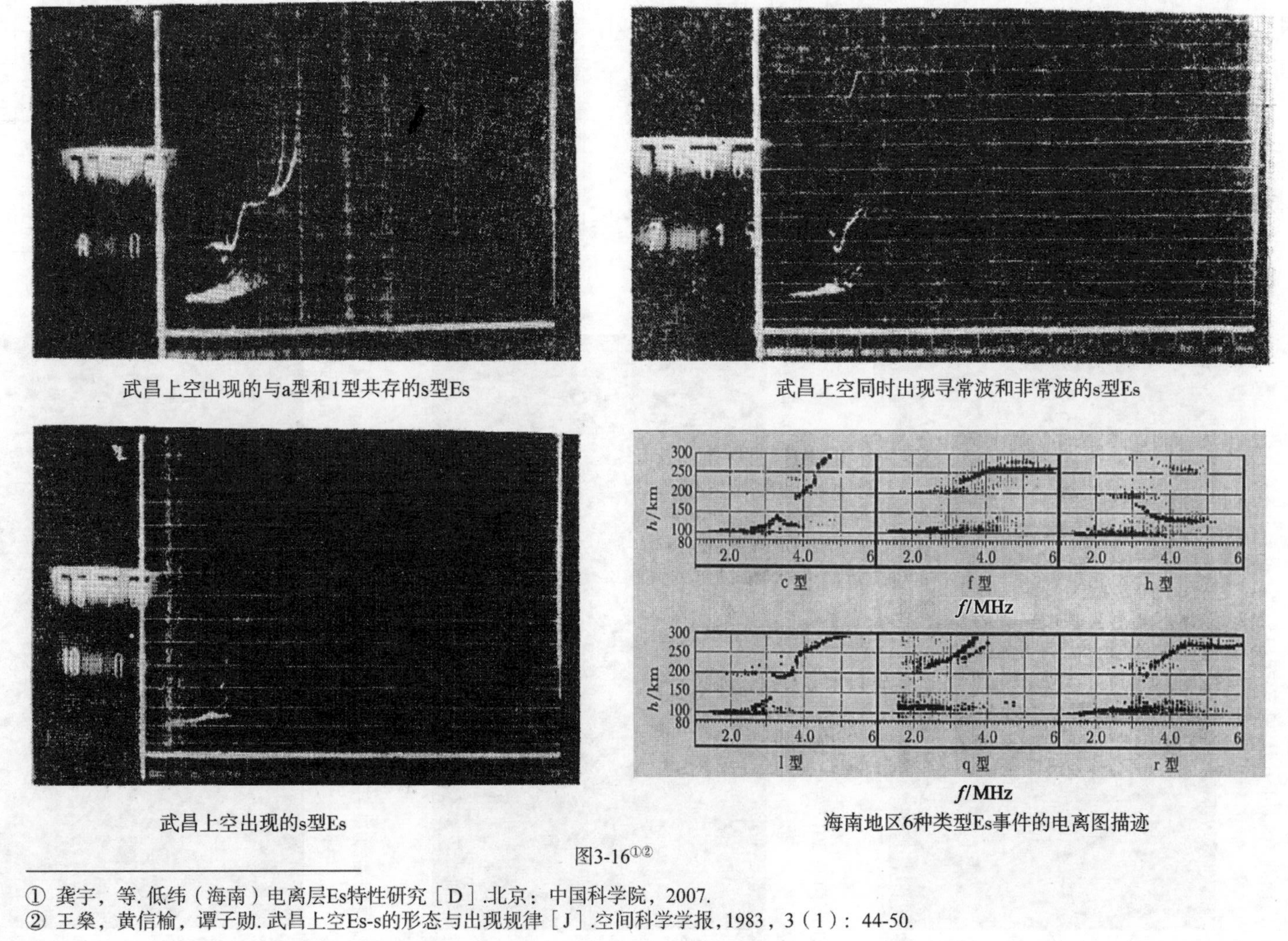

武昌上空出现的与a型和l型共存的s型Es

武昌上空同时出现寻常波和非常波的s型Es

武昌上空出现的s型Es

海南地区6种类型Es事件的电离图描迹

图3-16[①②]

① 龚宇，等. 低纬（海南）电离层Es特性研究［D］.北京：中国科学院，2007.

② 王燊，黄信榆，谭子勋. 武昌上空Es-s的形态与出现规律［J］.空间科学学报，1983，3（1）：44-50.

表 3-10　　**Es 辨别——f 型**

① 海南站 2012 年 6 月 30 日 20：15 时：

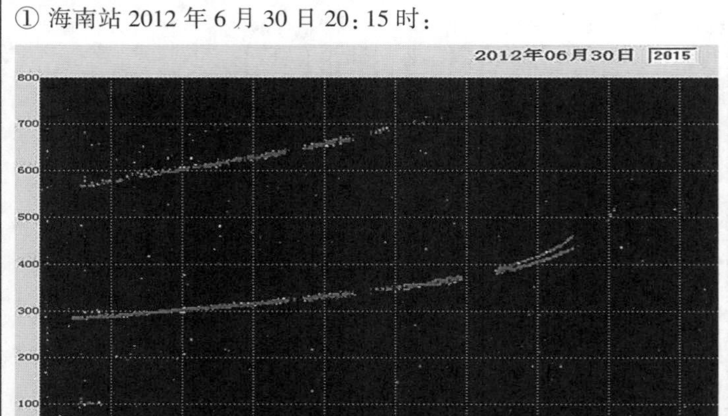

参数	结果
fmin	016ES
h′E	
foE	
foEs	014JS
h′Es	100
fbEs	016ES
h′F	280
foF1	
M3F1	
h′F2	
foF2	119JS
M3F2	285JS
fxI	125-X
Es-type	f1

② 海南站 2012 年 6 月 2 日 22：45 时：

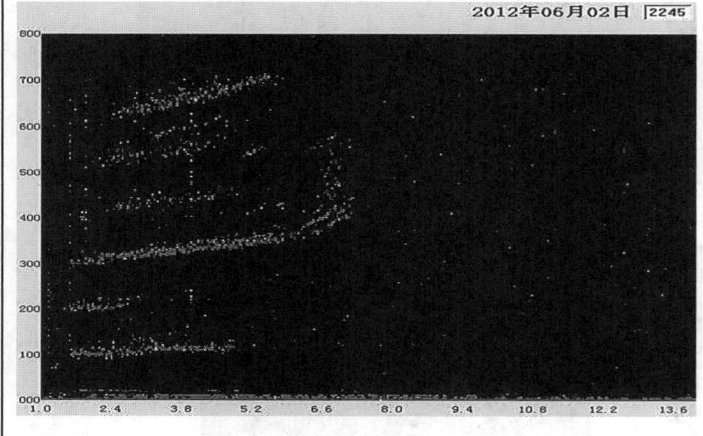

参数	结果
fmin	016ES
h′E	
foE	
foEs	036JA
h′Es	110
fbEs	020
h′F	305
foF1	
M3F1	
h′F2	
foF2	067UF
M3F2	290UF
fxI	073OS
Es-type	f1f3

③ 昆明站 2011 年 1 月 5 日 19：00 时：

参数	结果
fmin	014ES
h′E	
foE	
foEs	032JA
h′Es	100
fbEs	016
h′F	230
foF1	
M3F1	
h′F2	
foF2	042
M3F2	320
fxI	048-X
Es-type	f1

Es 辨别——f 型

【1】观测结果：夜间电离图，f 型 Es 的顶频(ftEs)是 2.0MHz。

解　释：f 型(平型)是一种随频率增加而虚高不变化的类型。这种类型在任何纬度都可观测到，这种分类法唯一地适应于夜间。

【2】观测结果：夜间电离图，观测到两种 f 型 Es 同时出现，ftEs 分别是 4.8MHz 和 3.0MHz。在 315km 高度上，F 描迹的低频部分重合在 Es 层三次反射高度上。

解　释：观测到多种 f 型 Es 的情况下，度量以临频为顺序，临频高的优先度量 foEs 与 h′Es，所以 foEs=4.2MHz。当 F 描迹的低频部分重合或淹没在 Es 层反射高度上时，可参考 F 层的二次反射或参考每个描迹的宽度，将有助于鉴别 fbEs。

夜间，当扩散中间有主描迹，且扩散宽度不超过 fB/2 时，foF2 取主描迹值加 UF。

【3】观测结果：夜间电离图，f 型 Es 的顶频 ftEs 是 3.8MHz，Es 呈弱描迹。

解　释：当 Es 呈弱描迹时，高度上也呈现微弱扩散且扩散随增益(频率)基本没有变化时，要考虑 Es 频率范围延伸的高低，f 型 Es 频率范围延伸得低(1~3)MHz、q 型 Es 频率范围延伸的高(1~20)MHz。

所以此图出现的是 f 型 Es，故 Es-type=f1。

表 3-11　　**Es 辨别——l 型**

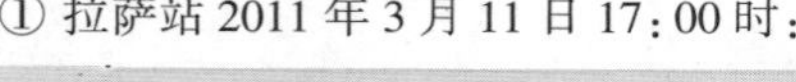

① 拉萨站 2011 年 3 月 11 日 17：00 时：

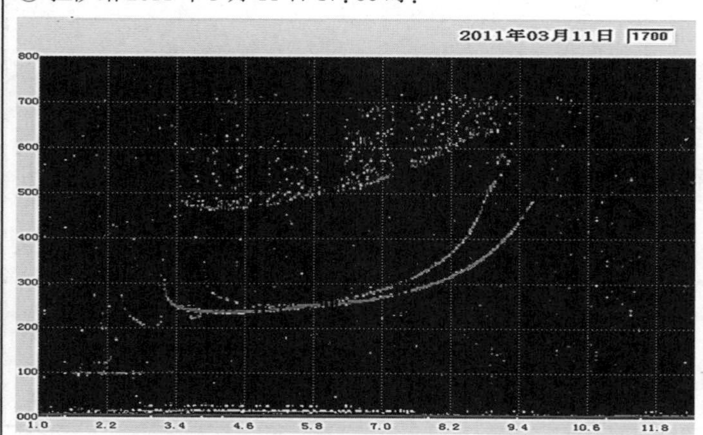

参数	结果
fmin	015
h′E	120-A
foE	230
foEs	029
h′Es	100
fbEs	020-G
h′F	230
foF1	
M3F1	
h′F2	
foF2	090
M3F2	300
fxI	097-X
Es-type	l1

② 拉萨站 2011 年 3 月 3 日 15：00 时：

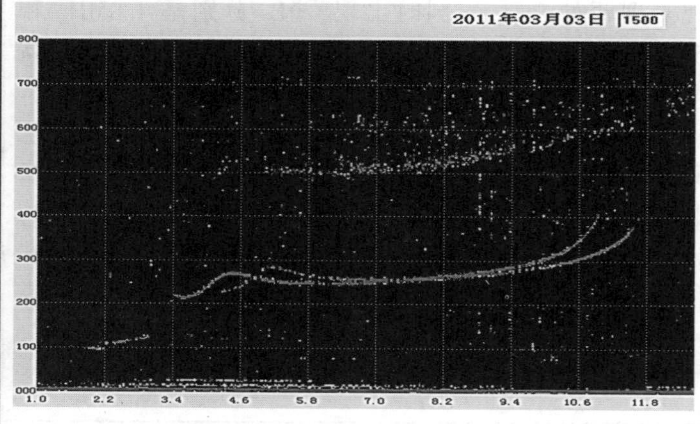

参数	结果
fmin	019
h′E	105
foE	300
foEs	021-G
h′Es	095
fbEs	021-G
h′F	210
foF1	450-L
M3F1	375-L
h′F2	245
foF2	110
M3F2	330
fxI	117-X
Es-type	l1

③ 拉萨站 2011 年 8 月 2 日 16：00 时：

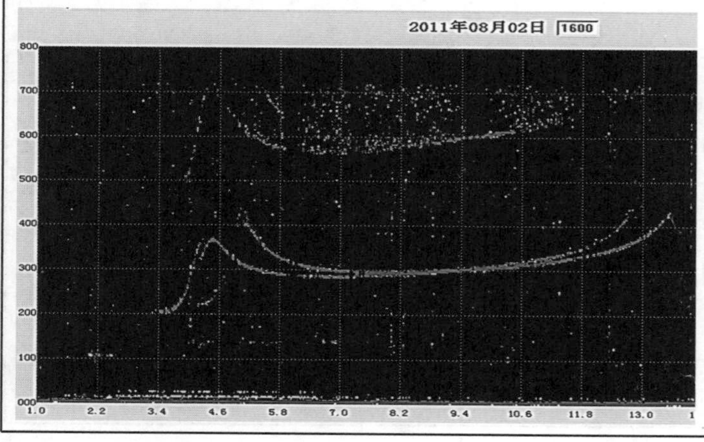

参数	结果
fmin	020
h′E	A
foE	Y
foEs	Y
h′Es	105
fbEs	Y
h′F	200
foF1	450-H
M3F1	375UH
h′F2	285
foF2	128
M3F2	310
fxI	135-X
Es-type	l1

Es 辨别——l 型

【1】观测结果：白天电离图，l 型(低型)出现在高度低于正规 E 层最低虚高的平型 Es 描迹。

解　　释：此图中，l 型 Es 的 ftEs 是寻常波还是非常波不易区分，ftEs 应与 E 层非常波 fminEx 相比较，但此图中 fminEx 未出现，按照规则应根据 foE 来区分 ftEs 是 fxEs 还是 foEs，此图中 ftEs 减去 fb/2 后小于 foE，所以 ftEs＝foEs，即

foEs＝029，h′Es＝100，Es-type＝l1

【2】观测结果：l 型 Es 顶频 ftEs 小于 foE。

解　　释：此图中，foEs(2.2MHz)低于 foE(3.3MHz)，为了要表示出 foEs 低于 foE，foEs 与 fbEs 二者的数字值附带应标以说明符号 G。即

foEs＝021G，h′Es＝095，Es-type＝l1

【3】观测结果：2.0~2.6MHz 观测到 l 型 Es，2.6MHz 到 3.3MHz 频率范围，没有描迹记录。

解　　释：白天电离图，l 型 Es 层，遮蔽了正规 E 层的较低部分，ftEs 与 fminF 之间有大的“空白”，ftEs<fminF，根据 foEs 与 fbEs 的外推方法取得此“空白”区域超过 20%(5Δ)，所以不取值只标说明符号 Y，foEs＝fbEs＝Y，且 foE 值在此时间段均值也在空白区域内，也应标 Y(说明符号)，即

h′Es＝105，Es-type＝l1

表 3-12　　**Es 辨别——c 型**

① 拉萨站 2011 年 8 月 1 日 12:00 时:

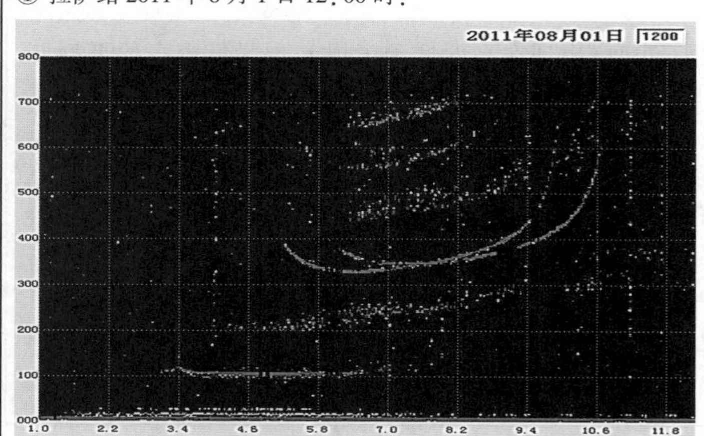

参数	结果
fmin	031
h′E	105-B
foE	350UA
foEs	059JA
h′Es	100
fbEs	052
h′F	A
foF1	A
M3F1	A
h′F2	325
foF2	099
M3F2	280
fxI	106-X
Es-type	c2

② 拉萨站 2011 年 3 月 2 日 09:00 时:

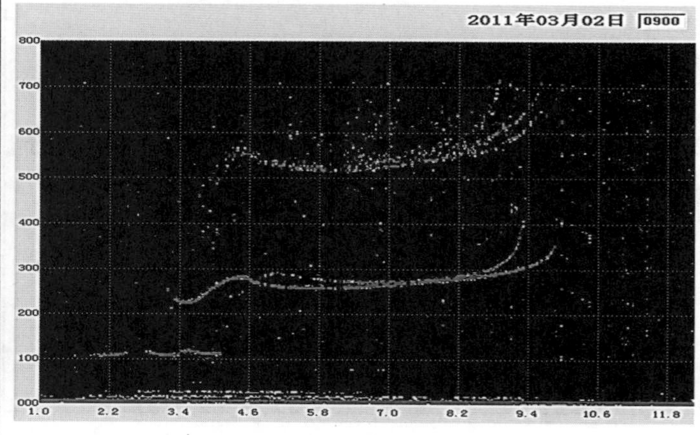

参数	结果
fmin	018
h′E	105
foE	265UR
foEs	034
h′Es	110
fbEs	033
h′F	220
foF1	440-L
M3F1	365-L
h′F2	255
foF2	093
M3F2	345
fxI	100-X
Es-type	c1

③ 拉萨站 2011 年 3 月 14 日 14:00 时:

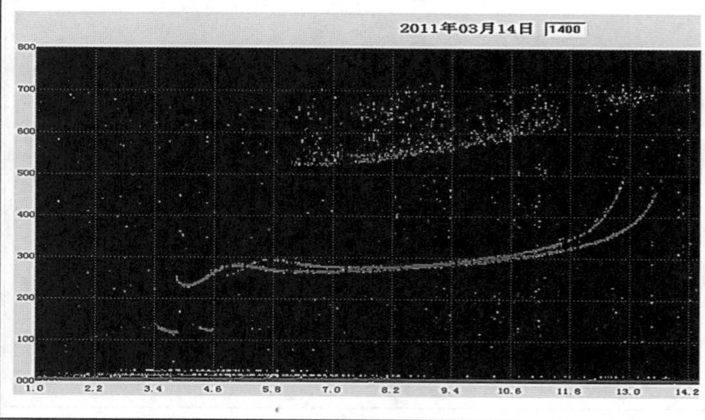

参数	结果
fmin	034
h′E	B
foE	340UB
foEs	039
h′Es	115
fbEs	038
h′F	225
foF1	510UL
M3F1	360UL
h′F2	260
foF2	129
M3F2	310
fxI	136-X
Es-type	c1

Es 辨别——c 型

【1】观测结果：白天电离图，c 型(尖型)是在低于 foE 处，显示出一个比较对称的尖角的 Es 描迹，这个尖角有部分消失。

解　　释：此图中，3.3MHz 左右处的弯曲角可认为是 E 层与 Es 层的连接点。foE 临界频率被 c 型 Es 遮蔽，在研究 F 层描迹较低部分时，可用外推法获得 foE，此图根据精度规则推得 foE＝350UA，在高度 210km 处有 Es 层的二次反射层，故 Es-type＝c2。

【2】观测结果：白天正规电离图，有 Es 描迹。在 foE 临频附近描迹丢失。

解　　释：foE 附近描迹的消失，不是由于干扰的原因。所以，可以认为是衰减引起的，然而 foE 是再衰减中的这一部分，此图中不确定性范围在 3Δ 之内，则认为此值可疑，所以限量符号 U 和说明符号 R 一起使用，可用精度规则，由消失描迹的频率范围，适当地决定度量值，得出 foE＝265UR。Es 层寻常波与非常波描迹清晰，故 Es-type＝c1。

【3】观测结果：低于 3.4MHz 的区域描迹被吸收。

解　　释：由太阳耀斑引起的吸收，总是出现在白天，即使 E 层描迹不明显可见，foE 栏必须填满。此图中，foE 能从 Es 层描迹的最低频部分的时延推断，且时延发展良好，foE＝340UB，U 为限量符号，表示 Es 层描迹的最低频部分的时延是清晰的。

Es 层寻常波与非常波描迹明显分离，故 foEs＝39。

表 3-13　　**Es 辨别——h 型**

① 拉萨站 2011 年 10 月 30 日 15：00 时：

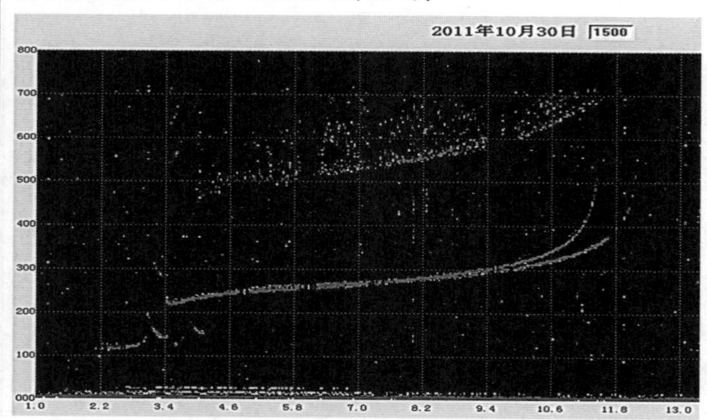

参数	结果
fmin	021
h′E	115
foE	310-R
foEs	035
h′Es	140
fbEs	034
h′F	215
foF1	L
M3F1	L
h′F2	255
foF2	114
M3F2	315
fxI	121-X
Es-type	h2

② 拉萨站 2011 年 3 月 1 日 17：00 时：

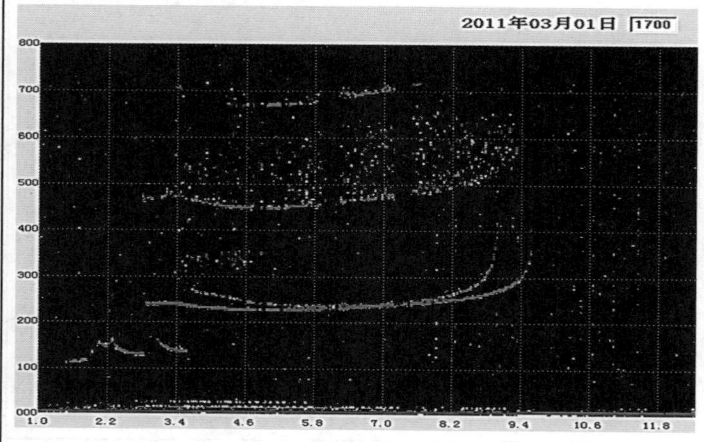

参数	结果
fmin	015
h′E	110
foE	205
foEs	029
h′Es	130
fbEs	028
h′F	225
foF1	
M3F1	
h′F2	
foF2	090
M3F2	365
fxI	096-X
Es-type	h1

③ 拉萨站 2012 年 5 月 22 日 14：00 时：

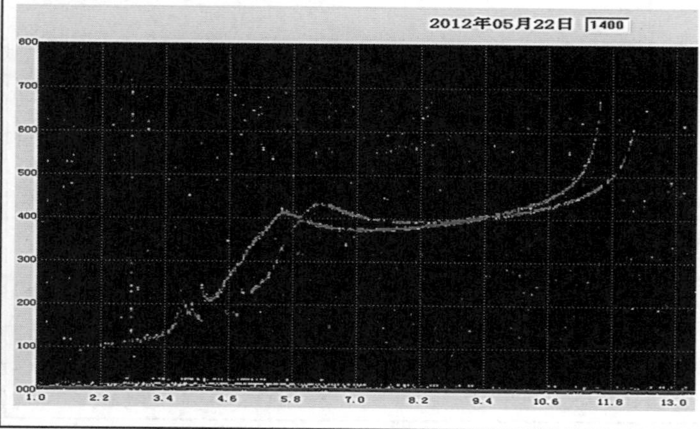

参数	结果
fmin	023
h′E	105
foE	360
foEs	042
h′Es	155EG
fbEs	041
h′F	210
foF1	560
M3F1	345
h′F2	370
foF2	116
M3F2	265
fxI	123-X
Es-type	h1

Es 辨别——h 型

【1】观测结果：在 foE 频率范围附近描迹丢失，h 型 Es 出现。

解　　释：h 型是在正规 E 层高度上与正规 E 层描迹高度不连续的一种 Es 描迹，尖角不对称，Es 描迹低频部分的高度清晰地高于正规 E 层描迹的高频部分的高度，它只适用于白天。

foE 附近描迹的消失，不是由于干扰的原因，可认为是衰减引起的，所以必须用外推描迹的方法取得，可用精度规则，由消失描迹的频率范围，适当决定度量值。且在 280km 左右高度出现 Es 层的二次反射，所以 foE=310R，Es-type=h2。

【2】观测结果：两个弯曲点明显接近 foE(2.05MHz 和 2.3MHz)，Es 是 h 型。

解　　释：在这个图中，由中间分层 E2 层(常出现在日出日落前后)造成 Es 描迹有尖角，这类回波图形常常在确定 foE 时引起含糊不清，foE 应根据电离图序列的考虑去选定(foE 的中值也有帮助)，在这个电离图中，弯曲点在 2.05MHz，相当于 foE，尽管另一弯曲点在 2.3MHz，考虑弯曲点受不同分层影响，它是与 h 型 Es 相连的，故 Es-type=h1。

【3】观测结果：h 型 Es 的两个分量观测到明显的分离，但描迹的水平部分消失。

解　　释：在这个例子中，当 Es 描迹没有成为水平，Es 的虚高按精度规则用限量符号 E 以及说明符号 G。此图中，h′Es=155EG，所以 Es-type=h1。

表 3-14　　**Es 辨别——q 型**

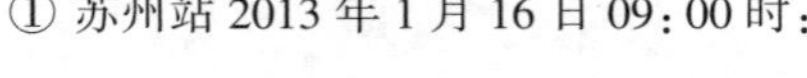
① 苏州站 2013 年 1 月 16 日 09：00 时：

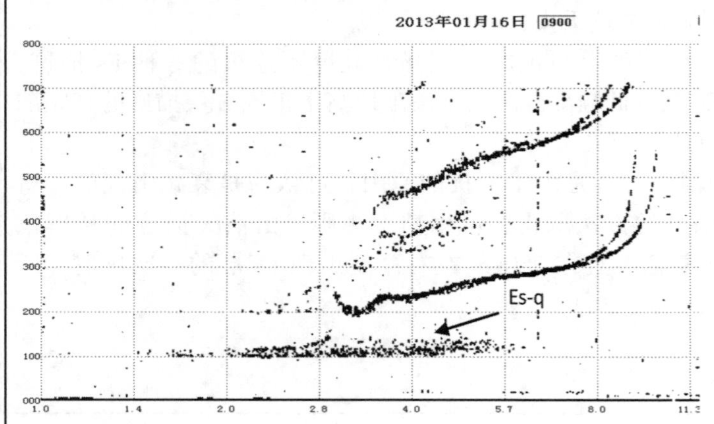

参数	结果
fmin	017
h′E	115
foE	290
foEs	048JA
h′Es	100
fbEs	022-G
h′F	195-H
foF1	L
M3F1	L
h′F2	275-L
foF2	093
M3F2	300
fxI	099-X
Es-type	q1l2

② 昆明站 2011 年 1 月 5 日 16：30 时：

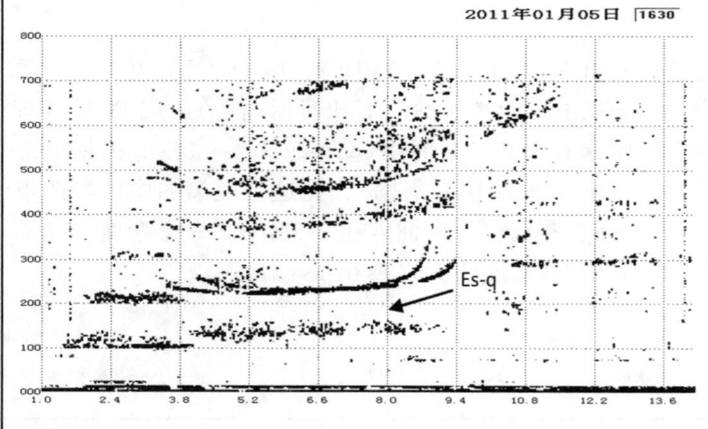

参数	结果
fmin	014
h′E	A
foE	A
foEs	080JA
h′Es	125
fbEs	035
h′F	225
foF1	
M3F1	
h′F2	
foF2	089
M3F2	375
fxI	096-X
Es-type	q1l3

③ 北京站 2012 年 11 月 28 日 09：15 时：

2012年11月28日 0915

Es-q

参数	结果
fmin	014
h′E	120
foE	270
foEs	078JA
h′Es	095
fbEs	027EG
h′F	200-H
foF1	
M3F1	
h′F2	
foF2	070
M3F2	375
fxI	077-X
Es-type	q1

Es 辨别——q 型

【1】观测结果：E 区除出现 E 层外，还观测到 q 型 Es 且 l 型 Es 加在它的低频端。

解　　释：白天电离图，q 型 Es 特点就是描迹高度上限呈现扩散，foEs 值大大超过 fbEs。所以此图存在 q 型 Es，由于低频端描迹的下边缘有比较好的边界，说明 l 型 Es 加在 q 型 Es 的低频端。所以，

h′Es = 100，Es-type = q1l2

【2】观测结果：E 区除出现 l 型 Es 外，从 4.1MHz 至 8.6MHz 还观测到 q 型 Es。

解　　释：白天电离图，q 型 Es 特点就是有弱扩散，频率范围延伸的比较高，foEs 值大大超过 fbEs。此图中，认为从 4.1MHz 起，这一段很宽的频率范围内不具有遮蔽性的弱扩散 Es 描迹是 q 型 Es。所以，

h′Es = 125，Es-type = q1l3

【3】观测结果：E 区除出现 E 层外，还观测到 q 型 Es 且无清晰的下边缘。

解　　释：白天电离图，因 Es 层描迹在高度上呈弱扩散、频率范围延伸的比较高且没有清晰的下边缘，所以此图中仅有 q 型 Es 一种类型。由于 q 型 Es 不具有遮蔽性，所以 fbEs = (foE)EG。所以，

h′Es = 095，Es-type = q1

表 3-15　　　　**Es 辨别——r 型**

① 昆明站 2012 年 2 月 16 日 04：30 时：

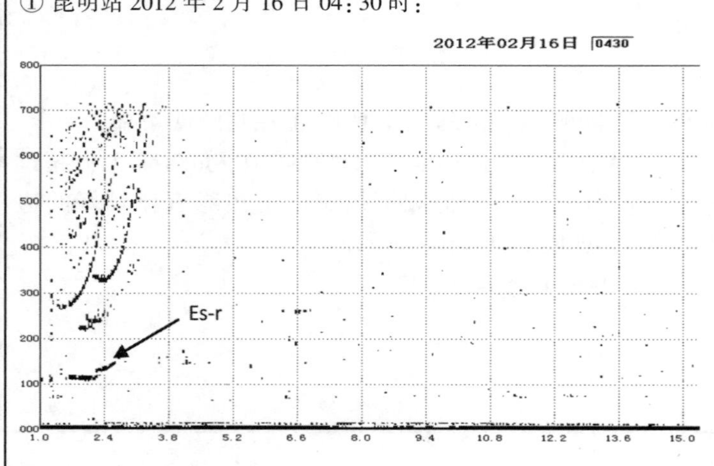

参数	结果
fmin	012ES
h′E	A
foE	120UK
foEs	018JA
h′Es	A
fbEs	012ES
h′F	270
foF1	
M3F1	
h′F2	
foF2	025
M3F2	270
fxI	031-X
Es-type	r2k2l

② 满洲里站 2013 年 7 月 17 日 04 时：00 时：

2013年07月17日 0400

Es-r

参数	结果
fmin	010EE
h′E	A
foE	140UK
foEs	019
h′Es	125
fbEs	014UK
h′F	275
foF1	
M3F1	
h′F2	
foF2	040UF
M3F2	305UF
fxI	052
Es-type	r1k1

③ 满洲里站 2012 年 10 月 9 日 23 时：00 时：

2012年10月09日 2300

Es-r

参数	结果
fmin	016ES
h′E	
foE	
foEs	025
h′Es	140
fbEs	018
h′F	310EA
foF1	
M3F1	
h′F2	
foF2	027-F
M3F2	285-F
fxI	048
Es-type	r3f2

Es 辨别——r 型

【1】观测结果：观测到两种 Es 类型的非寻常波，一种是随频率增加虚高不变化的，另一种 Es 描迹显示在顶频附近虚高增大，类似于正规 E 层的延迟形状，且 E 层非寻常波的临界频率值明显高于 F 层非寻常波最低频率值。

解　　释：夜间电离图，k 型 Es 出现的前后或同时，经常会出现 r 型 Es，偶尔 l 和 a 叠加在 k 型 Es 描迹上。当 E 层的临界频率明显高于 F 层描迹的最低频率时，E 区描迹应是 r 型 Es。F 层的最低频率附近有延迟，解释为 k 型 Es 被 r 型 Es 遮蔽。由于 l 型 Es 存在及 E 区只出现非寻常波描迹，所以 foEs＝($fxEs-f_B/2$)JA。

foE＝(fminF)UK＝120UK，foEs＝018JA，h′E＝A，Es-type＝r2k2l

注意：当 foEs>foE(微粒 E)时，r 型 Es 放在 k 型 Es 之前。

【2】观测结果：r 型 Es 的寻常波和非寻常波全部出现在 E 区，F 层的最低频率附近有延迟。

解　　释：夜间电离图。Es 描迹在夜间 Es 层顶频附近有延迟，且 E 区描迹的穿透频率 foEs 超过 fminF，判定 E 区描迹应是 r 型 Es。由于 F 层的最低频率附近有延迟，说明在 F 层低频端以下有 k 型 Es 存在，只是这个 k 型 Es 被 r 型 Es 遮蔽了。所以，

h′E＝A，foE＝140UK，fbEs＝(fminF)UK＝014UK，Es-type＝r1k1

【3】观测结果：r 型 Es 的寻常波和非寻常波及 f 型 Es 的非寻常波同时出现在 E 区，F 层的最低频率无延迟。

解　　释：夜间电离图。Es 层描迹在夜间 Es 层的顶频附近有延迟，E 区描迹的穿透频率 foEs 超过 fminF，判定 E 区描迹应是 r 型 Es。由于 F 层的最低频率附近无延迟，所以不具有遮蔽性没有 k 型 Es 存在，h′E 和 foE 无须度量。所以，

foEs＝025，h′Es＝140，Es-type＝r3f2

表 3-16　　**Es 辨别——a 型**

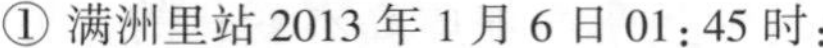

① 满洲里站 2013 年 1 月 6 日 01:45 时:

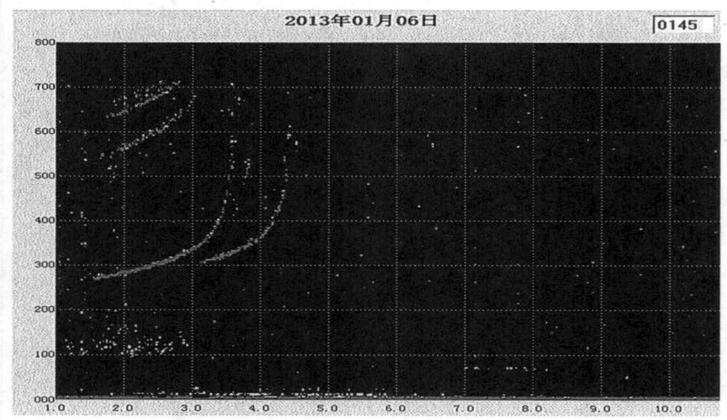

参数	结果
fmin	011ES
h′E	
foE	
foEs	030-F
h′Es	100
fbEs	015
h′F	265
foF1	
M3F1	
h′F2	
foF2	036
M3F2	300
fxI	044-X
Es-type	a1

② 北京站 2013 年 1 月 6 日 08:00 时:

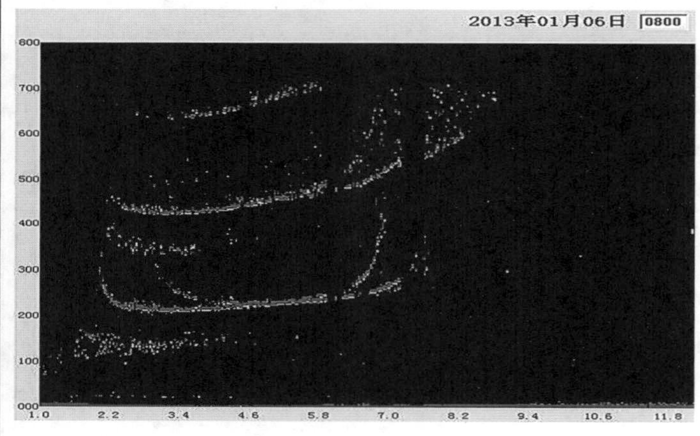

参数	结果
fmin	011
h′E	A
foE	200UA
foEs	042-F
h′Es	110
fbEs	020
h′F	215
foF1	
M3F1	
h′F2	
foF2	069
M3F2	360
fxI	076-X
Es-type	a1

③ 阿勒泰站 2013 年 1 月 30 日 19:30 时:

2013年01月30日　1930

参数	结果
fmin	012ES
h′E	
foE	
foEs	058-F
h′Es	105
fbEs	012ES
h′F	215
foF1	
M3F1	
h′F2	
foF2	031
M3F2	340
fxI	039-X
Es-type	a1f1

Es 辨别——a 型

【1】观测结果：夜间弱的 a 型 Es 描迹。

解　　释：Es 描迹扩散，并且是随时间迅速变化成层状。回波底边弱、平坦，但没有主描迹，只有 a 型 Es 的特征，故 Es-type=a1。

a 型 Es 虽然是弱的，但仍应读得 Es 特征参数。所以，

Es-type=a1，foEs=030-F，h′Es=100

【2】观测结果：斜的 a 型 Es 描迹。

解　　释：白天电离图，这种底边缘斜的缓慢上升并且随时间迅速变化成层状的扩散描迹也归为 a 型 Es。a 型 Es 虽然是斜的，但仍应读得 Es 特征参数。所以，

Es-type=a1，foEs=042-F，h′Es=110

【3】观测结果：a 型 Es 描迹与 f 型 Es 同时出现。

解　　释：在 110km 高度上底边平而清晰，说明有 f 型 Es 出现，在 f 型 Es 的上方有大的且严重扩散，像这种类型 Es 都可归入极光型 Es，故 Es-type=a1f1。

注　　意：一般地说，a 型 Es 常在高纬度地区观测到，在极光活动的中纬度地区也能观测到，在低纬度地区也有此类图。

表 3-17　**Es 辨别——s 型**

① 海南站 2012 年 6 月 1 日 14:45 时:

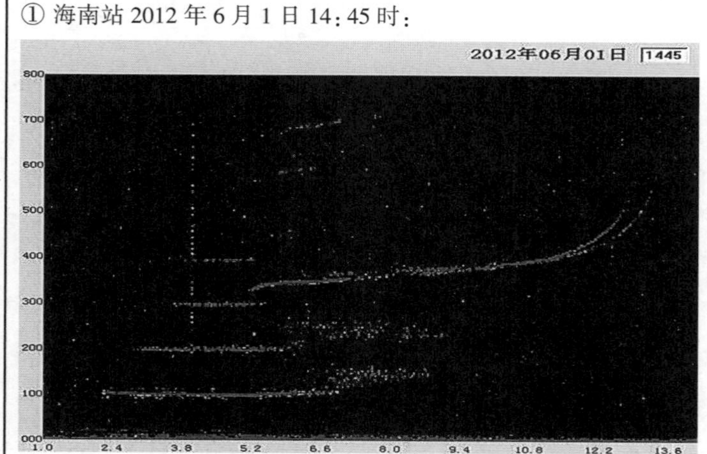

参数	结果
fmin	022
h′E	A
foE	A
foEs	062JA
h′Es	095
fbEs	051
h′F	A
foF1	L
M3F1	A
h′F2	340
foF2	129
M3F2	270
fxI	134-X
Es-type	l4s2

② 西安站 2013 年 3 月 30 日 08:15 时:

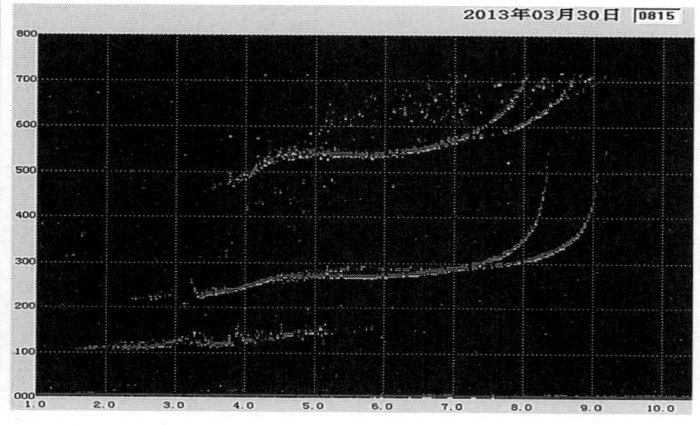

参数	结果
fmin	016
h′E	105
foE	310
foEs	038
h′Es	115
fbEs	032
h′F	220
foF1	L
M3F1	L
h′F2	265
foF2	084
M3F2	330
fxI	099-X
Es-type	c1s1

③ 阿勒泰站 2012 年 10 月 11 日 18:00 时:

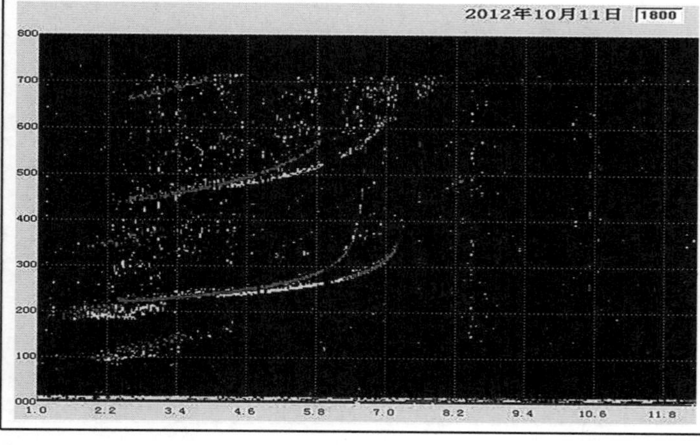

参数	结果
fmin	019ES
h′E	
foE	
foEs	020JA
h′Es	095
fbEs	020-S
h′F	220
foF1	
M3F1	
h′F2	
foF2	067
M3F2	330
fxI	074OX
Es-type	f2s1

Es 辨别——s 型

【1】观测结果：从 l 型 Es 描迹的 fxEs 处观测到 s 型 Es。

解　　释：从 l 型 Es 描迹的 fxEs 处派生出来的一种扩散描迹且虚高随频率稳定地增加的描迹。s 型应适用于描迹的倾斜部分。

s 型的描迹不需要用于决定 foEs、fbEs 或 h′Es，但在 Es 类型的报表中应列出其类型。所以，Es-type＝l4s2。

注　　意：一般地说，这种类型主要出现在高纬度地区。倾斜部分的起点是随磁纬而变化的。在磁赤道地区也有。但像武汉这样的中低纬地区也能观测到。

【2】观测结果：从 c 型 Es 描迹的 foE 顶频处观测到 s 型 Es。

解　　释：从 c 型 Es 描迹的 foE 顶频处显露一种 Es 描迹扩散，且描迹倾斜着慢慢地升起，适用于 s 型特点。

按规定：s 型 Es 不需要度量 foEs、h′Es 与 fbEs，但其类型要列入报表中。所以，Es-type＝c1s1。

【3】观测结果：从 f 型 Es 描迹的中间点观测到 s 型 Es。

解　　释：从 f 型 Es 描迹的中间点显露出来，虚高随频率稳定地增加一种扩散描迹，符合 s 型(倾斜型)描迹的特点，所以，Es-type＝f2s1。

表 3-18　　　　　　　　　　　　　　**Es 辨别——n 型**

① 昆明站 2011 年 1 月 6 日 06:00 时:

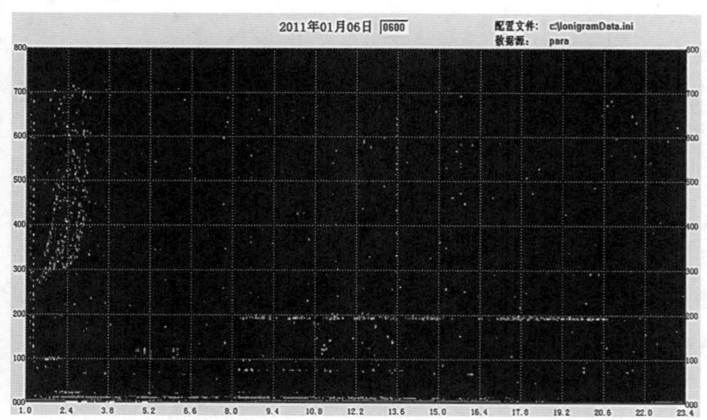

参数	结果
fmin	015ES
h′E	
foE	
foEs	201JA
h′Es	190
fbEs	015ES
h′F	290-S
foF1	
M3F1	
h′F2	
foF2	020-F
M3F2	300-F
fxI	033
Es-type	n1f1

② 昆明站 2011 年 1 月 2 日 03:30 时:

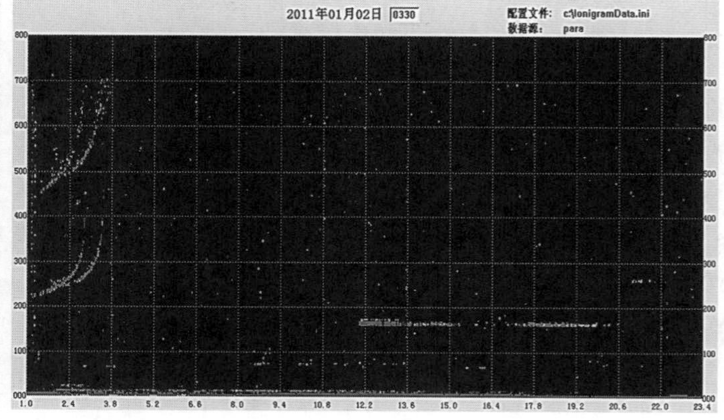

参数	结果
fmin	014ES
h′E	
foE	
foEs	192JA
h′Es	160
fbEs	014ES
h′F	225
foF1	
M3F1	
h′F2	
foF2	029
M3F2	345
fxI	035-X
Es-type	n1

③ 昆明站 2012 年 3 月 10 日 19:28 时:

参数	结果
fmin	013ES
h′E	
foE	
foEs	165JA
h′Es	170
fbEs	063
h′F	235
foF1	
M3F1	
h′F2	
foF2	164JS
M3F2	S
fxI	170-X
Es-type	n1f4s

Es 辨别——n 型

【1】观测结果：除在 100km 处观测到了 f 型 Es 外，还在 190km 处观测到 Es 描迹。

解　　释：f 型(平型)是一种随频率增加虚高不变化的类型。Es 层高度一般在 90~120km 区域。然而从(8.2~20.6)MHz Es 描迹随频率增加虽然虚高不变，但 hEs 很高，fminEs 也很高，不符合 f 型(平型)的特点，因此，此段 Es 描迹应度量为 n 型。所以，

h′Es=190，Es-type=n1f1

【2】观测结果：在 160km 处观测到了 Es 描迹。

解　　释："n 型"是指不能归为以上 10 种标准类型的 Es 描迹。当一个描迹介于某两种类型之间时，只要可能，就应选定为一种类型，n 型尽量少用。但是不包括上面给出的 10 种标准类型中的某种 Es 形式，若在某个站经常出现，允许用此类型标注。

此图 h′Es 很高，fminEs 也很高，在昆明站有时连续出现，又不能归为 10 种标准类型的 Es 描迹，所以，

Es-type=n1

【3】观测结果：一张图上同时出现三种 Es 类型。

解　　释：三种 Es 类型分别是 f 型、s 型和 n 型，它们分别从 1.3MHz(f 型)、7.2MHz(s 型)和 10MHz(n 型)开始出现。由于从(10~17)MHz，Es 描迹不能归为 10 种标准 Es 类型的描迹，认为它是 n 型 Es，根据临频高的优先度量，所以，

Es-type=n1f4s

表 3-19　　**夜间没有观测到 Es 层**

① 青岛站 2013 年 6 月 4 日 20：16 时：

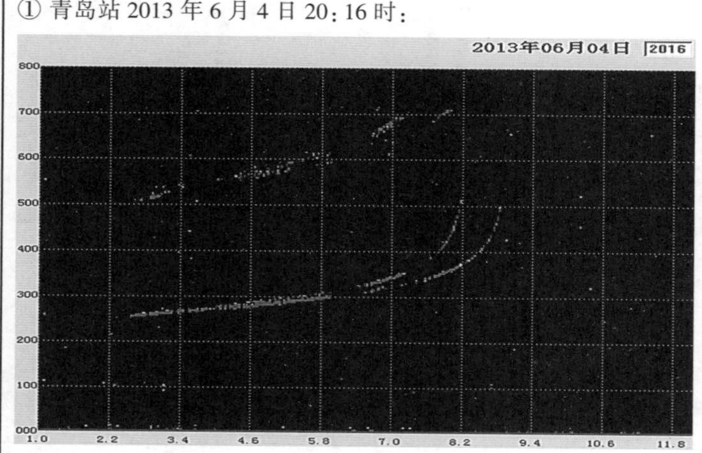

参数	结果
fmin	025EC
h′E	
foE	
foEs	025EC
h′Es	C
fbEs	025EC
h′F	255
foF1	
M3F1	
h′F2	
foF2	082
M3F2	295
fxI	089-X
Es-type	

② 青岛站 2013 年 6 月 4 日 03：01 时：

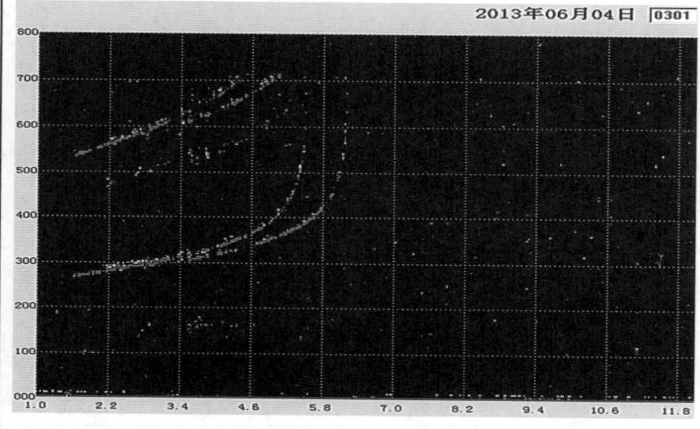

参数	结果
fmin	016ES
h′E	
foE	
foEs	016ES
h′Es	S
fbEs	016ES
h′F	265
foF1	
M3F1	
h′F2	
foF2	055
M3F2	280
fxI	062-X
Es-type	

③ 伊犁站 2013 年 1 月 8 日 02：15 时：

参数	结果
fmin	010EE
h′E	
foE	
foEs	010EE
h′Es	E
fbEs	010EE
h′F	245
foF1	
M3F1	
h′F2	
foF2	029
M3F2	300
fxI	036-X
Es-type	

夜间没有观测到 Es 层

【1】观测结果：夜间电离图。fmin(2.5MHz)是从 F 层描迹度量出来的。

解　　释：夜间，低于 2.0MHz 没有回波，认为是测高仪灵敏度的原因。因此，用说明符号 C。所以：

fbEs=(fmin)EC=025EC，h′Es=C

【2】观测结果：仅有 F 描迹观测到。低于 1.6MHz 频率区域没有观测到描迹。

解　　释：这类电离图特征往往在夜间出现，这时 Es 活动很低。在中纬度探测站，在夜间 MF 的广播干扰是十分普遍的。由于干扰，造成了低于 fmin 时，不能识别 Es 是否存在，所以 Es 参量使用符号 S。

foEs=(fmin)ES=016ES，h′Es=S

【3】观测结果：夜间电离图。从 1MHz 起(测高仪的起测频率)，只观测到 F 层描迹，在 E 区没有描迹存在。

解　　释：因为 F 层描迹从测高仪最低频率便开始出现，这可解释为 foEs 低于测高仪的最低频率。所以，

foEs=(fmin) EE=010EE，h′Es=E

表 3-20　**白天没有观测到 Es 层**

① 青岛站 2013 年 4 月 12 日 12：31 时：

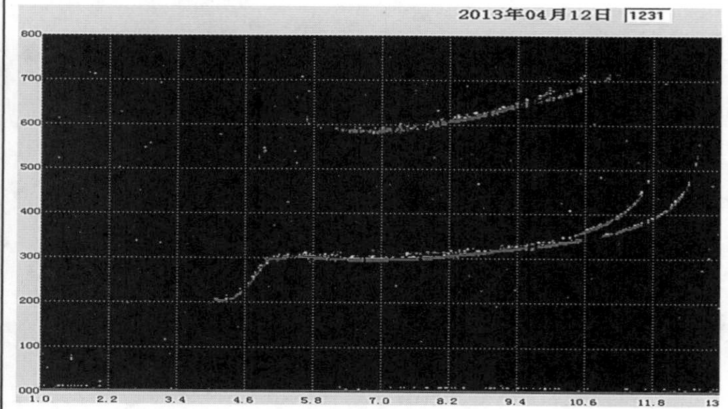

参数	结果
fmin	041
h′E	B
foE	B
foEs	041EB
h′Es	B
fbEs	041EB
h′F	205
foF1	510UL
M3F1	385UL
h′F2	295
foF2	119-R
M3F2	295-R
fxI	126-X
Es-type	

② 伊犁站 2013 年 3 月 8 日 16：15 时：

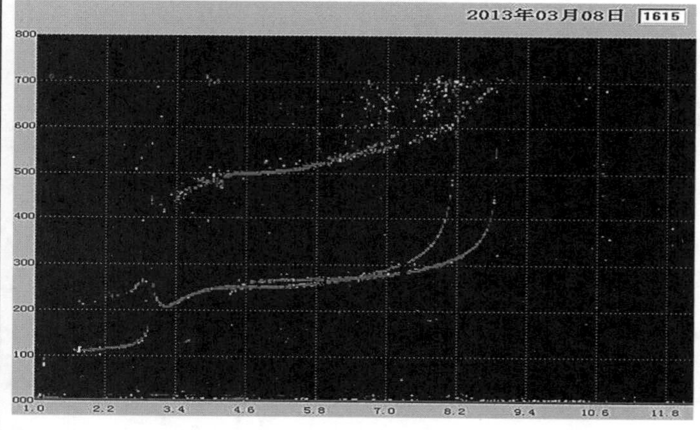

参数	结果
fmin	017
h′E	110
foE	290
foEs	029EG
h′Es	G
fbEs	029EG
h′F	205
foF1	L
M3F1	L
h′F2	250
foF2	082
M3F2	325
fxI	089-X
Es-type	

③ 青岛站 2013 年 4 月 2 日 09：01 时：

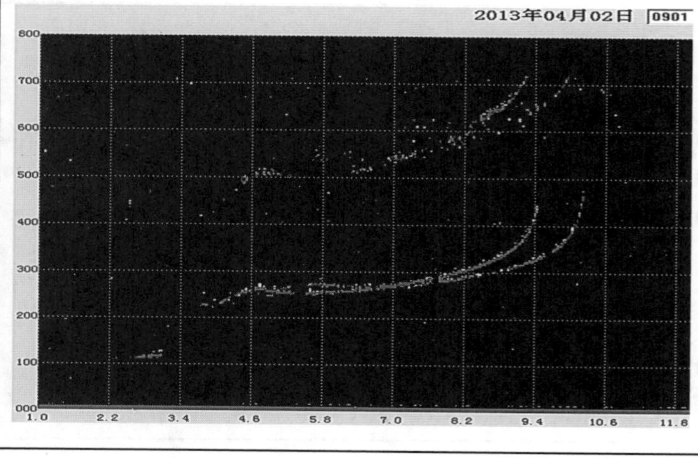

参数	结果
fmin	026
h′E	110
foE	R
foEs	G
h′Es	G
fbEs	G
h′F	225
foF1	490UL
M3F1	L
h′F2	250
foF2	095
M3F2	320
fxI	102-X
Es-type	

白天没有观测到 Es 层

【1】观测结果：F 描迹仅从 4.1MHz 出现，fmin=4.1MHz。

解　　释：必须考虑一系列电离图，确认描迹消失的原因。在这个例子中，原因是 SID(突然电离骚扰)引起吸收(B)。把 Es 描迹解释为低于 fmin，fbEs 的数值为 fmin，以附上限量符号 E(小于)和说明符号 B(吸收)。所以，

foEs=fbEs=(fmin)EB=041EB，h′Es=B

注　　意：吸收主要发生在白天有时持续几个小时，吸收的情况容易与其他情况相区别，因为它会导致干扰和回波都变弱；当不是吸收的情况时，说明符号要作适当的改变(例如 C 或 S，非电离层原因)。

【2】观测结果：这种电离图经常出现在白天，E 区(110km)描迹都属于正规 E 层。所以，

foE=2.90MHz

解　　释：这种电离图被认为是十分正规的，在 E 区仅清晰地测到正规 E 层描迹，没有 Es 层描迹存在，在 F 层描迹的较低部分观测到时延。所以，

foEs=(foE) EG=029EG，h′Es=G

【3】观测结果：在 3.0MHz 到 3.7MHz 的频率区域，由于衰减，描迹不清楚，E 区 110km 描迹都属于正规 E 层。

解　　释：由于衰减 foE 的值不能度量，但是，在 110km 描迹可识别为正规 E 层的情况。以及即使在参考前后时间所得的一些电离图也看不到 Es 出现的情况下，则全部 Es 度量参数都应用符号 G，

foE=R，foEs=fbEs=G，h′Es=G

注　　意：当 E 层与 F 层间断很宽，参考前后时间序列图，可看出 Es 出现在间断内，则 Es 度量用符号 S 或 C 或 Y 更适合。

表 3-21　　**夜间 Es 类型中的 foEs 判定**

① 拉萨站 2013 年 3 月 8 日 19：00 时：

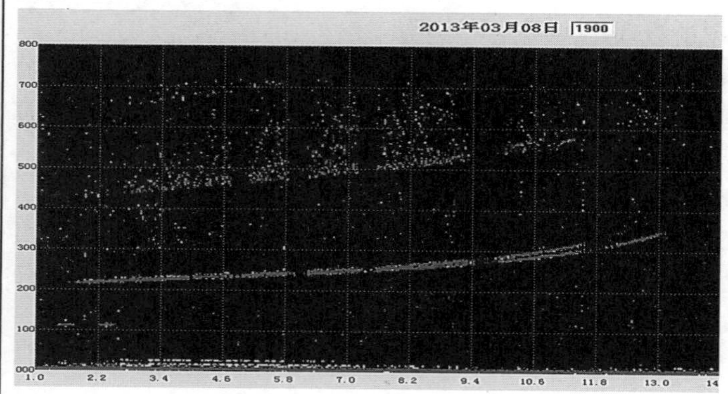

参数	结果
fmin	014ES
h′E	
foE	
foEs	018
h′Es	110
fbEs	017
h′F	215
foF1	
M3F1	
h′F2	
foF2	S
M3F2	S
fxI	S
Es-type	f1

② 伊犁站 2013 年 4 月 19 日 21：31 时：

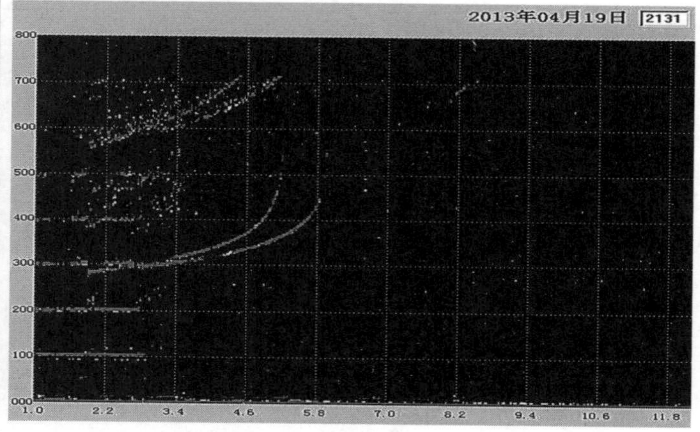

参数	结果
fmin	010EE
h′E	
foE	
foEs	022JA
h′Es	100
fbEs	019
h′F	280-A
foF1	
M3F1	
h′F2	
foF2	052
M3F2	285
fxI	059-X
Es-type	f5

③ 伊犁站 2013 年 4 月 19 日 23：01 时：

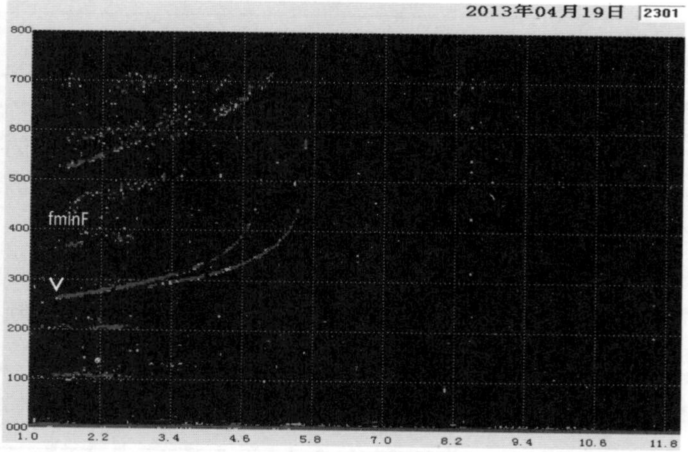

参数	结果
fmin	014ES
h′E	
foE	
foEs	021JA
h′Es	105
fbEs	015
h′F	260
foF1	
M3F1	
h′F2	
foF2	050
M3F2	290
fxI	057-X
Es-type	f2

夜间 Es 类型中的 foEs 判定

【1】观测结果：观测到 F 型 Es 的寻常波和非常波是分开的，foEs = 1.8MHz，fxEs =2.5MHz。

解　　释：这是夜间十分常见的频高图，如①例图所示，描迹在 foEs 不连续。通常小心地研究描迹，求出 fxEs，再确定出 foEs。所以，

foEs=018；h′Es=110

【2】观测结果：夜间电离图，f 型 Es 的顶频(ftEs)是 2.9MHz。

解　　释：Es 层的描迹是从测高仪最低频率观测到，说明最低频率在起测频率之下；在这个例子中，F 层低端 O 波与 X 波已分开，且 ftEs 的值远大于 fminFx，所以，

ftEs=fxEs；foEs=(fxEs−fB/2)JA=022JA；h′Es=100

【3】观测结果：f 型 Es 延伸至 2.8MHz，遮蔽了低于 1.5MHz 的 F 描迹。高度在 370km 处的描迹是 F+Es 混合反射。

解　　释：因为 ftEs(Es 层顶频 2.8MHz)远大于磁旋频率 fB=1.4MHz，所以 ftEs= fxEs，foEs=(fxEs −fB/2)JA=021JA，h′Es=105；

又因为 ftEs 与 fminF(1.5MHz)的间距远大于磁旋频率的一半(fB/2= 0.7MHz)，所以，fbEs=15。

注　　意：Es-type=f2，不要把混合反射当作 Es 复次反射。

表3-22 **白天Es类型中的foEs判定**

① 青鸟站2013年6月8日09:01时:

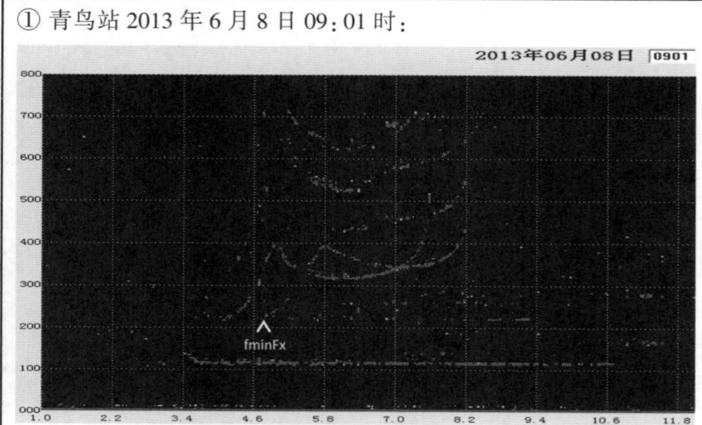

参数	结果
fmin	029
h′E	110
foE	345
foEs	101JA
h′Es	110
fbEs	040
h′F	210
foF1	500
M3F1	370
h′F2	315
foF2	076
M3F2	315
fxI	083-X
Es-type	c2

② 伊犁站2013年5月15日08:51时:

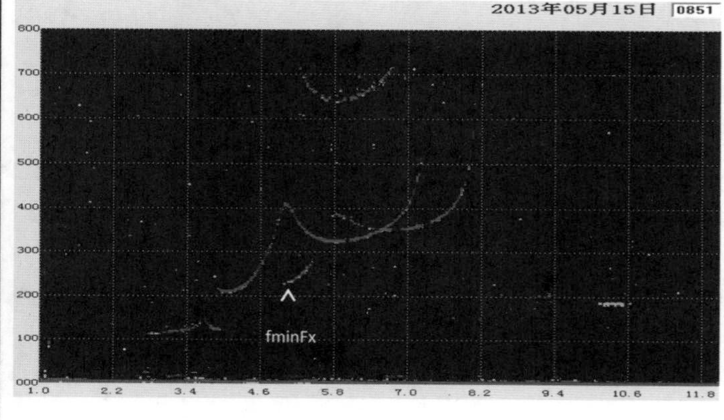

参数	结果
fmin	027
h′E	110
foE	365
foEs	040
h′Es	120
fbEs	039
h′F	205
foF1	500
M3F1	375
h′F2	320
foF2	073
M3F2	305
fxI	080-X
Es-type	c1

③ 伊犁站2013年1月26日12:15时:

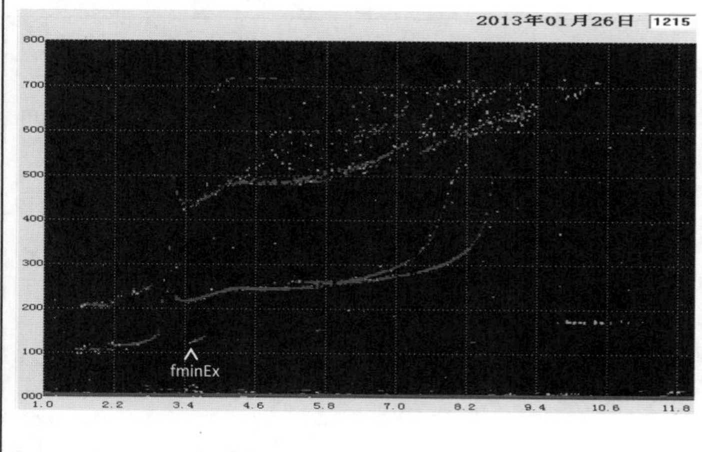

参数	结果
fmin	015
h′E	115
foE	300
foEs	022-G
h′Es	105
fbEs	021-G
h′F	210
foF1	L
M3F1	L
h′F2	240
foF2	080
M3F2	330
fxI	086-X
Es-type	l2

白天 Es 类型中的 foEs 判定

【1】观测结果：观测到 c 型 Es，ftEs＝10.8MHz，F1 描迹的较低部分被 Es 层遮蔽。

解　　释：因为 Es 层的寻常波与非常波在 ftEs 附近相互重叠，不能区分，应对照较高描迹非常波的最低频率(fminFx)来识别出 foEs。在此例中，ftEs 大于 fminFx，ftEs 被认为是 fxEs。所以，

foEs＝(fxEs－fB/2)JA＝101JA；h′Es＝110

【2】观测结果：c 型 Es 描迹在 foE 处与 E 层描迹基本相接，ftEs＝4.0MHz。

解　　释：Es 层的寻常波与非常波不能区分，应对照较高描迹非常波的最低频率(fminFx)来识别出 foEs。当 fminFx 大于 ftEs，ftEs 与 fminFx 之间的间距超过 fB/2(大约 0.7MHz)，所以，

ftEs＝foEs；foEs＝040；h′Es＝120

【3】观测结果：l 型 Es 顶频 ftEs 等于 2.2MHz，遮蔽了正规 E 层描迹的较低部分。

解　　释：用②例对 E 区描迹的解释，确定 foEs 如下，因为 l 型 Es 的 ftEs 是小于(fminEx－fB/2)，所以，ftEs＝foEs，因为这个 foEs 显然小于 foE，应标以说明符号 G。所以，

foEs＝022-G；h′Es＝105

注　　意：当 ftEs 下降到 fminEx 与(fminEx－fB/2)之间的区间时，ftEs 将被认为是 fxEs，说明符号 G 仍是必要的，这时：

foEs＝(ftEs－fB/2)JG＝×××JG。

表 3-23　　　　　　　　　　**Es 层不影响上面的层**

① 伊犁站 2013 年 5 月 1 日 18：16 时：

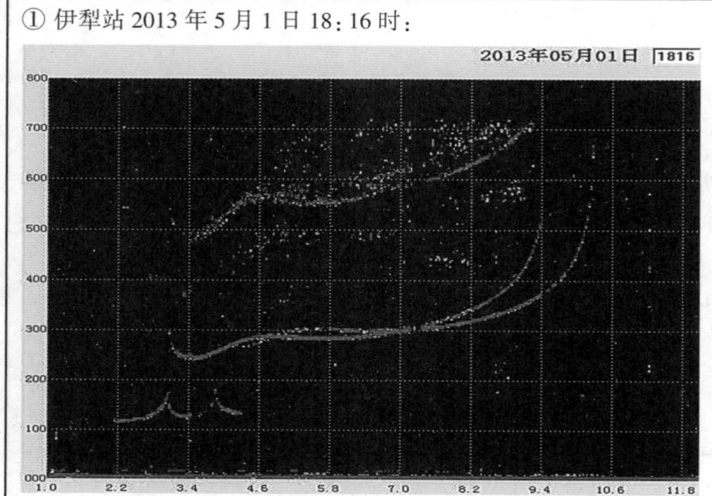

参数	结果
fmin	021
h′E	115
foE	300
foEs	035
h′Es	125
fbEs	030EG
h′F	235
foF1	L
M3F1	L
h′F2	280
foF2	095-R
M3F2	295-R
fxI	102-X
Es-type	c1

② 苏州站 2013 年 4 月 30 日 15：00 时：

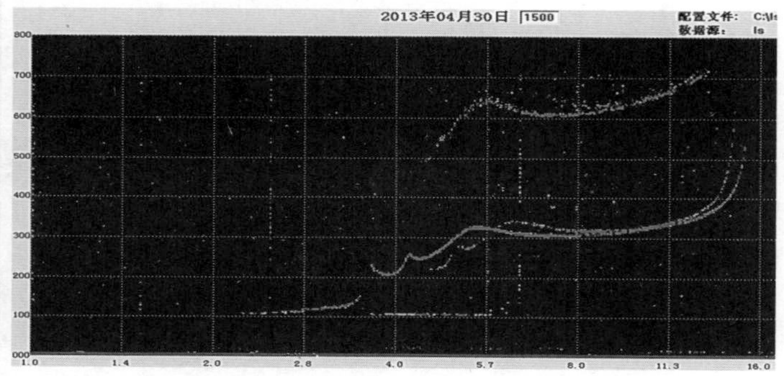

参数	结果
fmin	022
h′E	105
foE	350
foEs	052
h′Es	105
fbEs	035EG
h′F	205-H
foF1	540UL
M3F1	350UL
h′F2	300
foF2	146
M3F2	290
fxI	152-X
Es-type	l1

③ 拉萨站 2012 年 1 月 3 日 07：00 时：

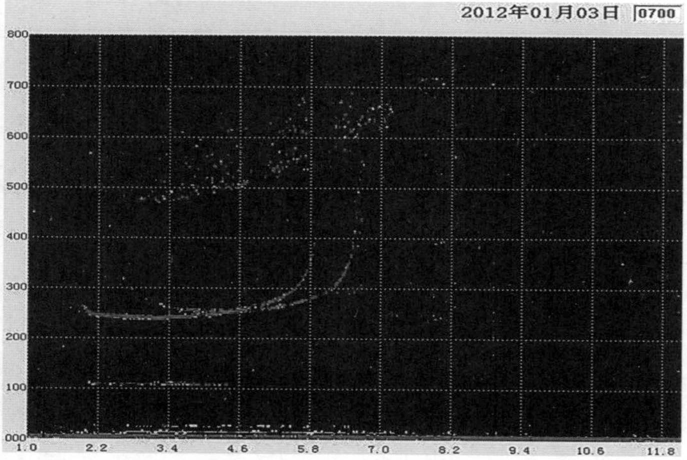

参数	结果
fmin	019
h′E	B
foE	B
foEs	037JA
h′Es	105
fbEs	019EB
h′F	235
foF1	
M3F1	
h′F2	
foF2	059
M3F2	345
fxI	066-X
Es-type	l1

Es 层不影响上面的层

【1】观测结果：foE 是 3.0MHz，观测到了 c 型 Es，在 F 描迹的最低频率端看到时延。
解　　释：当 F 描迹的低频部分显示像此例那样的时延时候，可以解释为 Es 对 F 层没有影响。所以，

fbEs=(foE)EG=030EG

【2】观测结果：观测到正规 E 层寻常波描迹；l 型 Es 的寻常波和非常波是分开的。
解　　释：这张电离图中，因为 l 型 Es 层的最低频率大于 E 层的最低频率，所以没有 Es 层的影响，即对上面的层不具遮蔽性；且 l 型 Es 层的寻常波和非常波是分开的，所以，

foEs=052；foE=350；fbEs=(foE)EG=035EG

【3】观测结果：在日出时观测到 l 型 Es 描迹。
解　　释：在这张电离图中，因为 l 型 Es 层的最低频率大于 F 层的最低频率，所以 F 层不受 Es 层的影响，即对 F 层不具遮蔽性；且 ftEs=fxEs，所以，

foEs=037JA；fbEs=(fmin)EB=019EB

表 3-24　　　　　　　　　　**由于遮蔽 Es 层影响上面的层**

① 青岛站 2013 年 6 月 14 日 10：16 时：

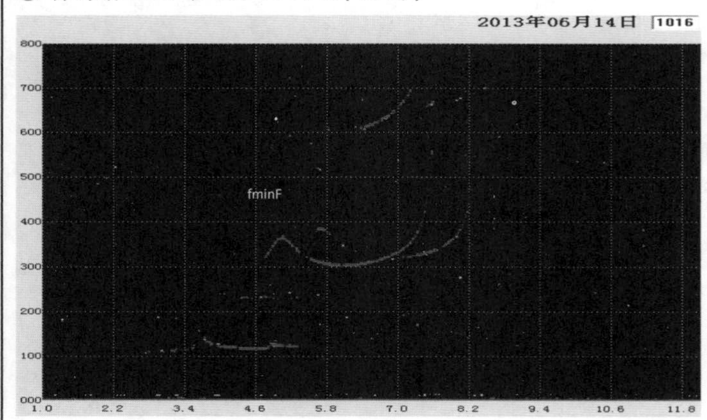

参数	结果
fmin	027
h′E	110
foE	360
foEs	049
h′Es	115
fbEs	047
h′F	A
foF1	510
M3F1	A
h′F2	305
foF2	076
M3F2	320
fxI	083-X
Es-type	c2

② 昆明站 2013 年 6 月 24 日 09：45 时：

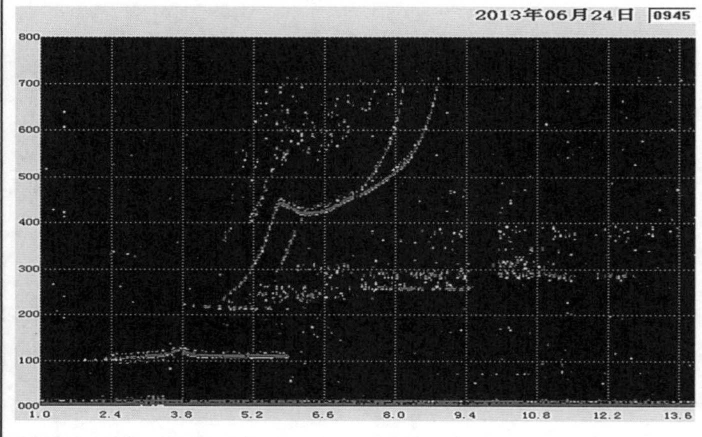

参数	结果
fmin	023
h′E	105
foE	375
foEs	052JA
h′Es	110
fbEs	046
h′F	235EA
foF1	570
M3F1	345
h′F2	415
foF2	082
M3F2	250
fxI	088-X
Es-type	c2

③ 长春站 2013 年 7 月 17 日 19：30 时：

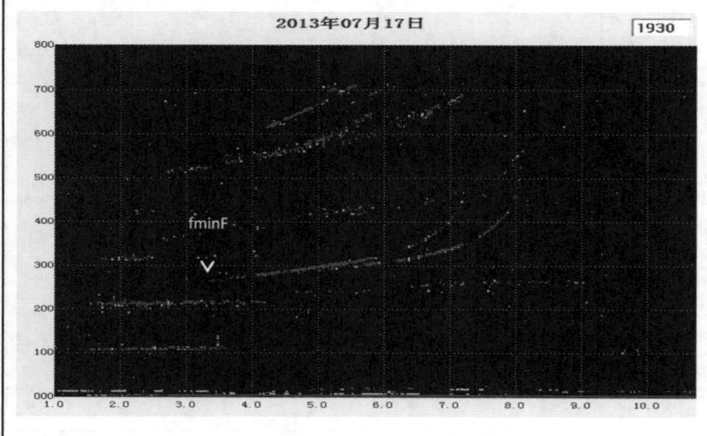

参数	结果
fmin	015
h′E	A
foE	A
foEs	029JA
h′Es	105
fbEs	029UY
h′F	265-A
foF1	
M3F1	
h′F2	
foF2	074JR
M3F2	295JR
fxI	113-X
Es-type	l4

由于遮蔽 Es 层影响上面的层

【1】观测结果：在 115km 附近，出现 c 型 Es 的两个分量，二次反射的寻常波分量也一起出现。所以，

foEs = 4.9MHz；fxEs = 5.6MHz

foF1 的值为 5.1MHz。

解　　释：fminF(4.7MHz)低于 foEs，所以解释为，低于 4.7MHz 的 F1 描迹被 c 型 Es 完全遮蔽。所以，fbEs = 047。

【2】观测结果：在 110km 的高度看见 c 型 Es 描迹。低于 4.6MHz 没有出现 F1 描迹。

解　　释：如果没有 Es 层的影响，F1 描迹将会被观测到，解释为 c 型 Es 层遮蔽了 F1 描迹的较低部分。根据精度规则，h′F 应注以限量符号 E 和说明符号 A。所以，

h′F = 235EA

【3】观测结果：日落前图，l 型 Es 延伸至 3.6MHz，同样出现多次反射。低于 3.2MHz 的 F 描迹被遮蔽。

解　　释：此图中，在 F 层描迹的较低部分，寻常波和非常波相互重叠，fminF 与 ftEs 的间距仅有 0.4MHz，不可能从 fminFx 区分出 ftEs。

Es 描迹本身必须按下列规则处理。

① 吸收很小(fmin 低)，则 ftEs = fxEs。

② ftEs 接近等于 foE(解释为 Es 层描迹的非常波已有吸收)则 ftEs = foEs。

③ ftEs 远高于 foE(考虑到非常波自然地存在)，则 ftEs = fxEs，对此例或用 1 或用 3。所以，

foEs = 029JA，fbEs = 029UY

由于遮蔽 Es 层影响上面的层

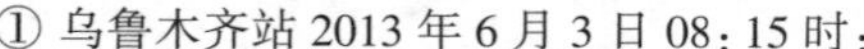
① 乌鲁木齐站 2013 年 6 月 3 日 08:15 时:

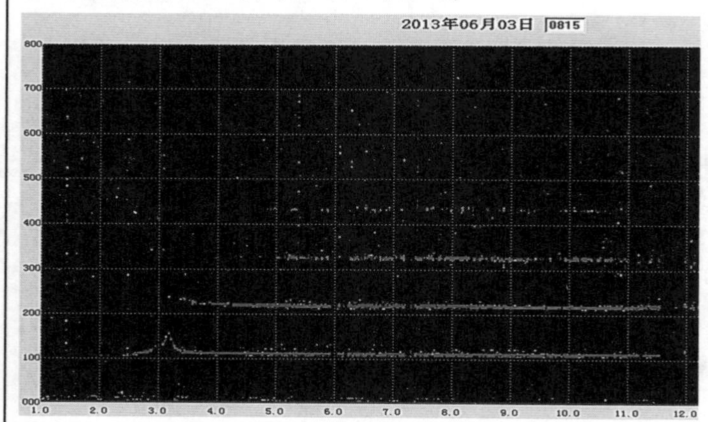

参数	结果
fmin	024
h′E	105
foE	315
foEs	109JA
h′Es	110
fbEs	109AA
h′F	A
foF1	A
M3F1	A
h′F2	A
foF2	A
M3F2	A
fxI	A
Es-type	c4

② 青岛站 2013 年 10 月 28 日 15:01 时:

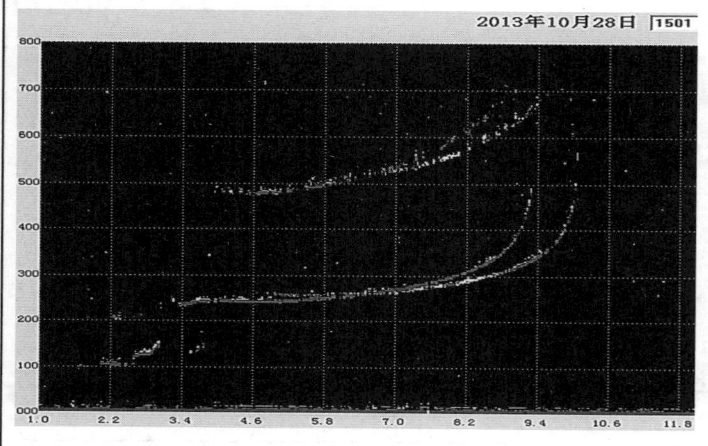

参数	结果
fmin	020
h′E	120-A
foE	305
foEs	026-G
h′Es	100
fbEs	026-G
h′F	230
foF1	L
M3F1	L
h′F2	240
foF2	094
M3F2	320
fxI	101-X
Es-type	l2

③ 青岛站 2013 年 10 月 20 日 14:01 时:

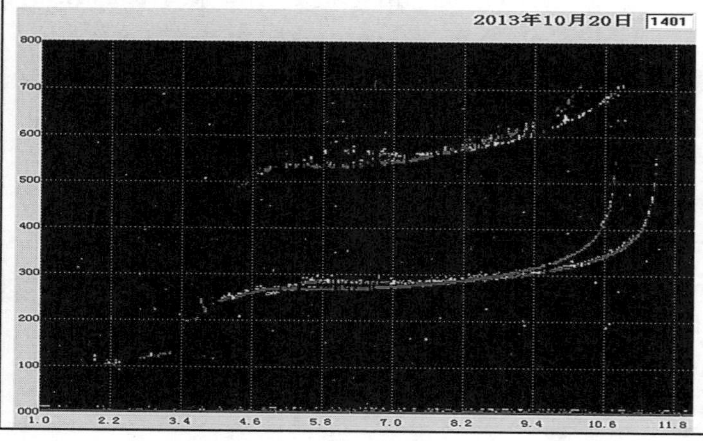

参数	结果
fmin	021
h′E	120-A
foE	330-R
foEs	024-G
h′Es	105
fbEs	024UG
h′F	200-H
foF1	L
M3F1	L
h′F2	265
foF2	108
M3F2	315
fxI	115-X
Es-type	l1

由于遮蔽 Es 层影响上面的层

【1】观测结果：观测到了 c 型 Es 层的四次反射，F 层描迹完全被遮蔽。

解　　释：这是全遮蔽的例子，Es 层全部遮蔽了上一层。此图 c 型 Es 层的顶频达到 11.6MHz，完全遮蔽了 F 层描迹。所以，全部 F 区的参数表示为说明符号 A。

fbEs＝(foEs)AA；h′F＝A；

foF1＝M(3000)F1＝A

【2】观测结果：观测到了 l 型 Es 层和 E 层的 O 波、X 波，l 型 Es 层遮蔽了正规 E 层描迹的较低部分。

解　　释：由于 l 型 Es 顶频 ftEs 等于 2.6MHz，l 型 Es 的 ftEs 小于(fminEx−fB/2)，所以，ftEs＝foEs；因为这个 foEs 小于 foE，应标以说明符号 G；l 型 Es 层遮蔽了 E 层描迹的较低部分，因此：

h′E＝120-A；foEs＝026-G；h′Es＝100

【3】观测结果：l 型 Es 顶频 ftEs 等于 2.4MHz，遮蔽了正规 E 层描迹的较低部分。

解　　释：由于 l 型 Es 的顶频和 fminE 之间有间断，间断为 3Δ，根据精度规则，应加限量符号 U 和说明符号 G。

当 E 层高度不水平，l 型 Es 的顶频和 fminE 之间的间断≤4Δ 时，认为是 Es 层遮蔽造成的，加说明符号 A。所以，

h′E＝120-A；foEs＝024-G；fbEs＝024UG；h′Es＝105

规　　定：当间断的宽度达 $10\%<b\leq 20\%$ 或 $4\Delta<a\leq 5\Delta$ 度量值取其边界值加限量符号 D 以上时；认为是空白造成的，加说明符号 Y。

表 3-25　　**Es 层高度不水平**

① 伊犁站 2013 年 4 月 23 日 18：01 时：

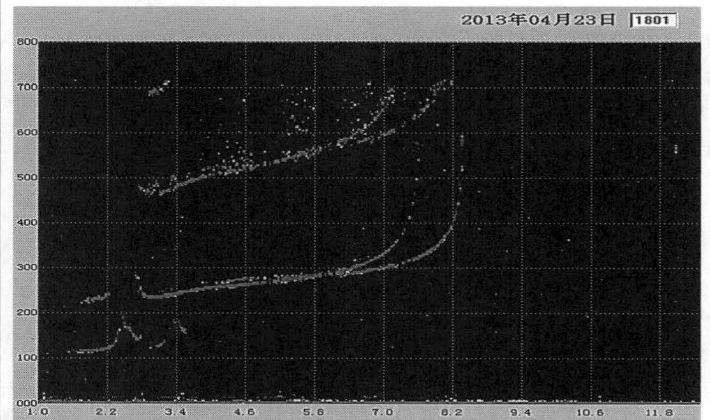

参数	结果
fmin	015
h′E	115
foE	240
foEs	028
h′Es	140-G
fbEs	027
h′F	235
foF1	
M3F1	
h′F2	
foF2	076
M3F2	315
fxI	084-X
Es-type	h1

② 昆明站 2013 年 8 月 5 日 15：30 时：

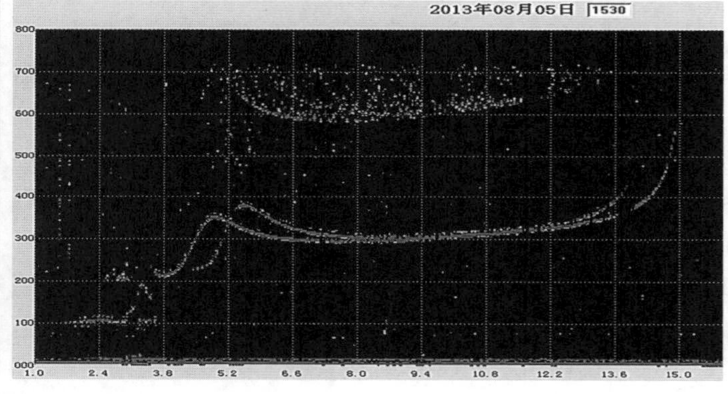

参数	结果
fmin	018
h′E	115-A
foE	320
foEs	036
h′Es	160EG
fbEs	036
h′F	210
foF1	490-L
M3F1	360-L
h′F2	290
foF2	142JR
M3F2	305JR
fxI	149-X
Es-type	h1l2

③ 新乡站 2013 年 8 月 17 日 15：30 时：

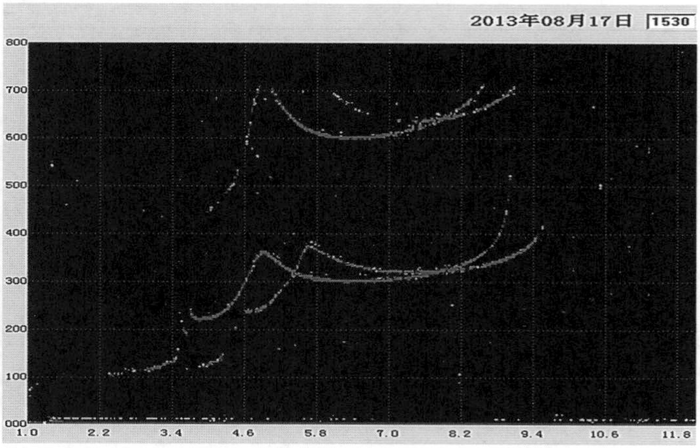

参数	结果
fmin	023
h′E	110
foE	350
foEs	037
h′Es	G
fbEs	037
h′F	220
foF1	490
M3F1	365
h′F2	300
foF2	090
M3F2	310
fxI	099OX
Es-type	h1l1

Es 层高度不水平

【1】观测结果：观测到了 h 型 Es 和 l 型 Es 两种类型，但 h 型 Es 描迹的水平部分消失了。

解　　释：在这个例子中，当 Es 描迹没有成为水平，根据虚高的精度规则：当描迹的底端与水平线有一定的倾斜(夹角)，且斜率较小，一般不超过正常值的 5%或 3Δ 时，取底端值，不加限量符号；只加说明符号 G。所以，

foEs＝028；h′Es＝140-G

【2】观测结果：h 型 Es 的两个分量观测到明显的分离，但描迹的水平部分消失了。

解　　释：根据虚高的精度规则：当描迹的底端与水平线斜率较大，且超过正常值的 5%或 3Δ 时，取底端值，加限量符号 E；在②图中，当 Es 描迹没有水平，用限量符号 E 以及说明符号 G。所以，

foEs＝036；h′Es＝160EG

【3】观测结果：观测到 h 型 Es 层和较弱的 l 型 Es 层两种类型，但 h 型 Es 层描迹不水平。

解　　释：根据虚高的精度规则：当描迹的底端与水平线的斜率陡峭且超过正常值的 20%或 5Δ 时，只注说明符号。此图中描迹的底端与水平线的斜率较陡峭且超过正常值的 20%或 5Δ，因此直接注以符号 G。所以，

foEs＝037；h′Es＝G

表 3-26　**foEs 与 fminF 之间有间隙**

① 青岛站 2013 年 4 月 12 日 09：46 时：

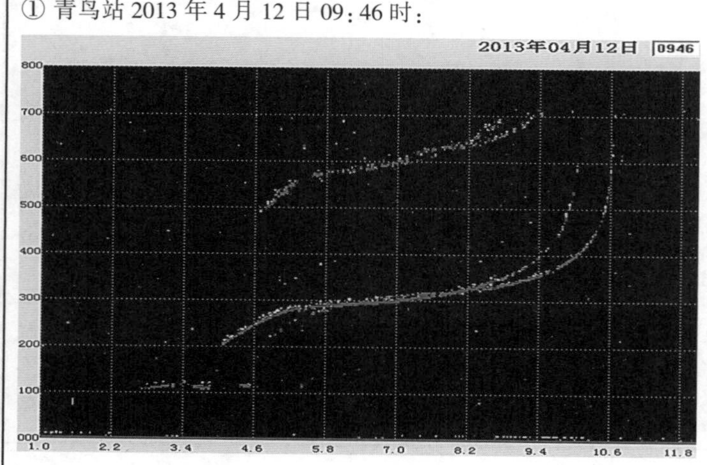

参数	结果
fmin	027
h′E	100
foE	340
foEs	039
h′Es	110
fbEs	039-Y
h′F	205
foF1	L
M3F1	L
h′F2	295
foF2	100
M3F2	295
fxI	107-X
Es-type	c1

② 新乡站 2013 年 7 月 19 日 18：00 时：

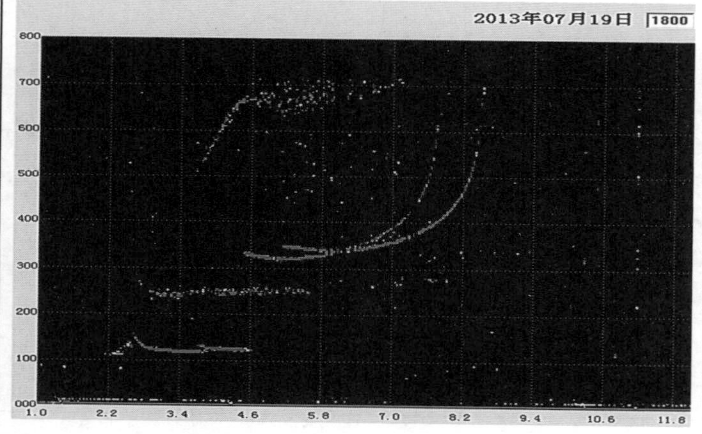

参数	结果
fmin	022
h′E	110-H
foE	260
foEs	039
h′Es	120
fbEs	039DY
h′F	Y
foF1	Y
M3F1	Y
h′F2	320
foF2	078
M3F2	285
fxI	085-X
Es-type	c2

③ 青岛站 2013 年 4 月 12 日 12：46 时：

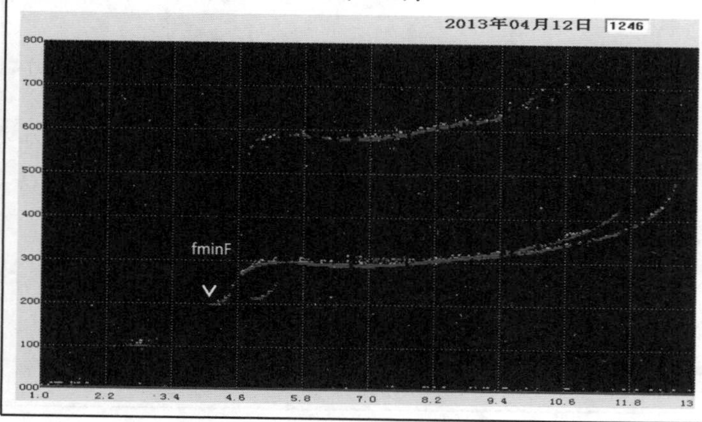

参数	结果
fmin	026
h′E	A
foE	Y
foEs	Y
h′Es	100
fbEs	Y
h′F	200
foF1	L
M3F1	L
h′F2	290
foF2	119JR
M3F2	295JR
fxI	126-X
Es-type	l1

foEs 与 fminF 之间有间隙

【1】观测结果：观测到了 c 型 Es 的寻常分量和非常波分量，出现在 110km 附近 foEs = 3.9MHz，在 foEs 与 fminF 之间，见到有 0.2MHz 的间断。

解　　释：根据精度规则，当间断 ≤ 2% 或间断 ≤ 2Δ，取准确值不加限量符号；因此，

fbEs = (foEs) Y = 039-Y

【2】观测结果：观测到了 c 型 Es 的寻常分量和非常波分量，foEs = 3.9MHz，在 foEs 与 fminF 之间，见到有 0.6MHz 的间断。

解　　释：一般 foEs 不小于 fbEs，如果出现间断，可能是 fminF 处受到斜反射影响，故 fbEs 要取 foEs 的值并加相应限量符号或说明符号 Y。根据精度规则：当 10% ≤ 间断 ≤ 20% 或间断 ≤ 5Δ 时，取极限值加限量符号 D；所以，

fbEs = (foEs) DY = 39DY（满足 10% ≤ 间断 ≤ 20%）

此图 c 型 Es 观测到了非常波分量，因此 foEs 直接取值，不加符号，即 foEs = 039。

【3】观测结果：观测到 l 型 Es 的描迹很短，出现在 100km 附近，foEs = 3.0MHz，在 foEs 与 fminF 之间，有 1.1MHz 的间断。

解　　释：一般 foEs 不小于 fbEs，参照以上【2】解释，由于间断较大，根据精度规则：当间断 > 20% 或间断 > 5Δ，不取值只注说明符号，故只注说明符号 Y。所以，

fbEs = foEs = Y

表 3-27　　两种以上 Es 类型中的 foEs 判定

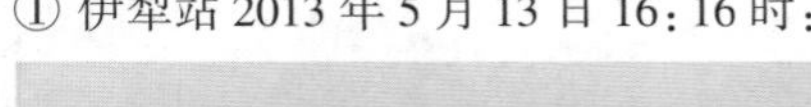

① 伊犁站 2013 年 5 月 13 日 16:16 时：

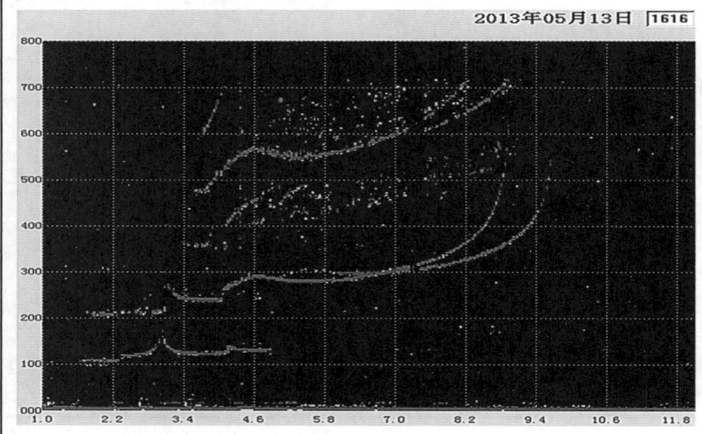

参数	结果
fmin	016
h′E	115-A
foE	300
foEs	042
h′Es	120
fbEs	041
h′F	A
foF1	470UL
M3F1	A
h′F2	275
foF2	089
M3F2	300
fxI	096-X
Es-type	c4l1

② 西安站 2013 年 5 月 12 日 15:45 时：

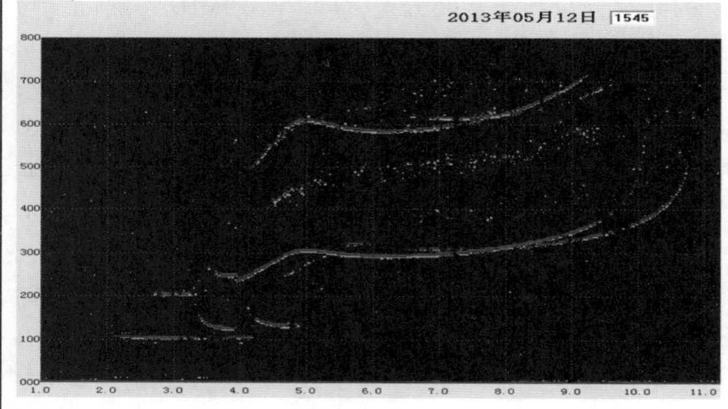

参数	结果
fmin	018
h′E	A
foE	335UA
foEs	040
h′Es	120
fbEs	039
h′F	235-A
foF1	490UL
M3F1	L
h′F2	290
foF2	102
M3F2	300
fxI	109-X
Es-type	c2l2

③ 伊犁站 2013 年 5 月 13 日 16:01 时：

2013年05月13日 1601

参数	结果
fmin	016
h′E	115
foE	310
foEs	053JA
h′Es	115
fbEs	049
h′F	A
foF1	A
M3F1	A
h′F2	290
foF2	092
M3F2	295
fxI	100-X
Es-type	c5l3

两种以上 Es 类型中的 foEs 判定

【1】观测结果：l 型 Es(h′Es＝105km)遮蔽了正规 E 层较低的部分，而 c 型 Es(h′Es＝120km)遮蔽了 F1 层描迹较低的部分。

解　　释：在这个电离图中，观测到了两种类型的 Es 回波，各自的临界频率不同。但应该把较高的 foEs 度量在报表上。所以，

foEs＝042，h′Es＝120

【2】观测结果：c 型 Es(foEs＝4.0MHz)和 l 型 Es(foEs＝3.5MHz)两者都分别影响着上面的层。

解　　释：c 型 fbEs 是 3.9MHz，l 型 Es 的 fbEs 是 3.3MHz，l 型 Es 遮蔽了正规 E 层。fbEs＝39(为 c 型)，fbEs＝33(为 l 型)。

应把较高的 foEs 度量在报表上。所以，

foEs＝040，h′Es＝120

【3】观测结果：c 型 Es 的 foEs 在 115km，5.3MHz，而 l 型 Es 的 foEs 是 2.9MHz。c 型 Es 遮蔽了 F1 层。

解　　释：对每种 Es 型，都要度量出 fbEs。因为对于穿过 Es 层看到的那个层来说，fbEs 是遮蔽频率，Es 描迹的两个 fbEs 值对应 c 型和 l 型 Es。必须分别从 F 层与 E 层的各自描迹取得。较大的 fbEs 值为 c 型 Es。应首先把 c 型 Es 的较大的 fbEs 列在报表上，作为代表值。所以，

fbEs＝049(c 型)；fbEs＝027-G(l 型：附加 G 符号，因为 fbEs<foE)

两种以上 Es 类型中的 foEs 判定

① 北京站 2008 年 10 月 25 日 08:00 时:

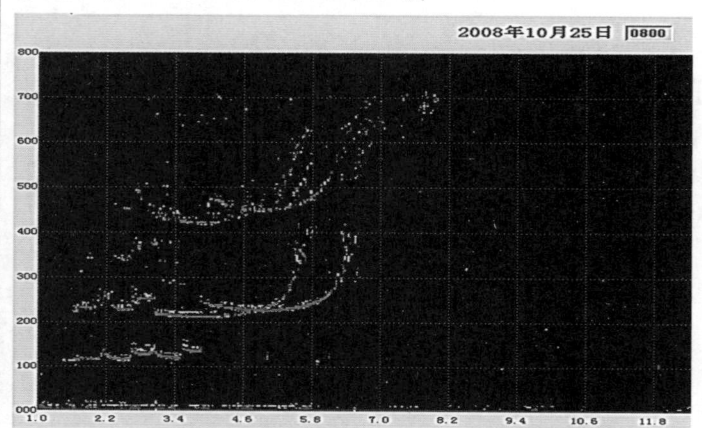

参数	结果
fmin	015
h′E	110
foE	220
foEs	030
h′Es	125
fbEs	030
h′F	210
foF1	
M3F1	
h′F2	
foF2	057-H
M3F2	375UH
fxI	065-X
Es-type	h2c3

② 北京站 2008 年 10 月 26 日 08:00 时:

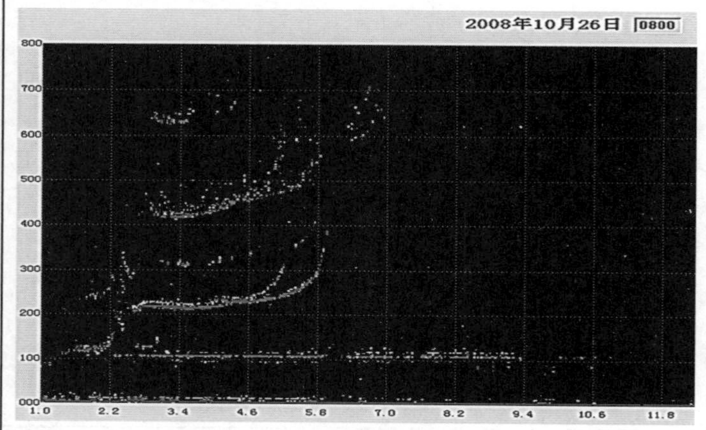

参数	结果
fmin	015
h′E	115
foE	230
foEs	087JA
h′Es	105
fbEs	023EG
h′F	205-H
foF1	
M3F1	
h′F2	
foF2	053
M3F2	370
fxI	060-X
Es-type	l1h2

③ 海南站 2012 年 6 月 21 日 18:00 时:

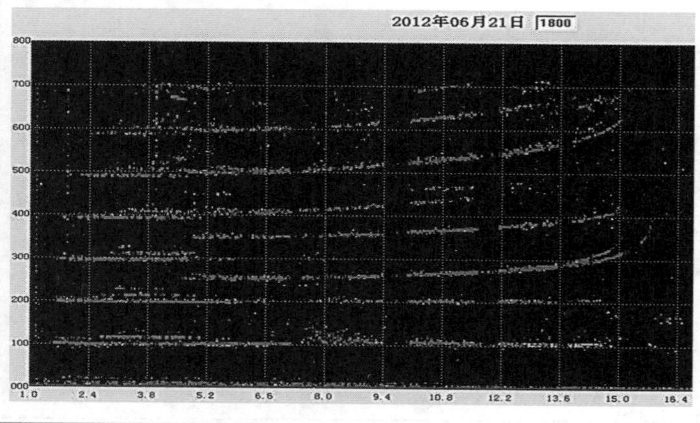

参数	结果
fmin	016
h′E	A
foE	A
foEs	140JA
h′Es	100
fbEs	027
h′F	250
foF1	
M3F1	
h′F2	
foF2	152
M3F2	340
fxI	158-X
Es-type	l2l6l

两种以上 Es 类型中的 foEs 判定

【1】观测结果：观测到 Es 层存在四支描迹，一、二两支存在清晰的二次反射描迹。

解　　释：Es 层的一、三两支和二、四两支都相差半个磁旋频率，且都能观察到二次反射，因此包含两种类型的 Es 层。Es 层的 O 波和 X 波可以清晰的辨别，foEs 应选择频率值较大的 Es 层的 O 波，因此 foEs = 3.0MHz，h′Es = 125km。

根据 c 型 Es(尖角型)与 h 型(高型)Es 的特点，判定这两种类型是 h 型和 c 型，因此

Es-type = h2c3

【2】观测结果：E 层时延发展良好，未被 l 型 Es 层遮蔽；h 型 Es 层高度在 160km 处不水平。

解　　释：l 型 Es 出现在 100km 高度上，在低频部分没有将 E 层遮蔽，并存在较弱的二次反射，Es 层包含 l 型和高型两种类型，其中 l 型 Es 层的顶频为 9.4MHz，远远大于 h 型 Es 层的顶频，O 波和 X 波不能区分，故 foEs = 87JA；l 型 Es 的 fminEs 为 2.3MHz，大于 fmin E(1.5MHz)，说明没有 Es 层的影响，因此

fbEs = 023EG

【3】观测结果：白天电离图，同时在高度为 100km、95km 和 110km 处观测到三种平型 Es(l 型)，顶频(ftEs)分别是 14.6、7.2、5.1MHz。

解　　释：观测到多种 Es 的情况下，不管哪种类型，度量以临频为顺序，临频高的优先度量 foEs 与 h′Es，所以 foEs = 14.0MHz。如果频率相同，有较高虚高者优先度量。度量栏中有 5 个符号位，这意味着第三种类型的反射次数不填，所以，

Es-type = l2l6l(其中第三种类型 l5 的 5 不填)

两种以上 Es 类型中的 foEs 判定

① 昆明站 2012 年 3 月 10 日 19:38 时:

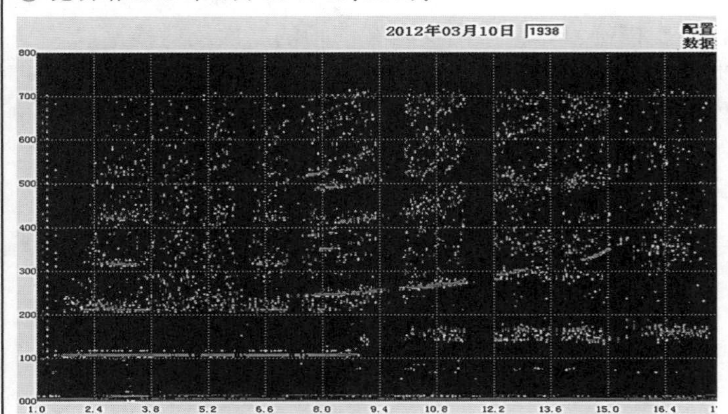

参数	结果
fmin	013ES
h′E	
foE	
foEs	165JA
h′Es	170
fbEs	063
h′F	235
foF1	
M3F1	
h′F2	
foF2	164JS
M3F2	S
fxI	170-X
Es-type	n1f4s

② 昆明站 2011 年 7 月 18 日 12:00 时:

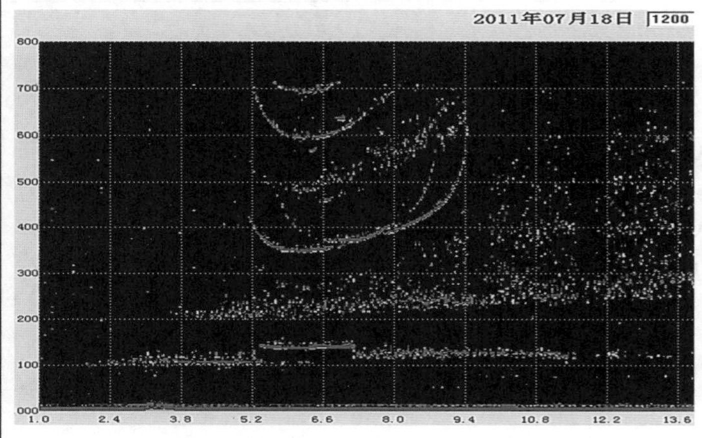

参数	结果
fmin	023
h′E	A
foE	A
foEs	109JA
h′Es	115
fbEs	053
h′F	A
foF1	510UA
M3F1	A
h′F2	345
foF2	088
M3F2	275
fxI	094-X
Es-type	c2h2l

③ 昆明站 2012 年 3 月 10 日 19:38 时:

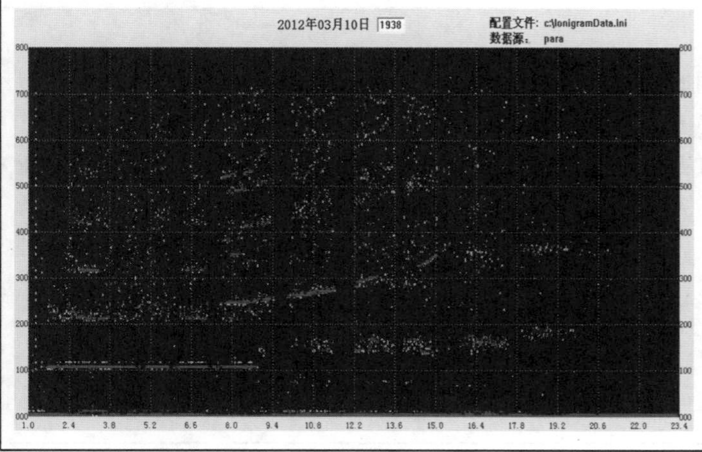

参数	结果
fmin	016ES
h′E	
foE	
foEs	191JA
h′Es	140
fbEs	071
h′F	240
foF1	
M3F1	
h′F2	
foF2	S
M3F2	S
fxI	S
Es-type	q1f5

两种以上 Es 类型中的 foEs 判定

【1】观测结果：在 170km、145km 和 105km 的高度上分别记录到了 n 型、s 型与 f 型 Es 描迹。

解　　释：其中 s 型不能用于决定 foEs、fbEs 和 hEs。n 型 Es 的 foEs 值最高，所以度量栏中

foEs＝(fxEs-fB/2)JA＝165JA；h′Es＝170

【2】观测结果：在 115km、135km 和 100km 的高度上分别记录到了 c 型、h 型与 l 型 Es 描迹，各自有二次反射。

解　　释：当不同类型的 Es 描迹同时出现时，要逐个按类型度量出各自的 foEs，此时，应以临界频率为顺序；而根据 fbEs 的定义，即 Es 层允许从上面的层反射的头一个频率度量。因此：

foEs＝(fxEs-fB/2)JA＝109JA；fbEs＝053

【3】观测结果：在 140km 和 105km 的高度上分别记录到了 q 型与 f 型 Es 描迹。

解　　释：f 型(平型)Es：hEs＝100；foEs＝(fxEs-fB/2)JA＝191JA；

q 型 Es：h′Es＝140；foEs＝(fxEs-fB/2)JA＝191JA 观测到多种 Es 的情况下，度量先以临频为顺序，临频高的优先度量 foEs 与 h′Es ，所以，

foEs＝(fxEs-fB/2)JA＝191JA

表 3-28　　**特殊 fbEs 判定**

① 伊犁站 2013 年 1 月 26 日 12：30 时：

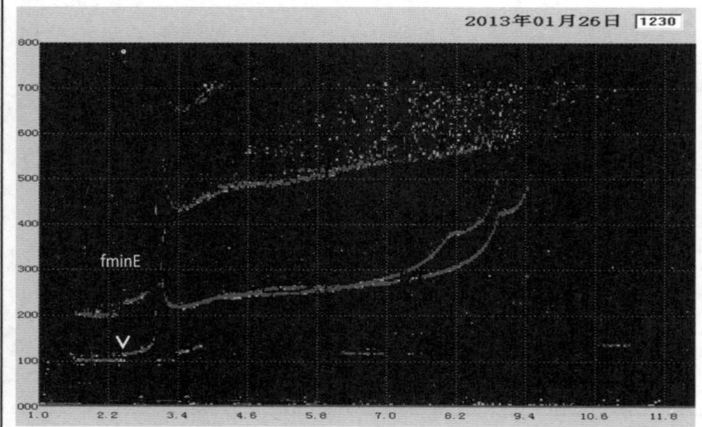

参数	结果
fmin	016
h′E	115-A
foE	300
foEs	025-G
h′Es	100
fbEs	024-G
h′F	220
foF1	L
M3F1	L
h′F2	245
foF2	089-H
M3F2	305UH
fxI	095-X
Es-type	l2

② 苏州站 2013 年 5 月 14 日 06：15 时：

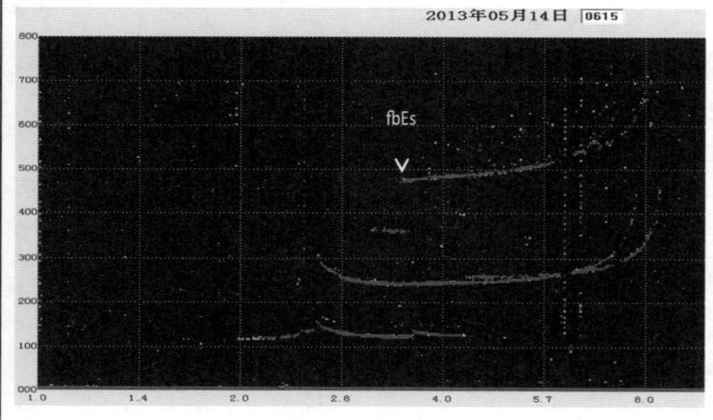

参数	结果
fmin	020
h′E	115
foE	260-H
foEs	036
h′Es	120
fbEs	034UA
h′F	240
foF1	
M3F1	
h′F2	
foF2	078
M3F2	330
fxI	084-X
Es-type	c3

③ 青岛站 2013 年 6 月 9 日 09：01 时：

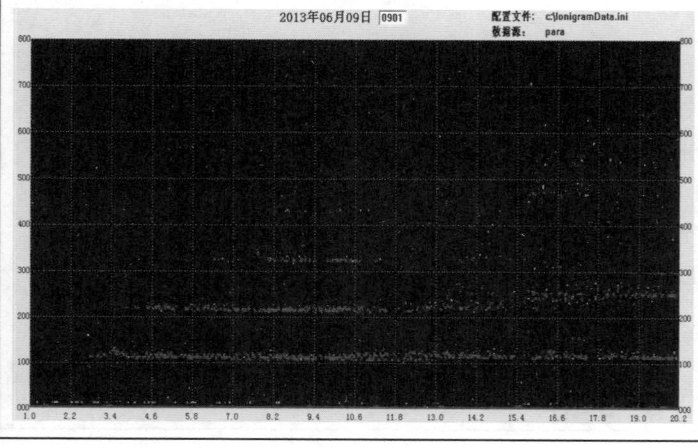

参数	结果
fmin	027
h′E	110
foE	345
foEs	202DC
h′Es	105
fbEs	202AA
h′F	A
foF1	A
M3F1	A
h′F2	A
foF2	A
M3F2	A
fxI	A
Es-type	c4

特殊 fbEs 判定

【1】观测结果：1 型 Es 的两个分量清晰地分开。foEs(2.5MHz)低于 foE(3.0MHz)，F1 层分层不明显。

解　　释：这个 1 型 Es 遮蔽了正规 E 层的较低部分。为了表示出 foEs 低于 foE，foEs 与 fbEs 二者的数字值附带符号 G。所以，

fbEs=(fminE)G=024-G

注　　意：对于 1 型 Es 的 fmin 等于或大于 fminE 的情况，解释为没有 Es 的影响。

【2】观测结果：c 型 Es 描迹记录达到三次反射回波，foEs=3.6MHz。在 240km 高度上，F 描迹的低频部分显然隐没在 Es 层二次反射高度上。

解　　释：当 Es 活动性较高时会频繁地出现这类电离图，在这个例子中，参考 F 层的二次反射将有助鉴别 fbEs。然而，因为这个数字值是可疑的，要使用限量符号 U。所以，

fbEs=034UA

注　　意：即使在二次反射也不能利用的例子中，fbEs 的近似值常常可参考每个描迹的宽度和前后的电离图序列去决定。

【3】观测结果：c 型 Es 的顶频超过测高仪的最大频率(看注释)。F 层描迹全部被 Es 层遮蔽(完全遮蔽)。

解　　释：在夏季(5~7 月，北半球)，当 Es 层发展的时候，这类记录有时可以超过一小时。在这个例子中，foEs 的表述参考测高仪设置的机器截止频率，用限量符号 D(大于)和说明符号 C(机器原因)表示 foEs=(测高仪的频率上限)DC=202DC，h′Es=105。

注　　意：我们规定测高仪的频率上限为 25MHz(参照日本)，若频率达到 25MHz 或更高，用限量符号 D(大于)和说明符号应为 D(超过极限)表示。即 foEs=(测高仪的频率上限)DD=250DD。

特殊 fbEs 判定

① 拉萨站 2012 年 6 月 20 日 17:45 时:

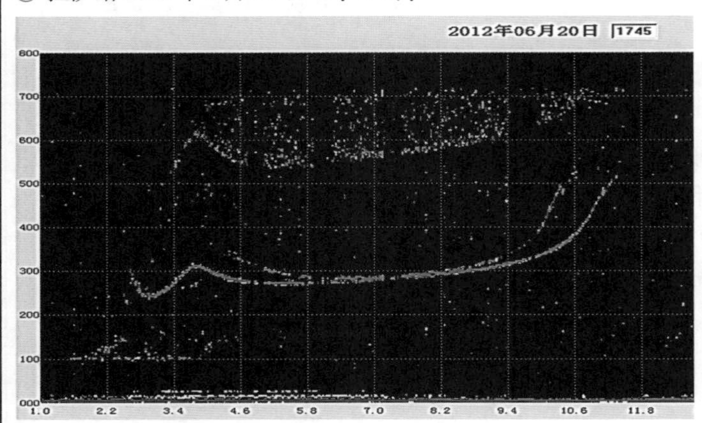

参数	结果
fmin	015
h′E	110-A
foE	240
foEs	030JA
h′Es	100
fbEs	019-G
h′F	235
foF1	380
M3F1	050
h′F2	270
foF2	106-H
M3F2	305UH
fxI	114-X
Es-type	l1h1

② 西安站 2013 年 4 月 19 日 20:00 时:

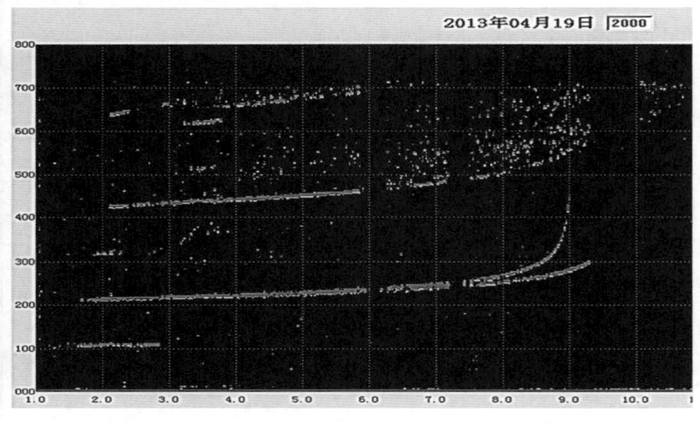

参数	结果
fmin	016ES
h′E	
foE	
foEs	022JA
h′Es	105
fbEs	021UA
h′F	210
foF1	
M3F1	
h′F2	
foF2	090
M3F2	350
fxI	097OX
Es-type	f3

③ 西安站 2013 年 1 月 2 日 21:15 时:

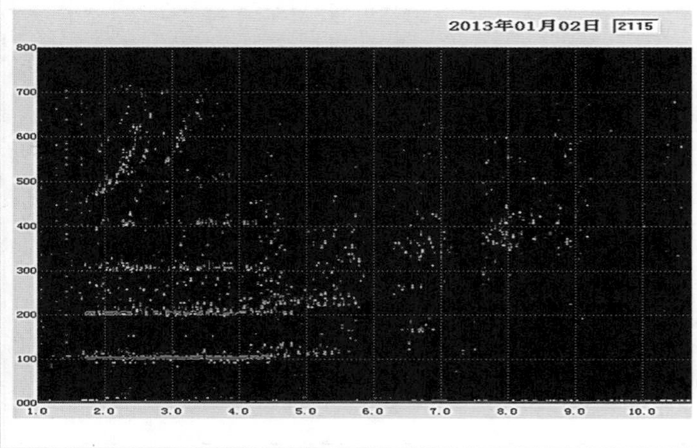

参数	结果
fmin	017ES
h′E	
foE	
foEs	047JA
h′Es	100
fbEs	047AA
h′F	A
foF1	
M3F1	
h′F2	
foF2	A
M3F2	A
fxI	A
Es-type	f4

特殊 fbEs 判定

【1】观测结果：在 E 区观测到 E 层、l 型 Es 和 h 型 Es，其中 h 型 Es 未发展完全。

解　　释：l 型 Es 遮蔽了正规 E 层的低频部分，l 型 Es 的 foEs＝30JA 大于 foE＝240 和 h 型 Es 的 foEs＝26，即将 foEs＝30JA 列表。根据 fbEs 定义知，fbEs＝fminE，为体现 fbEs<foE，fbEs 应取数字值并附带说明符号 G，即 fbEs＝(fminE)G＝019-G。

此外，Es-type 应以 l1h1 列表。

【2】观测结果：f 型 Es 描迹记录了三次反射回波，F 层的低频部分隐没在 Es 的二次反射回波中。

解　　释：由于 F 层的低频部分隐没在 Es 的二次反射回波中，无法直接判断遮蔽频率 fbEs，参考 F 层的二次反射将有助于 fbEs 的判断，但所取数字值可疑，须附带限量符号 U 和说明符号 A，即

fbEs＝021UA

【3】观测结果：观测到 f 型 Es 的四次反射回波，ftEs＝5.4MHz。结合前后序列图判断图中的 f 型 Es 描迹为 F 层的二次反射(见下图)。

解　　释：由于 f 型 Es 层的遮蔽，F 层第一次反射回波未能被观测到，因为 fbEs 应从第一次反射中度量而不能参考二次反射，所以

fbEs＝(foEs)AA＝047AA

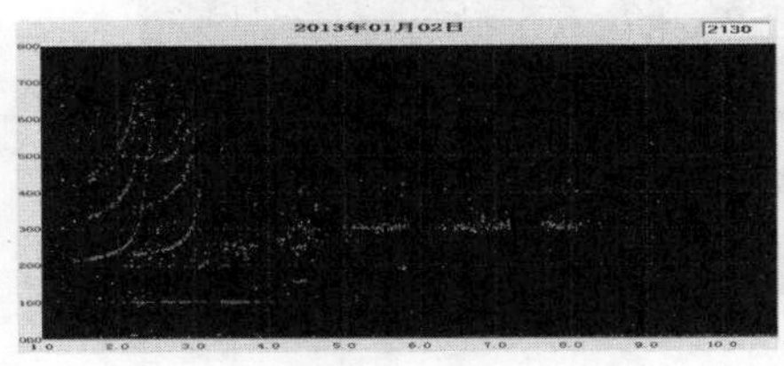

特殊 fbEs 判定

① 昆明站 2012 年 6 月 24 日 14:00 时:

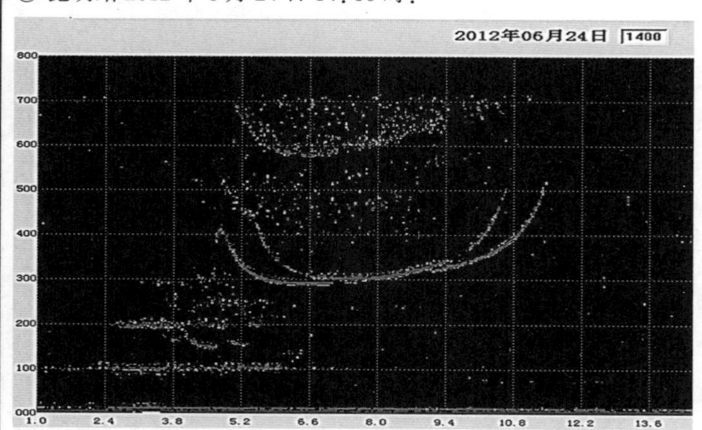

参数	结果
fmin	020
h′E	A
foE	A
foEs	055JA
h′Es	100
fbEs	040
h′F	A
foF1	480
M3F1	A
h′F2	285
foF2	108-R
M3F2	295-R
fxI	114-X
Es-type	l3h1

② 新乡站 2012 年 6 月 27 日 12:00 时:

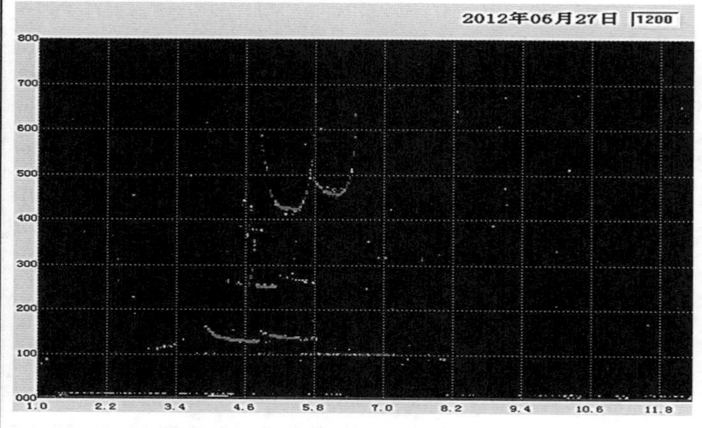

参数	结果
fmin	030
h′E	110
foE	360-R
foEs	065JA
h′Es	100
fbEs	036EG
h′F	A
foF1	480
M3F1	A
h′F2	420
foF2	058
M3F2	285
fxI	065-X
Es-type	l1h2

③ 苏州站 2012 年 3 月 1 日 18:00 时:

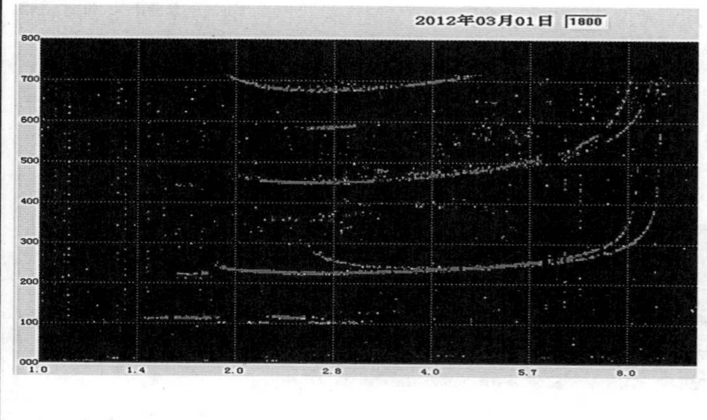

参数	结果
fmin	015
h′E	A
foE	A
foEs	023
h′Es	100
fbEs	015EB
h′F	220
foF1	
M3F1	
h′F2	
foF2	083
M3F2	335
fxI	089-X
Es-type	l1l2

特殊 fbEs 判定

【1】观测结果：h 型 Es(foEs＝47)和 l 型 Es(foEs＝61JA＝55)，两者都分别影响着上面的层。

解　　释：h 型 Es 的 fbEs 是 4.7MHz，l 型 Es 的 fbEs 是 4.0MHz，l 型 Es 遮蔽了正规 E 层，此图中 l 型的 foEs 大于 h 型的 foEs，所以，

Es-type＝l3h1；fbEs＝040

【2】观测结果：h 型 Es 描迹记录到了二次反射，h 型 Es 的 foEs 为 4.8MHz、h′Es 为 130km，而 l 型 Es 的 foEs 为 6.5MHz。

解　　释：根据定义，fbEs、foEs 与 hEs 的值是从具有最高频率的描迹中度量；此图中 fbEs 应度量 l 型 Es 上一层出现的最低频率，但由于 l 型 Es 的 fminEs(3.5MHz)大于 fmin E(3.0MHz)，说明没有 Es 层的影响，因此，

fbEs＝(foE)EG＝036EG

【3】观测结果：在 110km 和 100km 的高度上记录到了两个 l 型 Es 描迹，且各寻常波与非常波之间是分开的，可以清楚地判断两个 l 型 Es 描迹的 foEs 值。

解　　释：foEs，fbEs 与 hEs 的值是从具有最高频率的描迹中度量的；根据 fbEs 的定义，由通过 Es 层观测到较高层的寻常波分量的最低频率决定，所以，

foEs＝023；fbEs＝015EB

特殊 fbEs 判定

① 昆明站 2012 年 2 月 10 日 14：00 时：

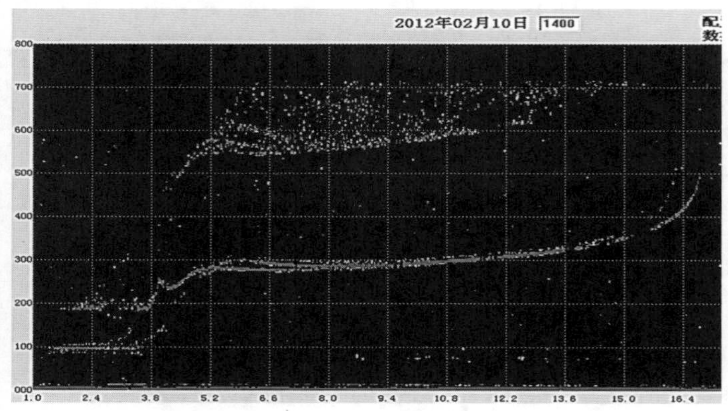

参数	结果
fmin	015
h′E	105
foE	330
foEs	030JG
h′Es	095
fbEs	026-G
h′F	185-H
foF1	520UL
M3F1	360UL
h′F2	275
foF2	162
M3F2	295
fxI	168-X
Es-type	l2

② 广州站 2012 年 2 月 1 日 14：00 时：

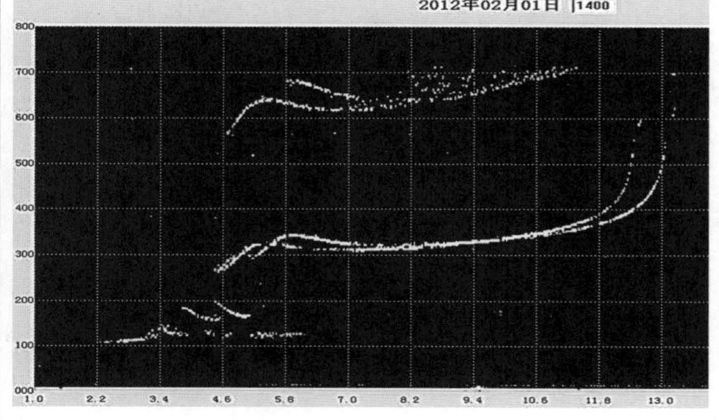

参数	结果
fmin	023
h′E	110
foE	345
foEs	055JA
h′Es	120
fbEs	038
h′F	A
foF1	530UL
M3F1	A
h′F2	310
foF2	126
M3F2	295
fxI	132-X
Es-type	c1h1

③ 昆明站 2013 年 6 月 26 日 19：00 时：

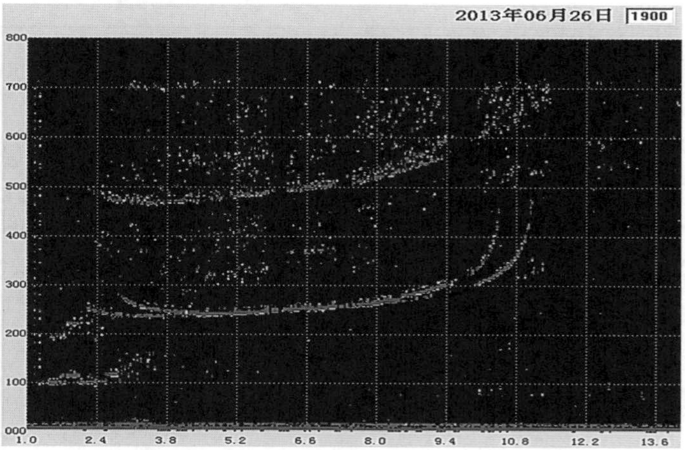

参数	结果
fmin	012ES
h′E	
foE	
foEs	021
h′Es	105
fbEs	021-S
h′F	230
foF1	
M3F1	
h′F2	
foF2	105
M3F2	330
fxI	111-X
Es-type	f2f2

特殊 fbEs 判定

【1】观测结果：l 型 Es 层的 ftEs 是 3.6MHz，同时观测到二次反射。在 F 层观测到了 F0.5 层。

解 释：因为 Es 层的寻常波与非常波在 ftEs 附近相互重叠，不能区分时，应对照较高描迹非常波的最低频率（fminEx）来识别 foEs，此图中，ftEs = fminEx，所以 ftEs = fxEs；又因 foEs 小于 foE，因此使用说明符号 G。所以，

foEs=(fxEs−fb/2)JG=030JG

【2】观测结果：观测到了 h 型和 c 型两种类型，且 c 型的顶频高于 h 型的顶频。

解 释：此图中 fbEs 应取 c 型描迹的上一层 O 波描迹的最低频率，即 h 型 Es 层的 O 波最低频率，而不是 F 层的最低频率。因此，

fbEs=038

【3】观测结果：夜间电离图，观测到了两种 Es 类型。在 foEs 与 fminF 之间有 0.2MHz 的间断。

解 释：根据定义，当有不同类型的 Es 描迹同时出现时，要逐个按类型度量出各自的 foEs 和 fbEs，在这种情况下，度量以临界频率为顺序，频率较高者优先，因此 foEs 应取 2.1MHz，而对应的 fbEs 应考虑 F 层。此图中，F 层与 Es 层有间断，这种间断在夜间一般用 S 表示，所以，

fbEs=021-S

特殊 fbEs 判定

① 满洲里站 2013 年 5 月 15 日 05：30 时：

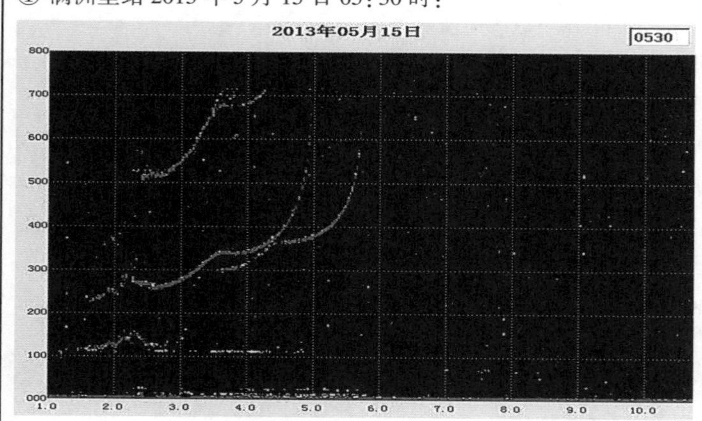

参数	结果
fmin	015
h′E	115-H
foE	220-H
foEs	036JA
h′Es	110
fbEs	022EG
h′F	250-A
foF1	360UL
M3F1	L
h′F2	340
foF2	050
M3F2	285
fxI	057-X
Es-type	l1c2

② 满洲里站 2013 年 5 月 15 日 17：00 时：

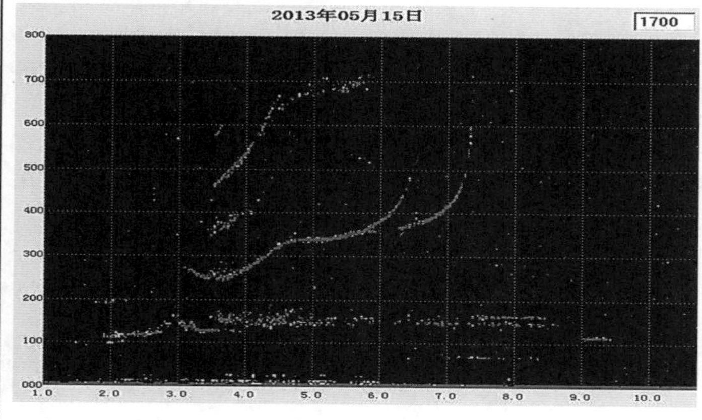

参数	结果
fmin	019
h′E	110
foE	295
foEs	078JA
h′Es	135
fbEs	035
h′F	245
foF1	470UL
M3F1	L
h′F2	335
foF2	065
M3F2	295
fxI	073-X
Es-type	q1c2l

③ 拉萨站 2009 年 1 月 25 日 21：00 时：

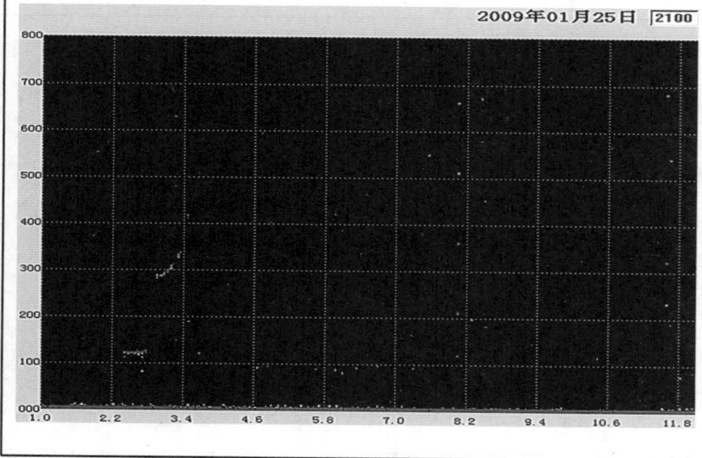

参数	结果
fmin	024EC
h′E	
foE	
foEs	021JC
h′Es	120
fbEs	021AA
h′F	A
foF1	
M3F1	
h′F2	
foF2	028JS
M3F2	S
fxI	035-X
Es-type	f1

特殊 fbEs 判定

【1】观测结果：观测到 l 型和 c 型两种类型，E 层描迹出现弯曲点，未被 l 型 Es 层遮蔽。

解　　释：l 型 Es 出现在 110km 高度上，在低频部分没有将 E 层遮蔽，E 层存在分层现象；Es 层包含 l 型和 c 型两种类型，其中 l 型 Es 层的顶频远远大于 h 型 Es 层的顶频；l 型 Es 的 fminEs 为 2.6MHz，大于 fmin E(1.5MHz)，说明没有 Es 层的影响，因此，

fbEs = 022EG

【2】观测结果：此图观测到了三种 Es 类型，即 q 型、c 型和 l 型。

解　　释：当不同类型的 Es 描迹同时出现时，要逐个按类型度量出各自的 foEs 与 h′Es，此时应以临界频率为序，若频率相同，有较高虚高者优先度量。此图中 q 型的临界频率较高，q 型应优先度量。所以，

foEs = 078JA；Es-type = q1c2l

【3】观测结果：观测到 F2 层的非常波分量，f 型 Es 层完全遮蔽了 F 层描迹的寻常波分量。

解　　释：根据前后序列图判断在 3.5MHz 处的描迹为非常波分量，寻常波分量被 Es 层遮蔽，foF2 应从非常波分量推导出来，应附加限量符号 J 与说明符号 A。如果 foF2 从 fxF2 导出而大于 foEs 时，用说明符号 A 是不合理的，因此，

foF2 = 028JS；M3F2 = S

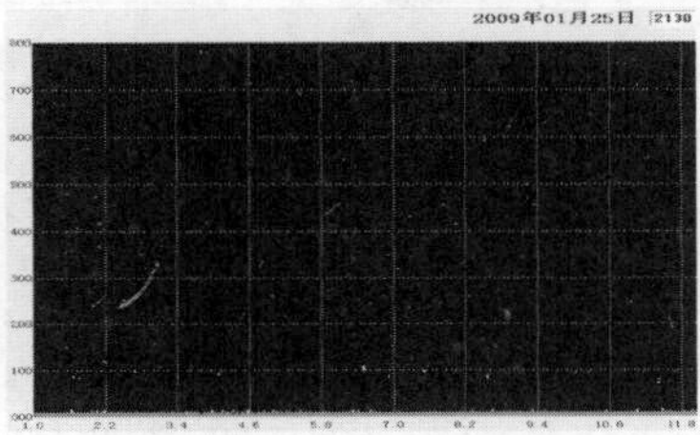

注：d型Es是一个弱的扩散描迹，正常情况下出现在低于95km的高度上，与高的吸收(大的fmin)相联系，测高仪很难观测到它，所以无相应的图例解释。它不是严谨的Es描迹，不应当用来确定fmin、foEs和h'Es，这类回波没有遮蔽的能力。

3.3　F1层

3.3.1　F1层参数度量说明

3.3.1.1　F1层参数

F1层参数主要包括foF1、h'F和M(3000)F1三个参数。foF1是F1层的寻常波临界频率。

根据磁离子理论，寻常波和非常波模式描迹之间的频率间隔大约等于fB/2，这里fB是磁旋频率(即电子围绕地磁场旋转的频率)，fB值是随观测站的位置变化而变化的，并与电离层高度有关，在中纬度地区，它大约为1.4MHz。

F1层主要是在夏季白天内出现，它的高度超过大约160km。在中纬度地区，foF1的值随太阳天顶角变化而出现从4到6MHz的变化。

在其他成层的影响下，F1层有时以复杂的方式出现(如TID：行波电离层扰动)，另外相对于地磁暴期间F2层有较大下降来说，F1层倾向于有十分稳定的日变化。

F层的虚高，h'F定义为F层寻常波描迹的最低虚高。

在白天，F层常常分成两层，即F1与F2层，如图3-17所示；在夜间，这两层合在一起成为一层，如图3-18所示。

h'F始终认为是F区记录的任何描迹的最低虚高。这样，在白天h'F=h'F1。

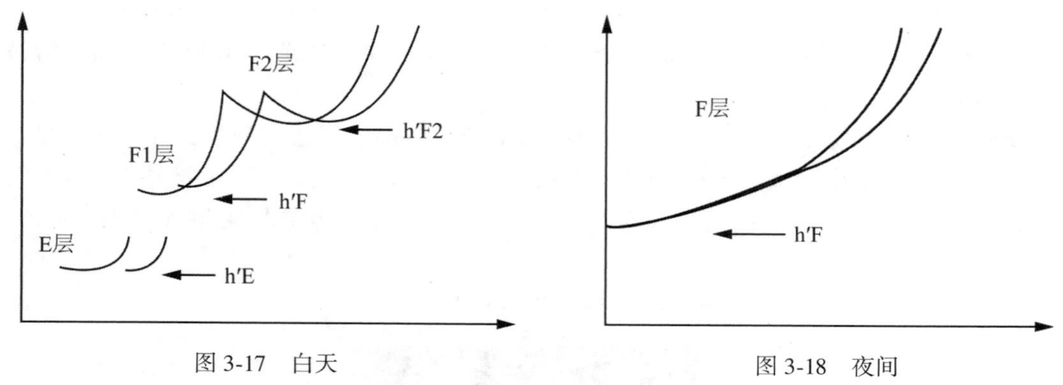

图3-17　白天　　　　图3-18　夜间

M因子(最高可用频率因子)是一个从垂测频率(fo)获得给定距离斜向传播最大可用频率的转换因子，以3000km作为标准传播距离的M因子，称作M(3000)，它通常要附加上反射层的名称来表示，如M(3000)F2或M(3000)F1。

对有关层的一次反射寻常波分量应用的地面距离为3000km的标准传输曲线可获得M(3000)。实际上，M(3000)与MUF(3000)(对于3000km路径长度的最高可用频率)和fo

(垂直投射寻常波临界频率)的关系如图 3-19 所示。

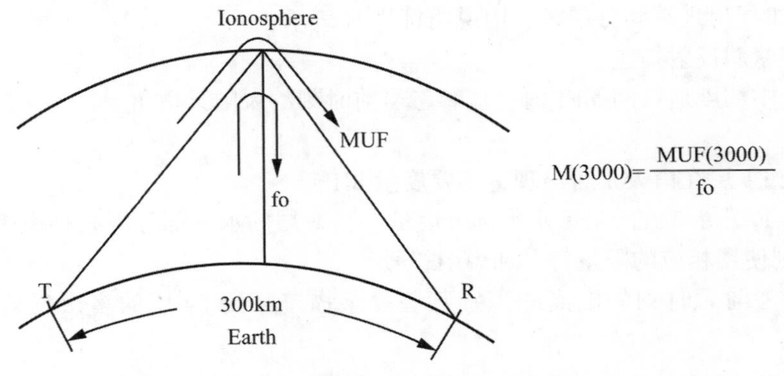

图 3-19 M(3000)与 MUF(3000)的关系

对于不同的反射层：

$$M(3000)F2 = MUF(3000)/foF2$$
$$M(3000)F1 = MUF(3000)/foF1$$

3.3.1.2 度量精度

foF1 的度量精度为 0.1MHz，例如：4.4MHz。

h′F 度量精度 5km，例如：210km 或 255km。

M(3000)F1 的度量精度都为 0.05，例如：4.15。

3.3.1.3 度量值的表示

根据精度规则的要求，foF1、h′F、M(3000)F1 都可以用数字值、带符号的数字值，或仅用符号表示。例如：

1) foF1

foF1 用数字值、带符号的数字值，或仅用符号表示：

(1) L——因为缺乏清楚的尖点，不能获得数字值。

(2) 45S——S 是说明符号(干扰)。

(3) 45UH——U 是限量符号(可疑)，H 为说明符号，它表示各种分层的影响。

2) h′F

(1) A——被 Es 层遮蔽，没看到 F 层描迹。

(2) 250EA——E 是限量符号(小于)，A 是说明符号。

3) M(3000)F1

(1) L——因为缺乏清楚的尖点，不能获得数字值。

(2) 45UR——U 是限量符号(可疑)，R 为说明符号，它表示临频吸收的影响。

3.3.1.4 度量注意事项(F1 部分)

1) foF1

(1) F1 层不是全年的白天都能观测到，因此，foF1 仅在电离图上记录有成形的 F1 层时才度量，当 F1 层不出现时，参数 M(3000)F1 与 h′F1 以及 foF1 在表格栏中都让它们空着。

(2)在 F1 层出现瞬间分层时，用说明符号 H 表示。

(3)不度量斜反射描迹。

(4)度量中纬度地区的 foF1 时，应参考当前时刻的太阳天顶角。

2)h′F

(1)无论 F1 层在白天是否出现，均要度量 h′F。

(2)应从 F 层寻常波的最低水平部分度量，当 F 层的水平部分因某种原因缺失时，应根据精度规则使用相应的限量符号和说明符号。

(3)应参考前后时刻的电离图识别某些复杂描迹，如 Es 层的多次反射或倾斜回波描迹。

3)M(3000)F1

(1)应从 F1 层寻常波度量；

(2)仅在电离图上记录有成形的 F1 层时才度量；

(3)应从 F1 层传输曲线与寻常波描迹相切处度量；

(4)通常，M(3000)F1 的符号应与 foF1 一致，但当出现遮蔽、吸收或空白等情况时，M(3000)F1 的限量符号和说明符号可与 foF1 不同。

【例】

当 foF1=L，则 M(3000)F1=L；

当 foF1=48(被 Es 描迹遮蔽)，则 M(3000)F1=A；

当 foF1=52(大的吸收)，则 M(3000)F1=B；

当 foF1=46UY(F1 空白)，则 M(3000)F1=Y。

3.3.2　F1 层描迹的不同情况及其实例解释

F1 层描迹包括 F1 层典型电离图、F1 层分层不充分、F1 层临频衰减、F1 层被 Es 层遮蔽、F1 层空白、机器造成 F1 描迹缺失、描迹超出机器下限(频率下限)、F1 层吸收、附加层 F0.5、附加层 F1.5、F1 层异常描迹(F1 层瞬时分层)及 F1 层倾斜描迹等 12 类不同情况。

3.3.2.1　F1 层典型电离图

典型电离图包括出现 F1 层的典型的白天电离图和没有 F1 层的典型的白天电离图。出现 F1 层的典型的白天电离图是指白天 F1 与 F2 层完全分层。在 F1 层的临界频率上，看到形状很好的弯曲点，foF1 能按精度规则要求、不须外推足够精确地度量出来。没有 F1 层的典型的白天电离图是指日出后或日落前 1~2 小时、较高的中纬度站在冬季时间，观测不到 F1 层的白天的电离图。

3.3.2.2　F1 层分层不充分

F1 层没有完全形成、F1 与 F2 层之间没有明显的弯曲点，使度量受到影响或不能取值。通常应按精度规则加相应的限量符号和说明符号 L，或仅注符号 L。

3.3.2.3 F1 层临频衰减

F1 层随频率的增加，描迹朝向高频变弱或消失。描迹的消失部分，认为是遭到了偏畸吸收的影响(符号 R)。foF1 的度量随消失部分的频率间隙而定，基本原理按精度规则去做。foF1 可度量为(foF1)R 或(foF1)UR、(描迹上端)DR 或仅注符号 R。

3.3.2.4 F1 层被 Es 层遮蔽

由于较低高度上的薄层(Es 层)的出现使 F1 层的参数度量值受到影响或不能读取度量值，可解释为 F1 层描迹被 Es 遮蔽。通常应按精度规则加相应限量符号和说明符号 A，或仅注符号 A。

3.3.2.5 F1 层空白

白天的电离图中，观测到正规 E 层范围有时延伸到 F1 层的最高部分，F1 描迹变弱或在电离图上突然消失。这种“空白”效应通常应按精度规则加相应的限量符号和说明符号 Y，或仅注符号 Y。

3.3.2.6 机器造成 F1 描迹缺失

因干扰或机器故障导致 F1 层描迹部分或全部消失，对 F1 层部分或全部参数的度量产生影响。通常应按精度规则加相应限量符号和说明符号 S 或 C。

3.3.2.7 描迹超出机器下限(频率下限)

描迹超出机器下限(频率下限，TYC 探测仪为 1.0MHz)，根据描迹低于下限的不同位置，度量值要加说明符号 E。如 h′F 频率下限 1.0MHz 处未水平，h′F 度量要加相应的限量符号和说明符号 E。

3.3.2.8 F1 层吸收

由于太阳耀斑的爆发导致 fmin 值增高，造成 F1 层描迹部分或全部消失，影响参数度量。通常应加说明符号 B。

3.3.2.9 附加层 F0.5 层

在 h′Es 附近出现，F1 层底部多出的一个层且连着 F1 层，临频低于 foF1，与此同时没有改变 F1 层最大值的连续性。图 3-20 为 F0.5 层实测图。

3.3.2.10 附加层 F1.5 层

在 F1 层与 F2 层之间出现，F2 层底部多出的一个层且连着 F2 层，临频低于 foF2，与此同时没有改变 F2 层最大值的连续性(正规层的高度)。图 3-21 为 F1.5 层实测图。

3.3.2.11 F1 层瞬时分层

F1 层瞬时描迹指以下两种情况：

(1)在 h′Es 附近出现，从 F1 描迹分离出的描迹，从正规层高度的连续性看，应处理为 F 层的描迹。表现为 E 层、Es 层之上 F1 层之下与主描迹相脱离而形成的独立描迹；

(2)在日出日落期间 F1 层不存在时，与 F 层描迹相连续的分层描迹。也描述为 F 层底部多出的时延弯曲点且连着 F 层的描迹(此时延尖点或拐点不用正规度量)。

3.3.2.12 F1 层倾斜描迹

由电离层南北方向倾斜造成 F1 层 O 波与 X 波不相似，通常用说明符号 H 表示。

以下表 3-29~表 3-40 对上述每一种描迹情况结合观测实例分别进行度量解释。

P. Nenovski et al.: Ionospheric transients prior to earthquake activity in Italy　　1201

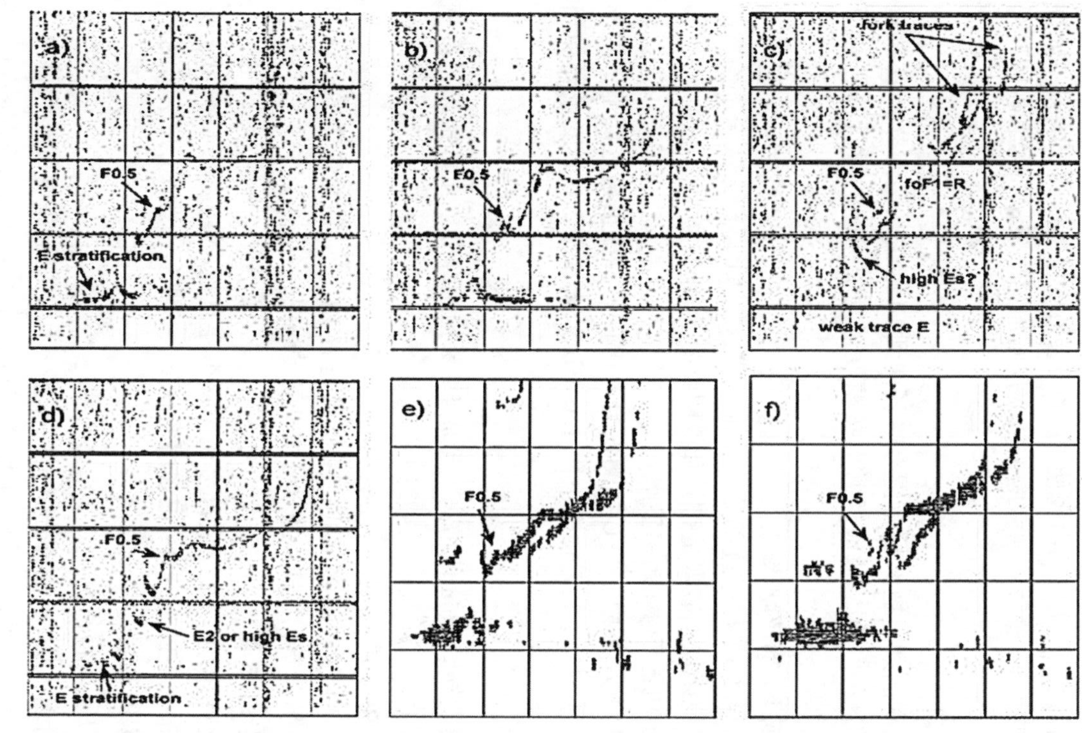

Fig. 5. Ionograms recorded on 12 October 1997 at Rome at (a) 09:00, (b) 10:00, (c) 11.00, and (d) 12:00 UT, and at Sofia at (e) 09:00, and (f) 11:00 UT. Grid lines are spaced 100 km vertically and 1 MHz horizontally. At Rome, an F0.5 layer is visible in all the ionograms; at 11:00 UT, weak (practically absent) E region, Es layer of type h, and F2 fork traces are visible. At 12:00 UT (after the EQ shock) the E region appears with stratification, while high E2 or Es region persists. At Sofia, E region and F0.5 layer traces are well formed without effects of stratification and non-deviative and deviative absorption. The F2 fork traces observed at Rome are not visible at Sofia.

图3-20　F0.5层图例①

① P Neno Vski, C Spassov, M Pezzopane, et al. Ionospheric transients observed at mid-latitudes prior to earthquake activity in Central Italy［J］. Net. Hazards Earth Syst Sci, doi:10.5194/nhess-10-1197, 2010.

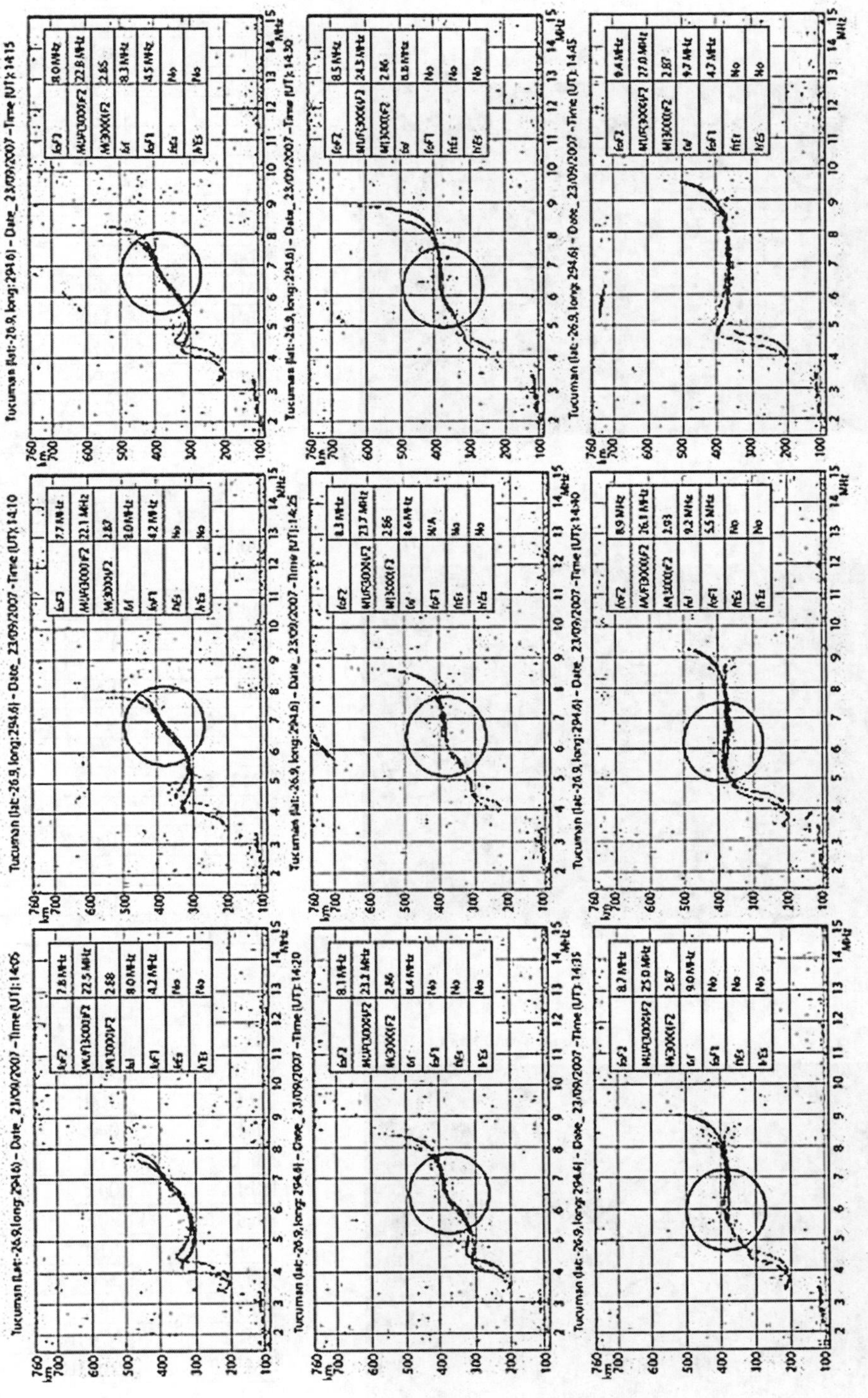

Fig. 5. **Ionograms recorded on 23 September 2007 from 14:05 to 14:45 UT by the AIS-INGV ionosonde installed at Tucumán, and autoscaled by Autoscala. In all but the first and last, development and decay of a F1.5 additional stratification are highlighted using open circles.**

图3-21　F1.5层图例①

①M Pezzopane, E Zuccheretti, C Bianchi, et al. The new ionospheric station of Tucuman: first results [J] .Ann Geophys, 2007, 50(3):483-492.

表 3-29　　**F1 层典型电离图**

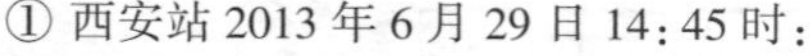
① 西安站 2013 年 6 月 29 日 14：45 时：

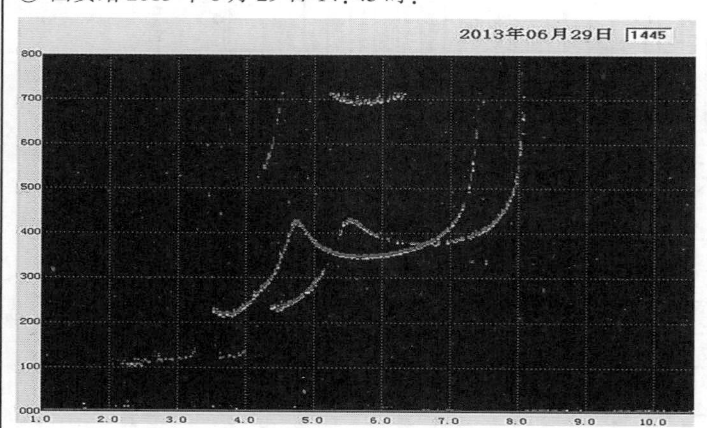

参数	结果
fmin	022
h′E	100
foE	330
foEs	033EG
h′Es	G
fbEs	033EG
h′F	215
foF1	480
M3F1	360
h′F2	340
foF2	074
M3F2	290
fxI	081-X
Es-type	

② 伊犁站 2013 年 3 月 13 日 17：15 时：

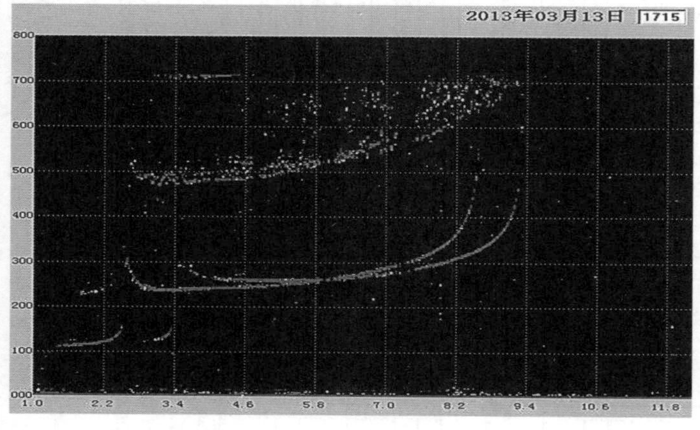

参数	结果
fmin	014
h′E	110
foE	250
foEs	025EG
h′Es	G
fbEs	025EG
h′F	235
foF1	
M3F1	
h′F2	
foF2	086
M3F2	320
fxI	093-X
Es-type	

③ 新乡站 2013 年 8 月 4 日 11：30 时：

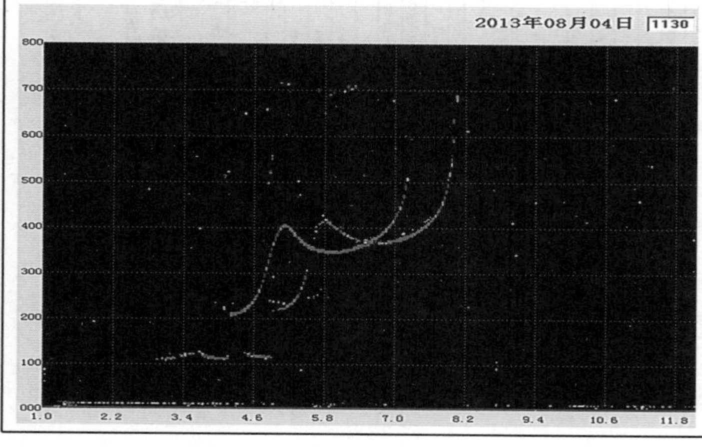

参数	结果
fmin	031
h′E	110
foE	360
foEs	042
h′Es	110
fbEs	042
h′F	205
foF1	510
M3F1	380
h′F2	345
foF2	074JR
M3F2	265JR
fxI	081-X
Es-type	c1

F1 层典型电离图

【1】观测结果：虽然没有观测到 Es 层描迹，但这是典型的夏季电离图，E、F1 与 F2 层完全分层。

解　　释：因在 F1 层的临界频率上，看到形状很好的弯曲点，foF1 能按精度规则要求的足够精确地度量出来。因此，h′F 和 M3F1 正常度量。所以，

h′F = 215；foF1 = 480；M3F1 = 360

【2】观测结果：8.6MHz 处的时延对应于 foF2，这是没有出现 F1 层的典型白天电离图。

解　　释：F1 层仅除在日出后或日落前 1～2 小时以外的白天观测到，在较高的中纬度站在冬季时间很少观测到 F1 层。F1 层在 3～6MHz 频率范围内。此图是日落前 1～2 小时范围内的电离图，所以 foF1 和 M3F1 不度量。即

h′F = 235

【3】观测结果：观测到清晰的 E、F1、F2 层及 c 型 Es 层。

解　　释：虽然 F1 层低频时延被 c 型 Es 遮蔽，但并未对 h′F 的度量造成影响，M3F1 也能运用拟合传输曲线准确度量，所以 h′F 和 M3F1 数值可正常取值。在 F1 层的临界频率上能观测到很好的弯曲点，foF1 能按精度规则直接度量出来。即

h′F = 205；foF1 = 510；M3F1 = 380

表 3-30　　　　　　**F1 层分层不充分**

① 苏州站 2013 年 1 月 1 日 11：00 时：

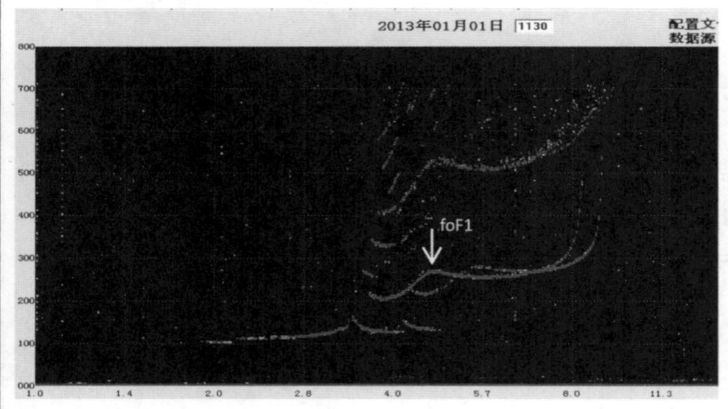

参数	结果
fmin	020
h′E	110
foE	340
foEs	042
h′Es	125
fbEs	036
h′F	200
foF1	470UL
M3F1	390UL
h′F2	250
foF2	084
M3F2	340
fxI	090-X
Es-type	c2l1

② 拉萨站 2013 年 5 月 10 日 08：45 时：

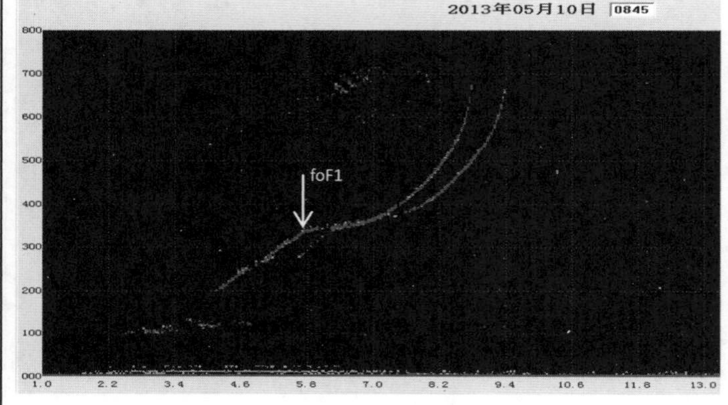

参数	结果
fmin	025
h′E	100-H
foE	350-R
foEs	043
h′Es	115
fbEs	041
h′F	200-A
foF1	570DL
M3F1	345EL
h′F2	335-L
foF2	088
M3F2	265
fxI	095-X
Es-type	c1

③ 苏州站 2013 年 1 月 2 日 12：15 时：

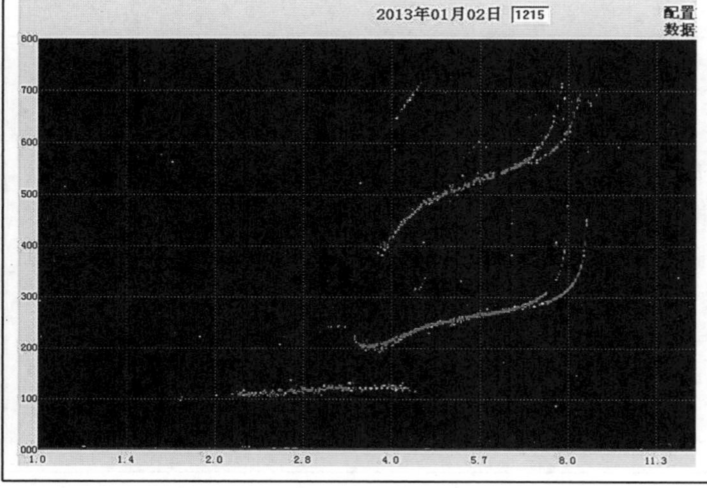

参数	结果
fmin	021
h′E	105
foE	A
foEs	039JA
h′Es	110
fbEs	034
h′F	190
foF1	L
M3F1	L
h′F2	265-L
foF2	080
M3F2	330
fxI	086-X
Es-type	c1

F1 层分层不充分

【1】观测结果：F1 层中的 foF1 尖角没有完全展开，但 F2 层描迹有水平部分。

解　　释：foF1 尖角没有完全展开，在 4.7MHz 处 foF1 的弯曲点不典型但可确定。根据度量 foF1 和 M3F1 时，使用 L 的精度规则中(4)：当 M(3000)传输曲线与 F1 描迹有一个切点时，同时描迹有一个不十分确定的尖点时，度量应取极大值加限量符号 U 和说明符号 L。所以：foF1 = 470UL，M3F1 = 390UL。此图中 F1 层描迹有水平部分，h′F 直接度量，h′F = 200。最后，

h′F = 200；foF1 = 470UL；M3F1 = 390UL

【2】观测结果：F1 层没有完全形成，没有观测到较清晰的弯曲点。

解　　释：虽然 F1 层没有观测到较清晰的弯曲点，但 F2 层描迹没有完全水平，foF1 可从大约 5.7MHz 处弯曲点度量。根据精度规则：当 M3 传输曲线与 F1 描迹有一个切点时，但 F2 描迹没有完全水平时，度量 foF1 应取最可几值加限量符号 D 和说明符号 L；而 M3F1 应读切点处因子值加限量符号 E 和说明符号 L；F1 层低频端被 c 型 Es 遮蔽而不水平，h′F 需要加说明符号 A。所以，

h′F = 200-A；foF1 = 570DL；M3F1 = 345EL

【3】观测结果：F 区分层不充分，没有观测到较清晰的弯曲点，Es 描迹是 c 型。

解　　释：当 F 描迹从 F1 到 F2 的过渡是圆滑和难以确定时，则在估算 foF1 最可几值其误差将超过 20%时，foF1 和 M3F1 只注说明符号 L。所以，

foF1 = L；M3F1 = L

表 3-31 **F1 层临频衰减**

① 拉萨站 2013 年 7 月 3 日 12:00 时:

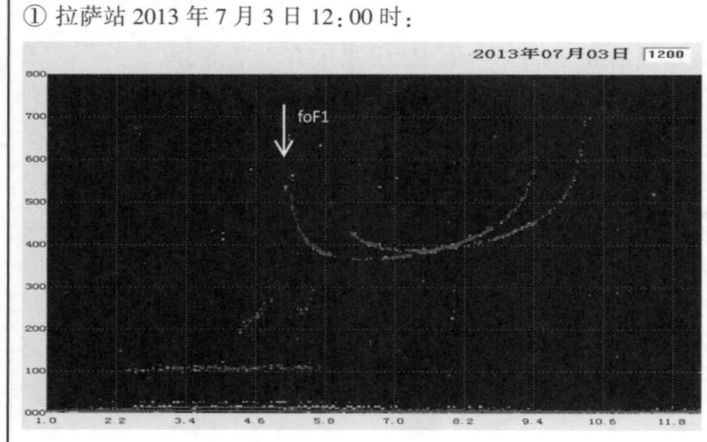

参数	结果
fmin	024
h'E	A
foE	A
foEs	049JA
h'Es	095
fbEs	043
h'F	190-A
foF1	500-R
M3F1	410-R
h'F2	360
foF2	095
M3F2	270
fxI	102-X
Es-type	l1

② 兰州站 2013 年 6 月 29 日 13:00 时:

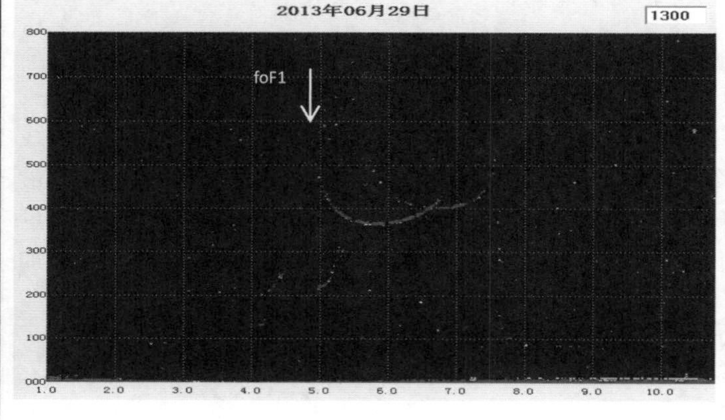

参数	结果
fmin	043
h'E	B
foE	B
foEs	043EB
h'Es	B
fbEs	043EB
h'F	210-H
foF1	480UR
M3F1	395UR
h'F2	360
foF2	069
M3F2	295
fxI	076-X
Es-type	

③ 长春站 2012 年 7 月 14 日 08:30 时:

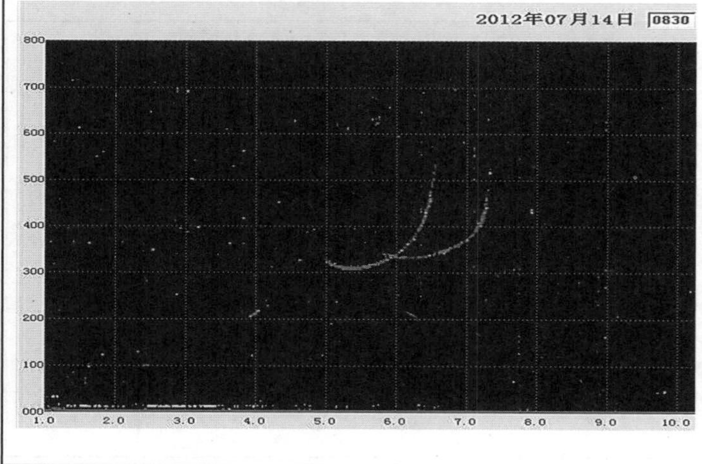

参数	结果
fmin	039
h'E	B
foE	B
foEs	039EB
h'Es	B
fbEs	039EB
h'F	205-B
foF1	R
M3F1	R
h'F2	305
foF2	066
M3F2	325
fxI	073-X
Es-type	

F1 层临频衰减

【1】观测结果：F1 层底部描迹被 l 型 Es 遮蔽，高于 4.9MHz 的描迹未出现。

解　　释：描迹的消失部分，被认为是遭到了偏畸吸收的影响(符号 R)。因偏畸吸收是随频率的升高而增加，所以描迹向高频变弱。foF1 的度量应随消失部分的频率间隙而定，根据临界频率的精度规则中(1)条，由于不确定性的总宽度 $a \leqslant 2\Delta$，则度量值取最可几值加说明符号，不加限量符号。F1 层低部描迹被 l 型 Es 遮蔽，所以 h′F 根据虚高的精度规则要注说明符号 A。所以，

h′F = 190A；foF1 = 500-R；M3F1 = 410-R

【2】观测结果：F1 层在 4.5~4.9MHz 的描迹消失。

解　　释：F1 层高频端描迹因衰减而消失，认为 foF1 的最可几值为 4.8MHz，外推了 3Δ，为 4.8MHz 的 6%，因为 $2\% < b \leqslant 10\%$，数字值应附带限量符号 U 和说明符号 R，M3F1 应与 foF1 的符号保持一致。F1 层低频端有小分层，根据精度规则，h′F 数字值应加说明符号 H。所以，

h′F = 210-H；foF1 = 480UR；M3F1 = 395UR

【3】观测结果：仅在 3.9MHz 到 4.1MHz 频率范围观测到 F1 层描迹，低频端因吸收而未发展完全。

解　　释：频率范围在 4.1MHz 到 5.0MHz 的描迹因衰减(R)而消失，不确定性总宽度为 9Δ。根据临界频率的精度规则，无论是夹逼法($a > 5\Delta$)还是外推法，foF1 都不取值，仅注说明符号。F1 层低频端因吸收而不水平，根据精度规则，h′F 数字值应加说明符号 B。所以，

h′F = 205-B；foF1 = R；M3F1 = R

表 3-32　　**F1 层被 Es 层遮蔽**

① 苏州站 2013 年 5 月 14 日 11:10 时:

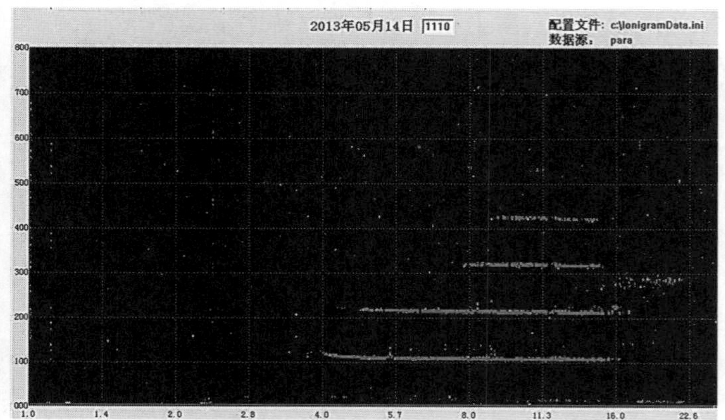

参数	结果
fmin	040
h'E	B
foE	B
foEs	150JA
h'Es	105
fbEs	150AA
h'F	A
foF1	A
M3F1	A
h'F2	A
foF2	A
M3F2	A
fxI	A
Es-type	l4

② 苏州站 2013 年 6 月 11 日 11:30 时:

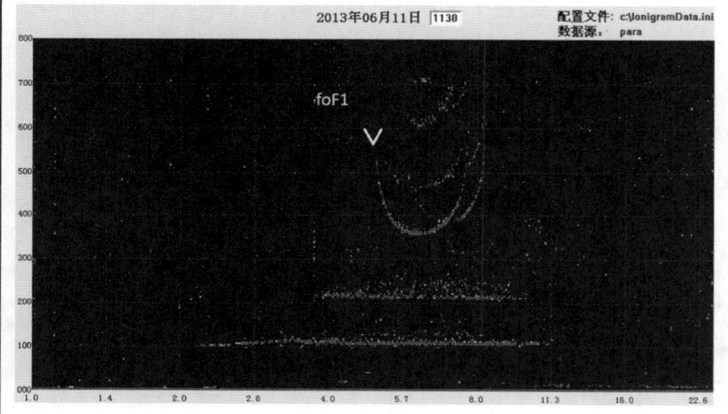

参数	结果
fmin	022
h'E	100
foE	A
foEs	102JA
h'Es	110
fbEs	050
h'F	A
foF1	500UA
M3F1	A
h'F2	355
foF2	077
M3F2	285
fxI	083-X
Es-type	c2

③ 苏州站 2013 年 5 月 15 日 09:15 时:

2013年05月15日 0915
配置文件: c:\Ion
数据源: para
800
700
600
500
400
300
200
100
000
1.0
1.4
2.0
2.8
4.0
5.7
8.0
11.3
16.0

参数	结果
fmin	023
h'E	105
foE	370
foEs	070JA
h'Es	110
fbEs	058
h'F	A
foF1	A
M3F1	A
h'F2	315
foF2	089
M3F2	285
fxI	095-X
Es-type	c4

F1 层被 Es 层遮蔽

【1】观测结果：在预期 F 层描迹的频率范围内，仅记录有 l 型 Es 的多重反射。

解　　释：此图为 F 层描迹被 l 型 Es 完全遮蔽。它延伸至 15.6MHz，F 层回波被认为会出现在这段频率范围内，所以全部 F 区的参数表示为说明符号 A。即

h′F = A；foF1 = A；M3F1 = A

【2】观测结果：F1 层描迹因被 c 型 Es 遮蔽而未被观测到，F2 层低部时延发展良好。

解　　释：F1 层低于 5.0MHz 的描迹被 c 型 Es 遮蔽，h′F 和 M3F1 用说明符号 A 表示；根据时延法获取最可几值的精度规则第(4)条，因 F2 层低频时延发展良好，foF1 可从 F2 层低频端推得，其数字值需加限量符号 U 和说明符号 A。所以，

h′F = A；foF1 = 500UA；M3F1 = A

【3】观测结果：观测到 c 型 Es 层的四次反射，F2 层低频端没有时延。

解　　释：F1 被 c 型 Es 层完全遮蔽，h′F 和 M3F1 用说明符号 A 表示；F2 层低频端也因遮蔽而消失，根据时延法获取最可几值的精度规则第(5)条，foF1 只能用说明符号 A 列表。所以，

h′F = A；foF1 = A；M3F1 = A

表 F1 层被 Es 层遮蔽

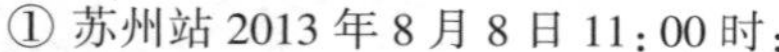
① 苏州站 2013 年 8 月 8 日 11：00 时：

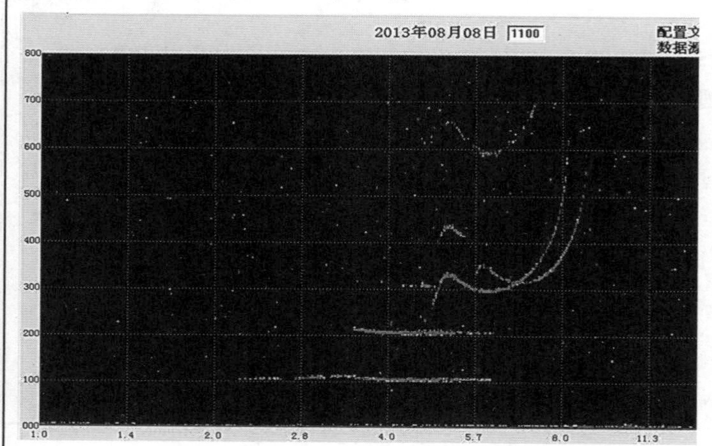

参数	结果
fmin	022
h′E	A
foE	A
foEs	055JA
h′Es	100
fbEs	047
h′F	A
foF1	510-L
M3F1	A
h′F2	295
foF2	082
M3F2	295
fxI	088-X
Es-type	l3

② 苏州站 2013 年 5 月 16 日 11：00 时：

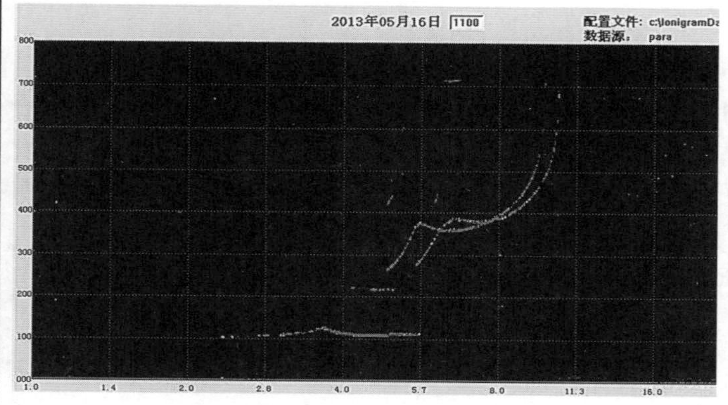

参数	结果
fmin	027
h′E	105
foE	365
foEs	051JA
h′Es	110
fbEs	048
h′F	A
foF1	560-L
M3F1	345-L
h′F2	355
foF2	099JR
M3F2	260JR
fxI	105-X
Es-type	c2

③ 苏州站 2013 年 8 月 8 日 17：00 时：

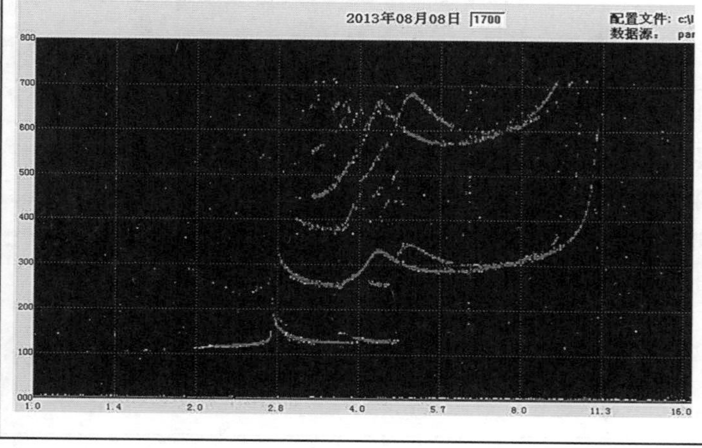

参数	结果
fmin	020
h′E	110
foE	280
foEs	040
h′Es	120
fbEs	037
h′F	255-A
foF1	440-L
M3F1	350-L
h′F2	285
foF2	104
M3F2	295
fxI	110-X
Es-type	c3

F1 层被 Es 层遮蔽

【1】观测结果：在 E 区观测到 l 型 Es，仅观测到部分 F1 层描迹。

解　　释：F1 层低频部分因被 l 型 Es 遮蔽而无法得到 h′F 和 M3F1，只能以说明符号 A 列表。foF1 时延发展清晰未受遮蔽影响，因此可正常度量。所以，

h′F = A；foF1 = 510-L；M3F1 = A

【2】观测结果：低于 4.8MHz 的描迹因被 c 型 Es 层遮蔽而未被观测到。

解　　释：F1 层高频端时延发展良好，foF1 和 M3F1 未受遮蔽影响，可正常度量。h′F 因遮蔽而无法正常度量，只能用说明符号 A 列表。所以，

h′F = A；foF1 = 560-L；M3F1 = 345-L

【3】观测结果：F1 层低频端与 c 型 Es 层二次反射相连，且因遮蔽而未发展完全。

解　　释：F1 层可以从 c 型 Es 层的二次反射中辨别出来，但低频端因遮蔽而不水平，h′F 用说明符号 A 表示，当 F1 层低频端外推 3Δ 时，描迹趋于水平，根据虚高精度规则，当描迹的底端与水平线之间的斜率较小，且外推一般不超过正常值的 3Δ 时，取底端值，不加限量符号；foF1 和 M3F1 未受遮蔽影响可正常度量。所以，

h′F = 255-A；foF1 = 440-L；M3F1 = 350-L

表 3-33　　**F1 层空白**

① 北京站 2011 年 5 月 26 日 13:00 时:

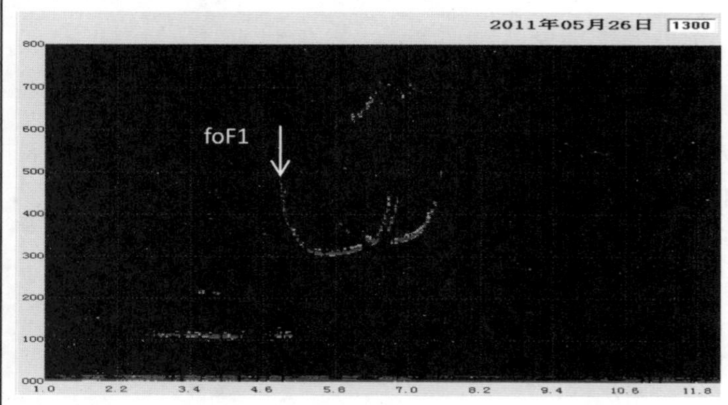

参数	结果
fmin	027
h′E	A
foE	A
foEs	043
h′Es	105
fbEs	043DY
h′F	Y
foF1	490UY
M3F1	Y
h′F2	305
foF2	068-V
M3F2	320-V
fxI	075-X
Es-type	l2

② 新乡站 2012 年 5 月 28 日 08:00 时:

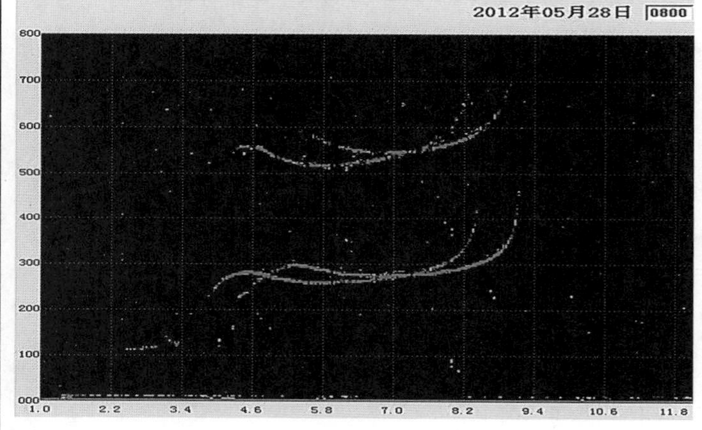

参数	结果
fmin	024
h′E	110
foE	305
foEs	034DY
h′Es	120
fbEs	034DY
h′F	240EY
foF1	450UL
M3F1	Y
h′F2	255
foF2	084
M3F2	340
fxI	091-X
Es-type	c1

③ 北京站 2011 年 6 月 5 日 13:00 时:

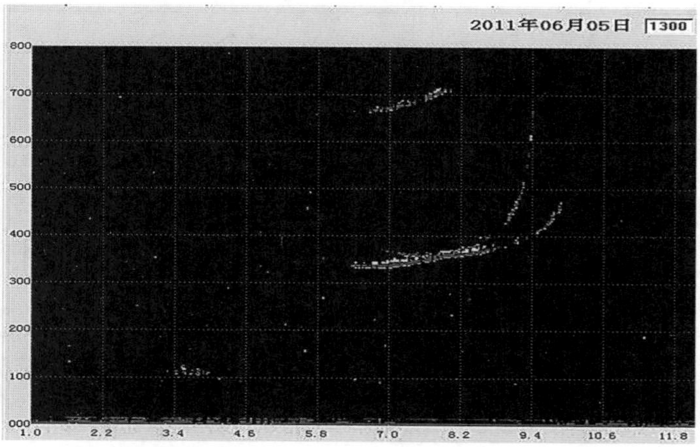

参数	结果
fmin	033
h′E	A
foE	A
foEs	Y
h′Es	105
fbEs	Y
h′F	Y
foF1	Y
M3F1	Y
h′F2	335
foF2	094
M3F2	285
fxI	101OX
Es-type	l1

F1 层空白

【1】观测结果：从 4.3MHz 到 4.9MHz 频率范围内没有描迹记录。

解　　释：因 l 型 Es 层遮蔽不到 F1 层，而出现 F1 层“空白”。F2 层低频端时延发展良好，foF1 可以从 F2 层的低频时延推得。根据时延法获取临频的精度规则，foF1 需用限量符号 U 与说明符号 Y 来表示；h′F 和 M3F1 因“空白”而无法度量，只能用说明符号 Y 列表。所以，

h′F = Y；foF1 = 490UY；M3F1 = Y

【2】观测结果：E 区与 F 区在 3.4MHz 至 3.9MHz 频率范围内出现“空白”。

解　　释：F1 层低频描迹因“空白”而不水平，认为外推至 220km(即外推了 4Δ)处描迹趋于水平，因此根据虚高的精度规则，应在数值后加限量符号 E 和说明符号 Y。F1 层低频端因“空白”而未出现，致使 M3F1 传输曲线不能给出与 F1 描迹的切点，所以 M3F1 用说明符号 Y 表述，即

h′F = 240EY；foF1 = 450UL；M3F1 = Y

【3】观测结果：l 型 Es 层与 F1 层描迹间出现较大“空白”。

解　　释：此图可以观测到 l 型 Es 层与 F 层描迹间出现较大“空白”，有可能出现了严重的层倾斜。若 fbEs 的值比 foEs 大很多(此图为 22Δ)，foEs 和 fbEs 直接用说明符号 Y，F1 层没出现是由于“空白”引起的，因此 h′F、foF1、M3F1 用说明符号 Y 表述。即

h′F = Y；foF1 = Y；M3F1 = Y

表 3-34　　　　**机器造成 F1 描迹缺失**

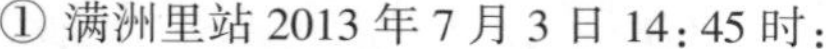
① 满洲里站 2013 年 7 月 3 日 14:45 时:

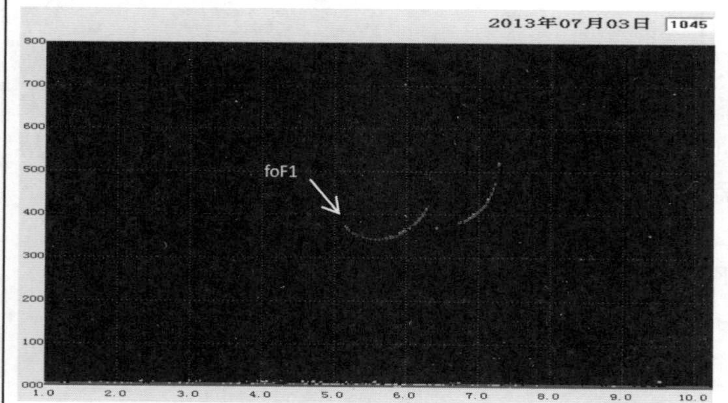

参数	结果
fmin	051EC
h′E	C
foE	C
foEs	051EC
h′Es	C
fbEs	051EC
h′F	C
foF1	510UC
M3F1	C
h′F2	340
foF2	065JR
M3F2	305JR
fxI	073-X
Es-type	

② 满洲里站 2013 年 7 月 4 日 07:15 时:

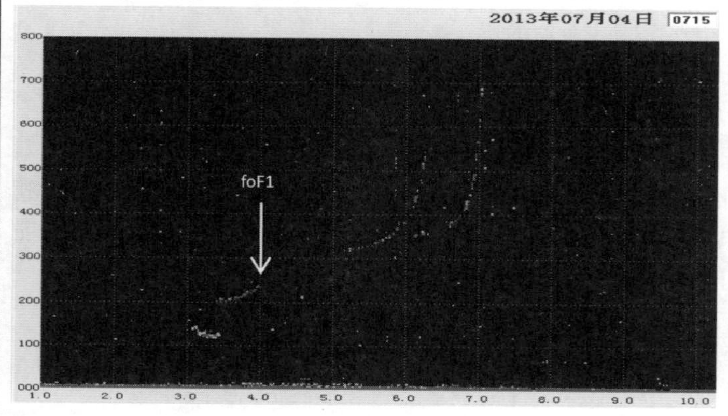

参数	结果
fmin	031EC
h′E	C
foE	310UC
foEs	035
h′Es	115
fbEs	034
h′F	200
foF1	400DC
M3F1	C
h′F2	315
foF2	063
M3F2	310
fxI	071-X
Es-type	c1

③ 满洲里站 2013 年 7 月 3 日 08:00 时:

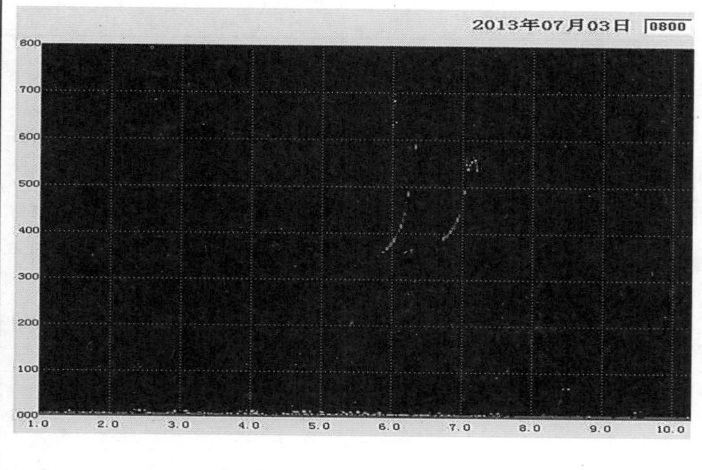

参数	结果
fmin	058EC
h′E	C
foE	C
foEs	058EC
h′Es	C
fbEs	058EC
h′F	C
foF1	C
M3F1	C
h′F2	355EC
foF2	063
M3F2	310
fxI	071-X
Es-type	

机器造成 F1 描迹缺失

【1】观测结果：低于 5.1MHz 描迹因测高仪故障而失去。

解　　释：因测高仪缺陷而未观测到整个 F1 层，但 F2 层低频时延发展良好，foF1 可以从 F2 层低频端推得，需附加限量符号 U 和说明符号 C，而 h'F 和 M3F1 只能以说明符号 C 列表。所以，

h'F＝C；foF1＝500UC；M3F1＝C

【2】观测结果：F 层描迹从 4.0MHz 至 5.1MHz 处因测高仪故障而失去，在 E 区观测到 c 型 Es 的寻常波。

解　　释：高于 4.0MHz 的 F1 层描迹因机器缺陷而消失，认为 foF1 的最可几值为 4.5MHz，外推了 5Δ，约为 4.5MHz 的 11%，因为 $10\%<b<20\%$，数字值应附带限量符号 D 和说明符号 C。M3F1 传输曲线与不能给出与 F1 层描迹的切点，而只是以一个角度与 F1 层描迹相交，M3F1 用说明符号 C 表示。所以，

h'F＝200；foF1＝400DC；M3F1＝C

【3】观测结果：由于测高仪故障，仅观测到 F2 层部分描迹。

解　　释：F1 层因受测高仪故障影响而未被观测到，F2 层没有时延，因此 h'F、foF1、M3F1 无法获得，只能以说明符号 C 列表。所以，

h'F＝C；foF1＝C；M3F1＝C

表 3-35　　　　　　**描迹超出机器下限(频率下限)**

① 伊犁站 2013 年 1 月 8 日 03:15 时：

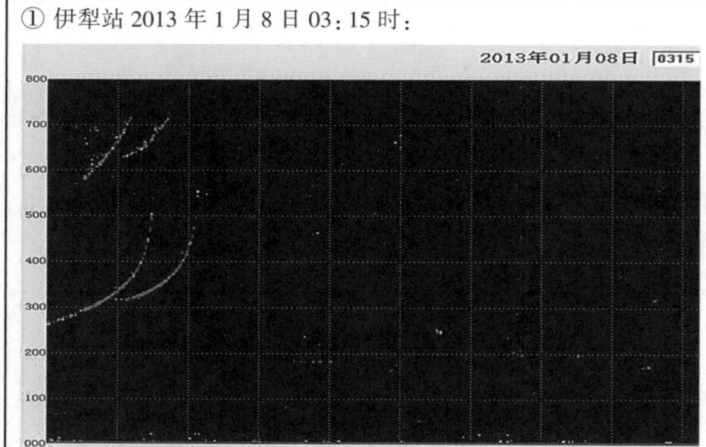

参数	结果
fmin	010EE
h′E	
foE	
foEs	010EE
h′Es	E
fbEs	010EE
h′F	260-E
foF1	
M3F1	
h′F2	
foF2	029
M3F2	285
fxI	036-X
Es-type	

② 广州站 2012 年 12 月 5 日 03:15 时：

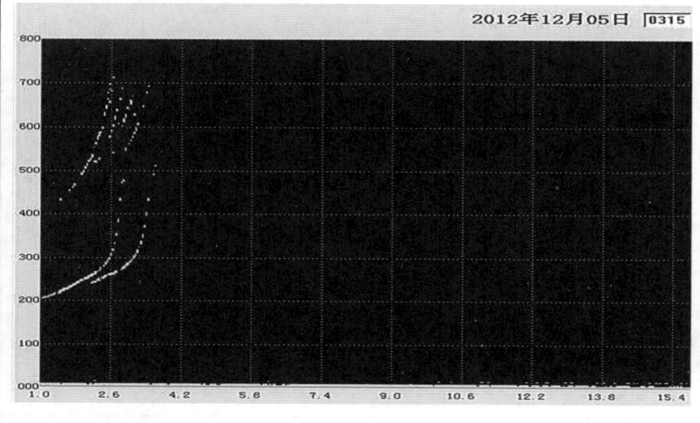

参数	结果
fmin	010EE
h′E	
foE	
foEs	010EE
h′Es	E
fbEs	010EE
h′F	205
foF1	
M3F1	
h′F2	
foF2	030
M3F2	320
fxI	037-X
Es-type	

③ 广州站 2013 年 12 月 5 日 00:00 时：

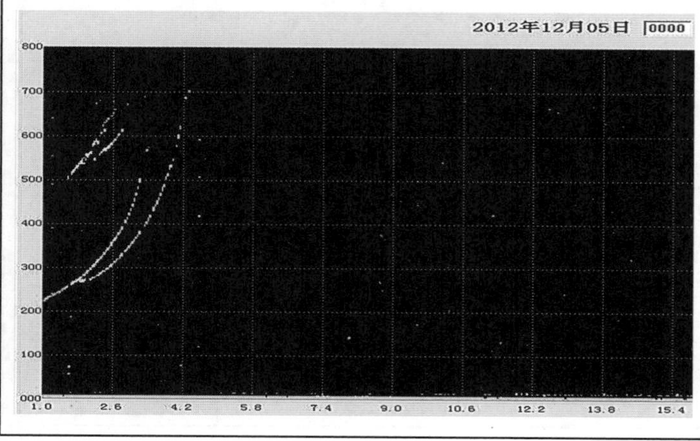

参数	结果
fmin	010EE
h′E	
foE	
foEs	010EE
h′Es	E
fbEs	010EE
h′F	225EE
foF1	
M3F1	
h′F2	
foF2	035JS
M3F2	215JS
fxI	042-X
Es-type	

描迹超出机器下限(频率下限)

【1】观测结果：仅观测到 F 层描迹，低频端达到机器下限，且低频端不水平。

解　　释：由于 F 层描迹低频端不水平，认为外推 1Δ 时，低频描迹趋于水平，因此根据精度规则，其数字值后注说明符号 E。即

h′F = 260-E

【2】观测结果：从测高仪的最低频率的极限(1.0MHz)起观测到 F 层描迹。

解　　释：F 层描迹低频端趋于水平，因机器下限导致的 F 层低频描迹未发展完全，所以未影响到 F 层虚高的取值，h′F 可正常度量。即

h′F = 205

【3】观测结果：仅观测到从起测频率开始的 F 层描迹，低频端描迹未发展完全。

解　　释：当 F 层描迹底端不水平，斜率较大，需外推 3Δ 以上时，低频描迹趋于水平或达到正常值，因此根据虚高的精度规则第(2)条，需在数字值后附加限量符号 E 和说明符号 E 表示。所以，

h′F = 225EE

表 3-36　　**F1 层吸收**

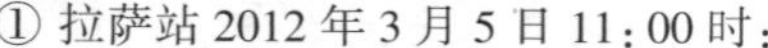

① 拉萨站 2012 年 3 月 5 日 11：00 时：

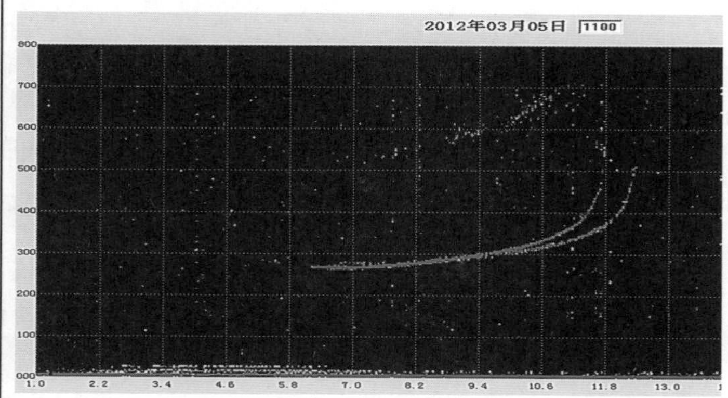

参数	结果
fmin	062
h′E	B
foE	B
foEs	062EB
h′Es	B
fbEs	062EB
h′F	B
foF1	B
M3F1	B
h′F2	260
foF2	118
M3F2	310
fxI	125-X
Es-type	

② 长春站 2013 年 6 月 3 日 15：30 时：

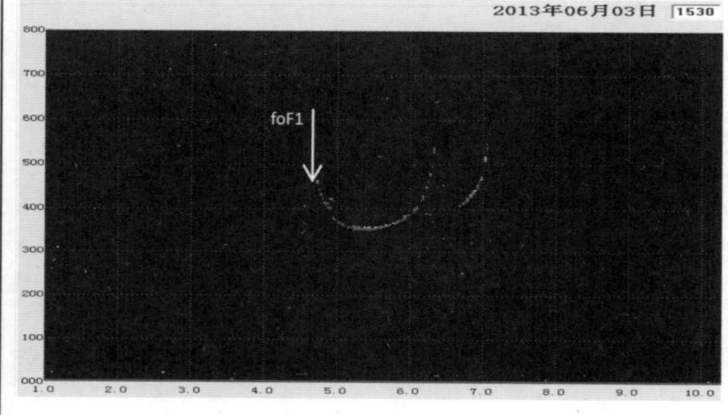

参数	结果
fmin	047
h′E	B
foE	B
foEs	047EB
h′Es	B
fbEs	047EB
h′F	B
foF1	470UB
M3F1	B
h′F2	350
foF2	064
M3F2	295
fxI	071-X
Es-type	

③ 伊犁站 2013 年 5 月 13 日 07：41 时：

参数	结果
fmin	043
h′E	B
foE	B
foEs	043EB
h′Es	B
fbEs	043EB
h′F	255EB
foF1	L
M3F1	L
h′F2	310
foF2	077
M3F2	290
fxI	084-X
Es-type	

F1 层吸收

【1】观测结果：F1 层描迹因吸收而未被观测到消失，F2 层低频描迹趋于水平。

解　　释：低于 6.2MHz 的描迹因吸收而消失，F2 层低频端没有时延，因此 h′F、foF1、M3F1 无法获得，只能用说明符号 B 列表。所以，

h′F=B；foF1=B；M3F1=B

【2】观测结果：因吸收原因，低于 4.7MHz 频率范围的描迹消失。

解　　释：F1 层因吸收而未被观测到，而 F2 层低频时延发展良好，foF1 可以从 F2 层低频时延推得，并附加限量符号 U 和说明符号 B。所以，

h′F=B；foF1=470UB；M3F1=B

【3】观测结果：低于 4.3MHz 频率范围的描迹，受吸收影响而消失。

解　　释：因低于 4.3MHz 频率范围的描迹受吸收影响而消失，认为 F1 层低频端外推至 220km(即 7Δ)时 F1 层描迹趋于水平，根据虚高精度规则，h′F应取值加限量符号 E 和说明符号 B。F1 层临频部分未受到吸收影响，但没有清晰的弯曲点，根据精度规则，foF1 和 M3F1 只能用说明符号 L 表示。所以，

h′F=255EB；foF1=L；M3F1=L

表 3-37 **附加层 F0.5 层**

① 海南站 2012 年 2 月 5 日 16:45 时:

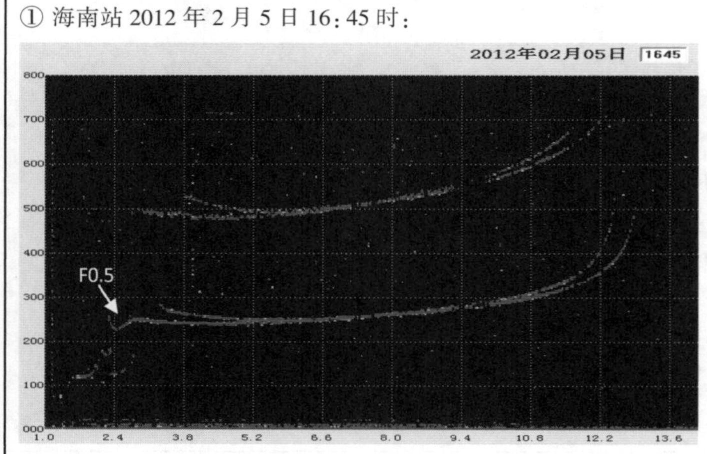

参数	结果
fmin	016
h′E	115
foE	210
foEs	021EG
h′Es	G
fbEs	021EG
h′F	225-H
foF1	
M3F1	
h′F2	
foF2	125
M3F2	315
fxI	130-X
Es-type	

② 广州站 2012 年 2 月 28 日 15:00 时:

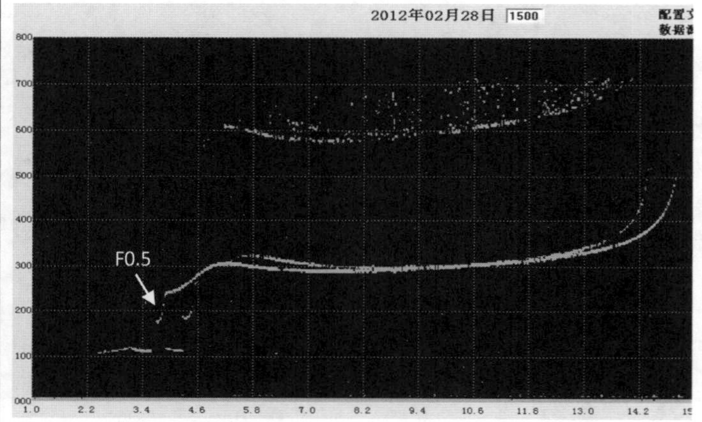

参数	结果
fmin	024
h′E	105
foE	320
foEs	036
h′Es	110
fbEs	036-Y
h′F	170-H
foF1	500UL
M3F1	370UL
h′F2	285
foF2	144
M3F2	310
fxI	151-X
Es-type	c1

③ 广州站 2011 年 11 月 23 日 15:15 时:

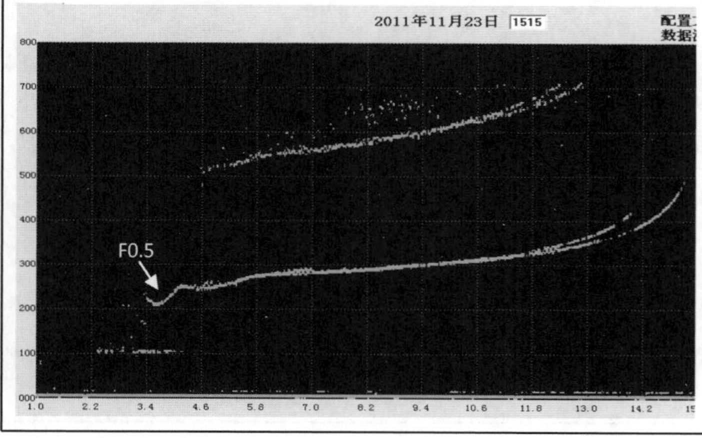

参数	结果
fmin	023
h′E	A
foE	A
foEs	036JA
h′Es	100
fbEs	032
h′F	200-H
foF1	L
M3F1	L
h′F2	275-L
foF2	145JR
M3F2	295JR
fxI	151-X
Es-type	l2h1

附加层 F0.5 层

【1】观测结果：日落前，在 F 区低端观测到小分层。
解　　释：这个瞬时分层不应是 F1，因为从图形前后序列看，F1 层的频率不应这么小(2.8MHz)，且此时应在不分层的时段。故判断这个瞬时分层为 F0.5 层，为了体现 F0.5 的存在，我们在度量 h′F 时要用说明符号 H 来表示，而在 160~180km 的描迹应是 E2 层。E2、F0.5 等应严格区别，不能作 Es 度量。所以，

h′F = 225-H

【2】观测结果：在 F 区出现了三个层，但中间层成层的时延发展不是十分充分。
解　　释：通过前后序列图比较确定，在 170~250km 出现的描迹是 F0.5 层，F1 与 F2 间描迹没有足够明显的时延突起，说明分层不明显。说明符号 L 的使用同样适用于 foF1 和 M3F1，但一定要用符号 H 在 h′F 度量中体现 F0.5 的存在。所以，

h′F = 170-H；foF1 = 500UL；M3F1 = 370UL

【3】观测结果：在 F 区出现了三个层，层与层之间发展不充分。
解　　释：F1 与 F2 间描迹没有时延突起，说明分层很不明显，符号 L 适合使用。所以，foF1 = L 和 M3F1 = L，但为了体现 F0.5 的存在，在 h′F 度量中一定要用符号 H，即

h′F = 200-H；foF1 = L；M3F1 = L

附加层 F0.5 层

① 新乡站 2009 年 7 月 8 日 17:00 时：

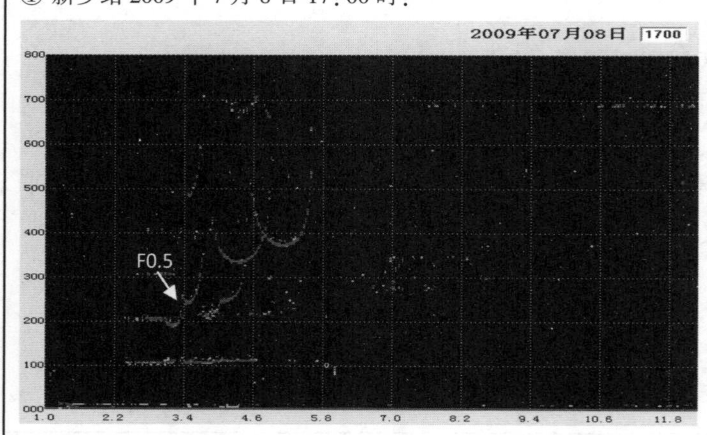

参数	结果
fmin	024
h′E	A
foE	A
foEs	040JA
h′Es	100
fbEs	031
h′F	185-H
foF1	380
M3F1	400UH
h′F2	330
foF2	049
M3F2	315
fxI	056-X
Es-type	l3

② 苏州站 2011 年 9 月 14 日 13:30 时：

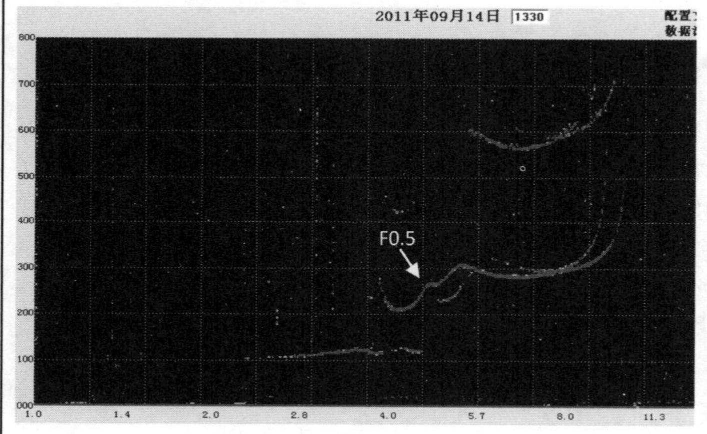

参数	结果
fmin	023
h′E	105
foE	350-A
foEs	039
h′Es	115
fbEs	038
h′F	205-H
foF1	530-L
M3F1	360-L
h′F2	280
foF2	093
M3F2	320
fxI	099-X
Es-type	c2

③ 海南站 2012 年 2 月 5 日 13:30 时：

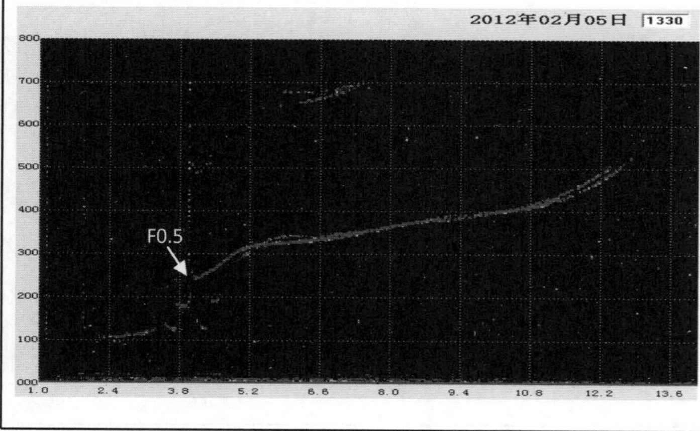

参数	结果
fmin	023
h′E	105
foE	340-R
foEs	038
h′Es	120-G
fbEs	037
h′F	175-H
foF1	520DL
M3F1	L
h′F2	375-H
foF2	129UR
M3F2	260UR
fxI	135UX
Es-type	c1

附加层 F0.5 层

【1】观测结果：在 F 区出现了三个成形比较好的层。

解　　释：根据前后序列图比较，下图是后序图，可看出 foF1 的值在 4.0MHz 左右，h′F 在 240km 附近，foF2 的值在 5.0MHz 左右、h′F2 在 300km 附近。故断定在 185～240km 出现的描迹是 F0.5 层。(只有确定了 F1、F2 层的位置才能确定 F0.5 层或 F3 层的存在) 在度量时为了体现 F0.5 层的存在，我们规定 F 区寻常波描迹的最低虚高 h′F 要附加说明符号 H，并规定根据 F0.5 层对 F1 层的影响程度确定限量符号的使用。在 foF1 发展很好不须符号说明的情况下，M3F1 的说明符号与虚高一致。所以，

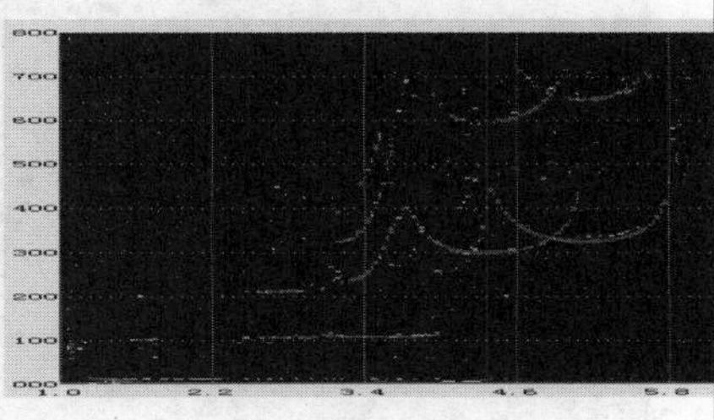

h′F＝185-H；foF1＝380；M3F1＝400UH

【2】观测结果：在 F 区出现了三个层，但中间层成层不是十分完好的，时延发展不充分。

解　　释：通过前后序列图比较，确定在 200～260km 出现的描迹是 F0.5 层，F1 与 F2 间描迹没有足够明显的时延突起，说明分层不明显，说明符号 L 的使用同样适用于 foF1 和 M3F1，但一定要用符号 H 在 h′F 度量中体现 F0.5 的存在。所以，

h′F＝205-H；foF1＝530-L；M3F1＝360-L

【3】观测结果：在 F 区出现了三个层，除最低层外，其余两层之间分层不够明显。

解　　释：通过前后序列图及一天中层的位置特点确定，最低层是 F0.5 层，而不是 E2 层。F1 与 F2 间描迹没有时延突起，说明分层很不明显，但能看出突起处的频率值是 5.2MHz，说明符号 L 适合使用。所以，foF1＝520DL 和 M3F1＝L，但为了体现 F0.5 层的存在，在 h′F 度量中要加符号 H。瞬间分层(此处是 F0.5 层)在 h′Es 附近出现，对 foF1 影响大时，foF1 的值不一定度量，可用符号 H，foF1＝H 和 M3F1＝H，所以

h′F＝175-H；foF1＝520DL；M3F1＝L

附加层 F0.5 层

① 北京站 2010 年 10 月 29 日 13:00 时:

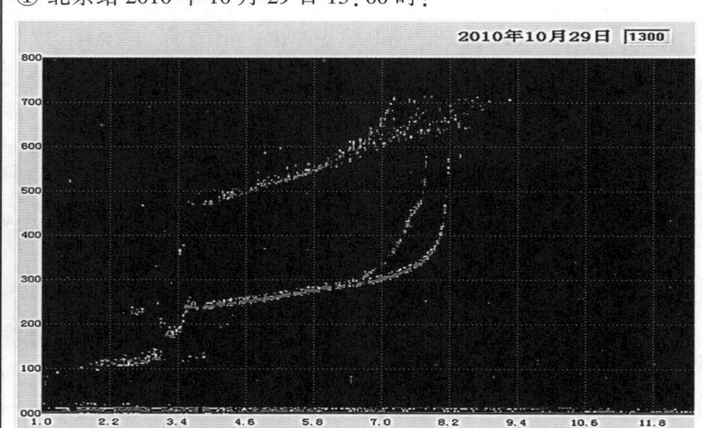

参数	结果
fmin	020
h′E	105
foE	310
foEs	031EG
h′Es	G
fbEs	031EG
h′F	170-H
foF1	L
M3F1	L
h′F2	L
foF2	075JH
M3F2	325JH
fxI	082-X
Es-type	

② 北京站 2008 年 10 月 25 日 13:00 时:

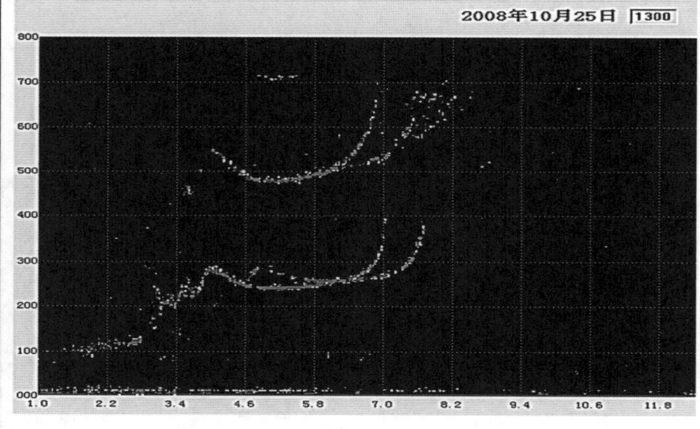

参数	结果
fmin	020
h′E	115
foE	290-R
foEs	029EG
h′Es	G
fbEs	029EG
h′F	200-H
foF1	400
M3F1	410UH
h′F2	235
foF2	070
M3F2	365
fxI	077-X
Es-type	

③ 北京站 2010 年 10 月 12 日 09:45 时:

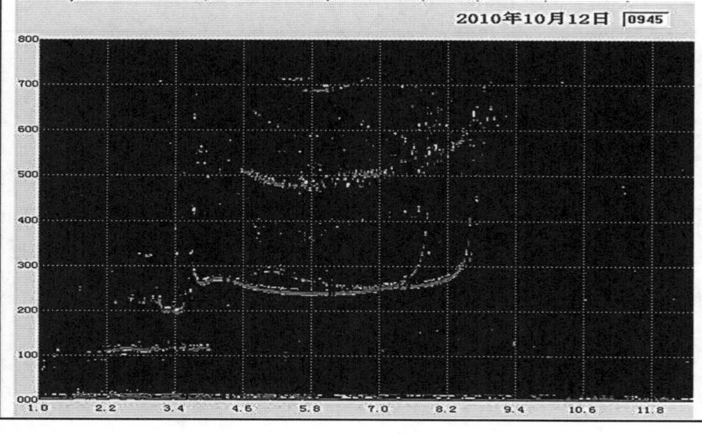

参数	结果
fmin	020
h′E	110
foE	A
foEs	032
h′Es	110
fbEs	032
h′F	195UH
foF1	410-H
M3F1	395UH
h′F2	235
foF2	079
M3F2	370
fxI	086-X
Es-type	c3

附加层 F0.5 层

【1】观测结果：在 F 层低频部分观测到时延较好的分层描迹，拐点 foF0.5=3.6MHz。

解　　释：结合前后序列图分析发现，foF1 大于拐点处的频率值，因此 F 层低频部分的分层描迹为 F0.5 层，而 F1 层和 F2 层之间没有足够明确的时延突起，foF1 和 M3F1 须用 L 列表，h′F 需加说明符号 H 表明 F0.5 层的存在。所以，

h′F=170-H；foF1=L；M3F1=L

【2】观测结果：在 F 层 3.5MHz 处出现分层描迹，foF1=4.0MHz。

解　　释：F0.5 层的存在使得 h′F 受到 F0.5 层时延影响而有疑问，进而影响到 M3F1，但 foF1 的值是可靠的，因此 h′F 需加说明符号 H 表征分层现象，M3F1 须加限量符号 U 和说明符号 H 列表。所以，

h′F=200-H；foF1=400；M3F1=410UH

【3】观测结果：F 层低频部分出现的时延较好的分层描迹引起 F1 层低频部分的变形。

解　　释：F0.5 层影响了 F1 层时延发展，致使 F1 层出现变形，因此 h′F、foF1、M3F1 都受到 F0.5 层的时延影响而有疑问，foF1 须加说明符号 H，h′F、M3F1 须加限量符号 U 和说明符号 H 列表。一般 h′F 加限量符号 U 是在 h′F 的值超过正常值的 5%或 3Δ 的情况下使用。所以，

h′F=195UH；foF1=410H；M3F1=395UH

表 3-38　　　　　　　　　　**附加层 F1.5 层**

① 海南站 2008 年 4 月 27 日 11:30 时:

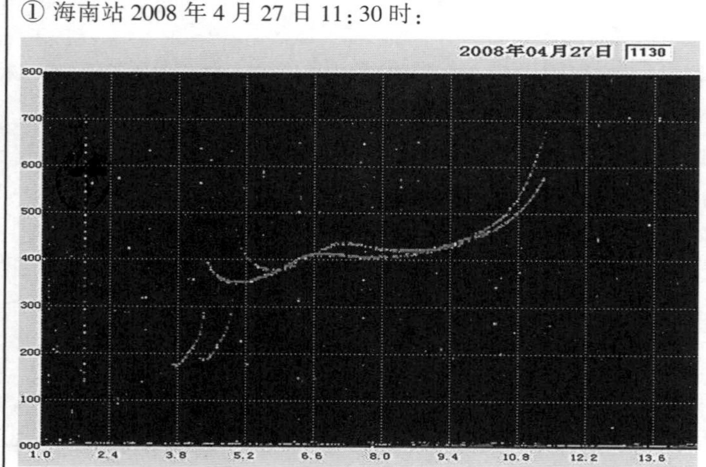

参数	结果
fmin	037
h′E	B
foE	B
foEs	037EB
h′Es	B
fbEs	037EB
h′F	175
foF1	440
M3F1	430
h′F2	400-H
foF2	114
M3F2	250
fxI	120OX
Es-type	

② 海南站 2010 年 12 月 24 日 12:30 时:

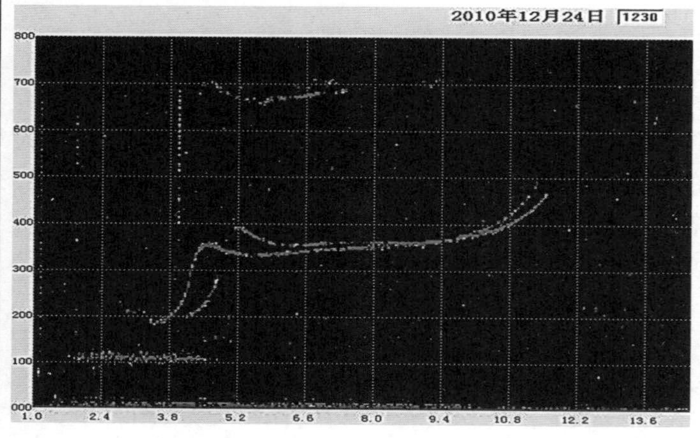

参数	结果
fmin	019
h′E	A
foE	A
foEs	040JA
h′Es	105
fbEs	033
h′F	185
foF1	460-L
M3F1	385-L
h′F2	345-H
foF2	114
M3F2	285
fxI	120OX
Es-type	l2

③ 海南站 2011 年 12 月 07 日 14:00 时:

参数	结果
fmin	019
h′E	110
foE	350-R
foEs	024-G
h′Es	100
fbEs	024-G
h′F	215
foF1	L
M3F1	L
h′F2	415UH
foF2	133
M3F2	245
fxI	137-X
Es-type	l1

附加层 F1.5 层

【1】观测结果：在 350 至 400km 处观测到 F1.5 层。

解　　释：据资料记载，在赤道附近或低纬地区，由于电离层受子午风的影响，易出现 F1.5 层。由于 F1.5 层的特性不要求度量，根据定义："h′F2 是 F 区最高的稳定分层寻常波描迹的最低虚高"，所以我们应比较前后序列图，确定 h′F2 的位置，读取 h′F2 其高度值，并注上符号 H 用于体现 F1.5 层的存在，但 F1.5 层的存在并不会对 F1 层参数产生影响。所以，

h′F = 175；foF1 = 440；M3F1 = 430；h′F2 = 400-H

【2】观测结果：在 360km 左右处观测分层不明显的 F1.5 层。

解　　释：虽然 F1.5 层描迹时延突起很不明显，说明分层特别不明显，但对前后序列图进行比较，可确定有 F1.5 层存在，所以在度量 h′F2 时要加符号 H，而 F1 层参数正常度量即可。所以，

h′F = 185；foF1 = 460-L；M3F1 = 385-L；h′F2 = 345-H

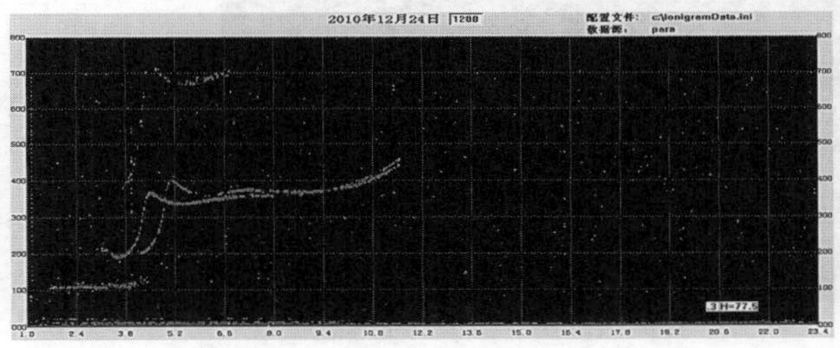

【3】观测结果：在 280 至 415km 处观测到 F1.5 层。

解　　释：F1 层与 F1.5 层间描迹没有明确时延突起，说明分层不明显，符号 L 适用；F1.5 层与 F2 层间描迹也没有时延突起，符号 L 同样适用，但为了体现 F1.5 层的存在，用符号 H 在 h′F2 度量更合适。所以，

h′F = 215；foF1 = L；M3F1 = L；h′F2 = 415UH

注　　意：据相关资料记载太阳活动高年，极易出现 F1.5 层。

表 3-39　　**F1 层瞬时分层**

① 重庆站 2012 年 10 月 28 日 12:30 时：

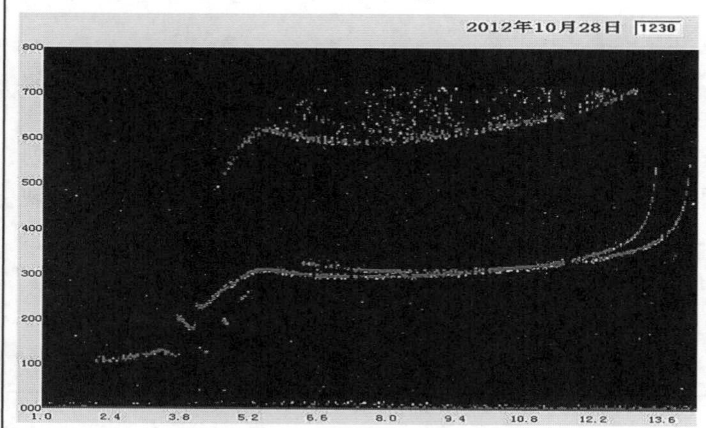

参数	结果
fmin	020
h′E	105
foE	340
foEs	037
h′Es	120
fbEs	037
h′F	180-H
foF1	540-L
M3F1	360-L
h′F2	295
foF2	135
M3F2	305
fxI	142-X
Es-type	c1

② 海南站 2012 年 5 月 22 日 12:30 时：

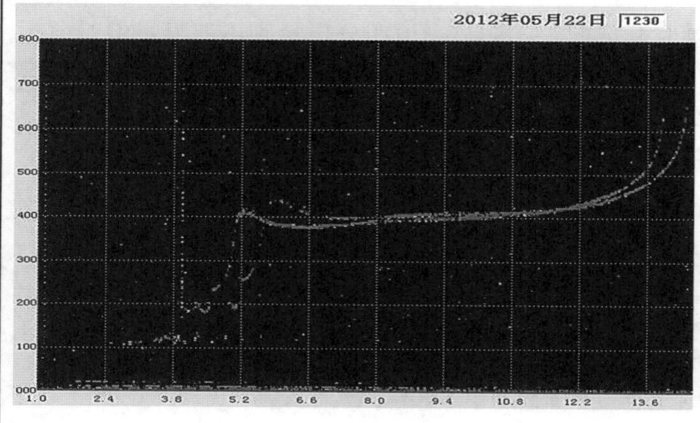

参数	结果
fmin	029
h′E	110
foE	365
foEs	041
h′Es	110
fbEs	040
h′F	185UH
foF1	530
M3F1	405UH
h′F2	390-H
foF2	139
M3F2	260
fxI	145-X
Es-type	c1

③ 昆明站 2012 年 12 月 3 日 07:15 时：

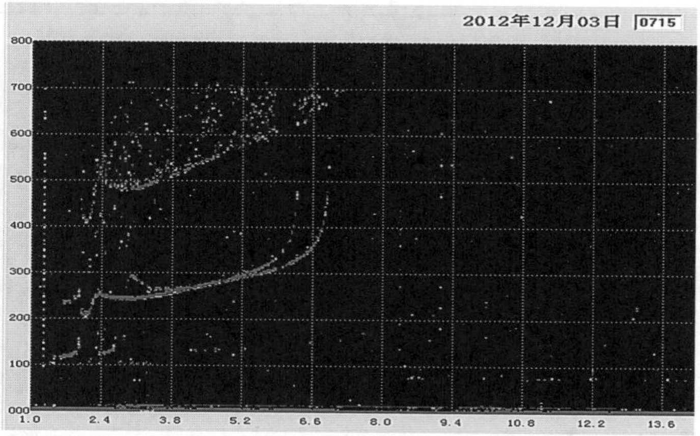

参数	结果
fmin	014
h′E	115
foE	200
foEs	020EG
h′Es	G
fbEs	020EG
h′F	205-H
foF1	
M3F1	
h′F2	
foF2	063
M3F2	320
fxI	069-X
Es-type	

F1 层瞬时分层

【1】观测结果：在 Es 层之上 F1 层之下出现与主描迹相脱离的独立描迹。
解　　释：这个与主描迹相脱离的独立描迹，从正规层高度的连续性看，应为 F1 层的描迹，称为 F1 层瞬时分层。由于分层出现在低频端，不会对 foF1 产生影响，但会对 h′F 产生影响，进而也影响 M3F1，而 foF1 受到 F1 与 F2 之间分层不明显(L)的影响，通常 M3F1 与 foF1 使用的符号相同，因此 h′F 须加说明符号 H，foF1 与 M3F1 须加说明符号 L。所以，

h′F = 180-H；foF1 = 540-L；M3F1 = 360-L

【2】观测结果：在 h′Es 之上 F1 层之下出现与主描迹相脱离的独立描迹。
解　　释：从前后序列图看，这个与主描迹相脱离的独立描迹是 F1 层的瞬时分层。由于瞬时分层出现在低频端，会对 h′F 产生影响，不会对 foF1 产生影响，而对于 M3F1 的度量，当 foF1 发展很好而不需加说明符号时，不管分层是在临界频率附近还是在虚高部分，M3F1 的值总是用 UH 限量和说明，因为瞬时分层总会改变虚高和临频，这种改变对传输曲线与描迹的曲线的切点造成无法估计的误差。因此，M3 数据总是可疑的。M3F1 须加限量符号 U 和说明符号 H，h′F 须加说明符号 H，foF1 直接取值。所以，

h′F = 185UH；foF1 = 530；M3F1 = 405UH

【3】观测结果：日出期间，F1 层不存在，F 层底部出现时延弯曲点。
解　　释：要留心，在白天不要将这样的弯曲点与 foF1 相混淆。F 层底部出现时延弯曲点不是 F1 层而是瞬时分层。由于日出期间，通常情况下 F1 层还没有形成，所以此图中，foF1、M3F1 不需取值，而 h′F 受到时延弯曲点影响应须将符号 H 附加在数字值旁。所以，

h′F = 205-H

表 3-40　　**F1 层倾斜描迹**

① 昆明站 2012 年 12 月 22 日 13:00 时:

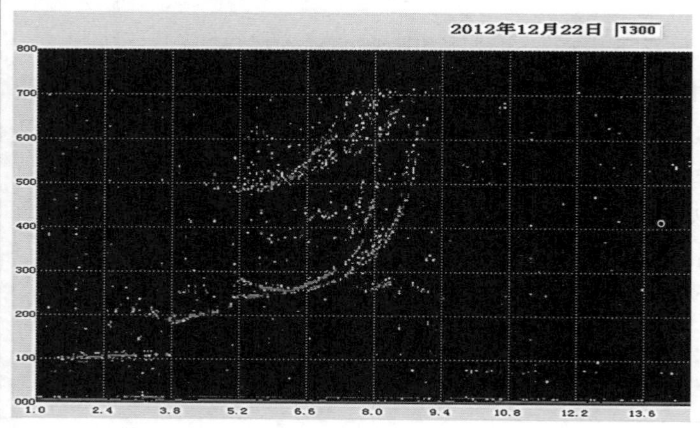

参数	结果
fmin	015
h'E	A
foE	A
foEs	038
h'Es	100
fbEs	037
h'F	185-H
foF1	460JR
M3F1	R
h'F2	240
foF2	083JV
M3F2	315JV
fxI	089-X
Es-type	l1

② 昆明站 2012 年 12 月 27 日 15:00 时:

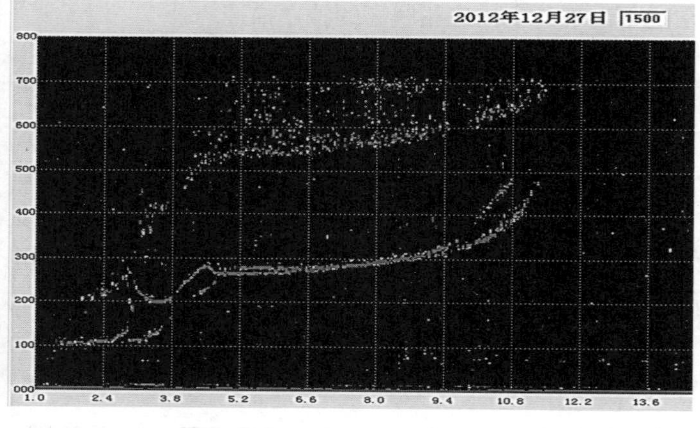

参数	结果
fmin	015
h'E	105
foE	290
foEs	022-G
h'Es	100
fbEs	021-G
h'F	195
foF1	450UH
M3F1	380UH
h'F2	260
foF2	107
M3F2	305
fxI	114-X
Es-type	l2

③ 西安站 2012 年 12 月 24 日 12:30 时:

参数	结果
fmin	017
h'E	110
foE	320
foEs	034
h'Es	155-G
fbEs	033
h'F	200-H
foF1	430UH
M3F1	390UH
h'F2	230
foF2	076-H
M3F2	360UH
fxI	083-X
Es-type	h1

F1层倾斜描迹

【1】观测结果：只观测到了foF1的非常波。

解　　释：F1层的寻常波描迹由于衰减原因不清晰，但能清楚地看到F1层的非常波分量，从非常波可推导出foF1，因此使用限量符号J与说明符号R。即

h′F＝185-H；foF1＝460JR；M3F1＝R

【2】观测结果：F1描迹的寻常波与非常波的形状互不相同。

解　　释：由于倾斜反射的原因，引起两个分量描迹的形状不一致，解释为foF1可疑，在度量foF1时，要附加限量符号U与说明符号H。所以，

h′F＝195；foF1＝450UH；M3F1＝380UH

【3】观测结果：F1描迹的寻常波与非常波的形状互不相同，而且F2层的描迹在临界频率附近显示分层描迹。

解　　释：当寻常波与非常波描迹形状彼此不同时，建议用H代替L。因为东西倾斜反射的可能性大。可以在表述foF1的数字值上附加限量符号U与说明符号H或由好的非常波的形状减半个磁旋频率加限量符号J与说明符号H。所以，

h′F＝200-H

foF1＝(foF1)UH＝440UH或foF1＝(fxF1－fB/2)JH＝440JH

M3F1＝390UH

3.4　F2 层

3.4.1　F2 层参数度量说明

3.4.1.1　F2 层参数

F2 层参数主要包括 foF2、h′F2、M(3000)F2 和 fxI 四个参数。F2 层示意图如图 3-22 所示。

(1)foF2 和 h′F2 分别是 F 区最高稳定层寻常波分量的临界频率和最低虚高，但这个定义对于 foF2 降到小于 foF1 的值的情况无效。众所周知，在地磁暴期间有时发生 G 状况。

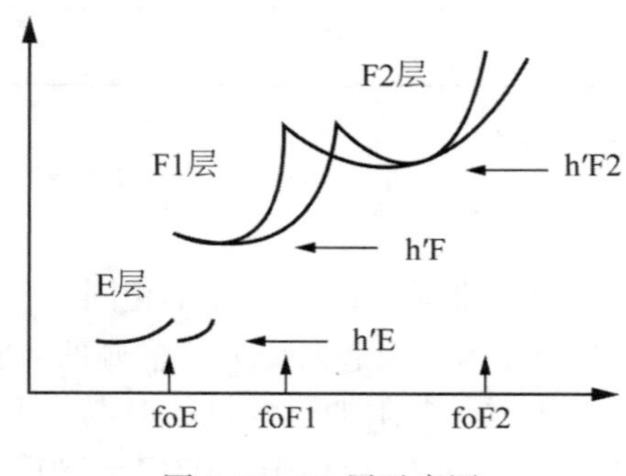

图 3-22　F2 层示意图

(2)M(3000)F2 是 foF2 在距离为 3000km 时的斜向传播最大可用频率的转换因子。对 F2 层的一次反射寻常波分量应用的地面距离为 3000km 的标准传输曲线可获得M(3000)F2。

(3)参数 fxI 定义为记录到的从 F 区(F1 或 F2 层)反射的最高频率，不管它是从垂直方向或是斜的方向的反射(注意：除 fxI 之外，其他参数不从斜反射中度量)，fxI 是表明 F 层散射存在的一个参数，这种散射机理是斜入射传播的一种基本方式。fxI 同样也适用于极区或赤道歧迹，但不适用于地面后向散射的描迹。后向散射示意图如图 3-23 所示。

f_oF_2 被称为 F_2临界频率的反射频率，是指电离层中能够反射无线电波的最高频率，对于高频通信它是最重要的频率，高于f_oF_2 频率的电波则穿透电离层。在电离层中，地球磁场的存在把无线电波分离为两种相反的圆极化波，称为寻常波(O)和非寻常波(X)。O 波、X 波传播是相互独立的，因而在电离图中存在两条描迹。寻常波描迹的参数 f_oE 、foEs、f_oF_1、f_oF_2 中的“o”代表寻常波。非常波 fxE、fxEs、fxF1 和 fxF2 描迹的参数中的“x”代表非常波。当在 F 区不存在扩散回波和斜反射回波时，fxF2 的值度量为 fxI(例如“45-X”，“X”是说明符号，表示 fxI 与 fxF2 相等，不存在扩散回波)。

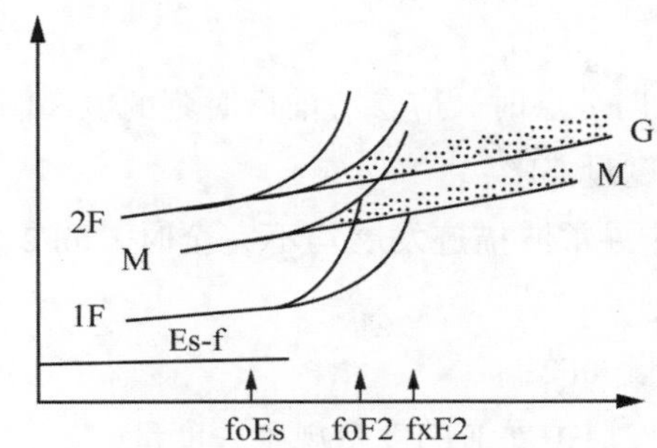

G：地面后向散射，切于 F 层二次反射；M：Es 后向散射，切于 M(2F-Es)描迹。

图 3-23 后向散射示意图

3.4.1.2 度量精度

(1)foF2 度量准确到 0.1MHz(例如 8.2MHz)。

(2)h′F2 度量精度 5km(例如 300km 或 305km)。

(3)M(3000)F2 的度量精度为 0.05(例如 3.15 或 4.20)。

(4)fxI 度量精度是 0.1MHz(例如 4.3MHz)。

3.4.1.3 度量值说明

根据精度规则的要求，foF2、h′F2、M(3000)F2 和 fxI 都可以用带字母符号或不带字母符号的数字值表示，也可只用说明符号表示。例如：

1)foF2

S——由于干扰，不能取得数字值。

32S——存在干扰，不影响数字值的精度。

62US——数字值受到干扰影响，U 是限量符号(可疑)。

2)h′F2

A——表示存在 Es 层遮蔽效应。

L——L 是说明符号，表示 foF1 尖点如此平坦，以致不能精确推导出 F2 层的高度。

310EC——数字值受仪器的某种影响(C)，并且 h′F 有低于 310km 的值。

3)M(3000)F2

S——由于干扰，不能取得数字值。

320S——存在干扰，不影响数字值的精度。

360US——数字值受到干扰影响，U 是限量符号(可疑)。

4)fxI

A——说明符号，表示 F 描迹被 Es 层遮蔽。

93——扩散 F 描迹的最高频率。

45X——X 是说明符号，表示 fxI 与 fxF2 相等，不存在扩散回波。

3.4.1.4　度量注意事项(F2 部分)

1)foF2

(1)当 foF2 附近出现瞬时分层时，应参考前后时刻的电离图辅助度量；

(2)不能从斜反射描迹度量 foF2；

(3)当 F2 层寻常渡和非寻常波描迹发展均不完全时，foF2 应根据精度规则使用相应的限量符号和说明符号；

(4)在任何时刻均应度量 foF2；

(5)当出现扩散时，应按照扩展 F 的度量规则去度量。

2)h′F2：

(1)当没有观测到成形的 F1 层时，不予度量，报表的 h′F2 栏空着；

(2)h′F2 应从 F2 层寻常波的最低水平部分度量；当 F2 层的水平部分因某种原因缺失时，应根据精度规则使用相应的限量符号和说明符号；

(3)当 F2 层向下延伸到 F1 层中，且低频描迹没有水平部分时，应注说明符号 L。在这种情况下，建议在报表备注栏中写上近似的高度范围(绘图用)；

(4)度量 h′F 的规则差不多同样都适用于 h′F2。

3)fxI

(1)fxI 应从测高仪接收机有正常增益时观测到的电离图去度量；

(2)在任何时刻均应度量 fxI；

(3)应从 F 层的最高频率度量；

(4)在 fxI 度量中，说明符号 A、B、C、D、E、G、S 与 Y 都能使用。

fxI 的度量分为下列两种情况：

① 在 F 区有扩散回波和斜反射时，F 区的最高频率就度量为 fxI，包含附加符号。

[例]

fxI=55

当 fxF2=50S ，fxI=50X

当 foI=36，夜间 fxI=(foI+fB/2)OS=42OS；；

白天 fxI=(foI+fB/2)OR=42OR

② 在 F 区不存在扩散回波和斜反射回波时，fxF2 的值度量为 fxI，包括附加符号。

[例]

当 fxF2=49，fxI=(fxF2)X=49X；

当 fxF2=49S，fxI=49X；

当 fxF2=46US，fxI=46UX；

当 fxF2，foF2=S，fxI=fxF2=S；

当 foF2=49，无论 fxF2 有无数字值，fxI=fxF2=(foF2+fB/2)OX=46OX

(5)图 3-24 给出了各种 fxI 度量示例。

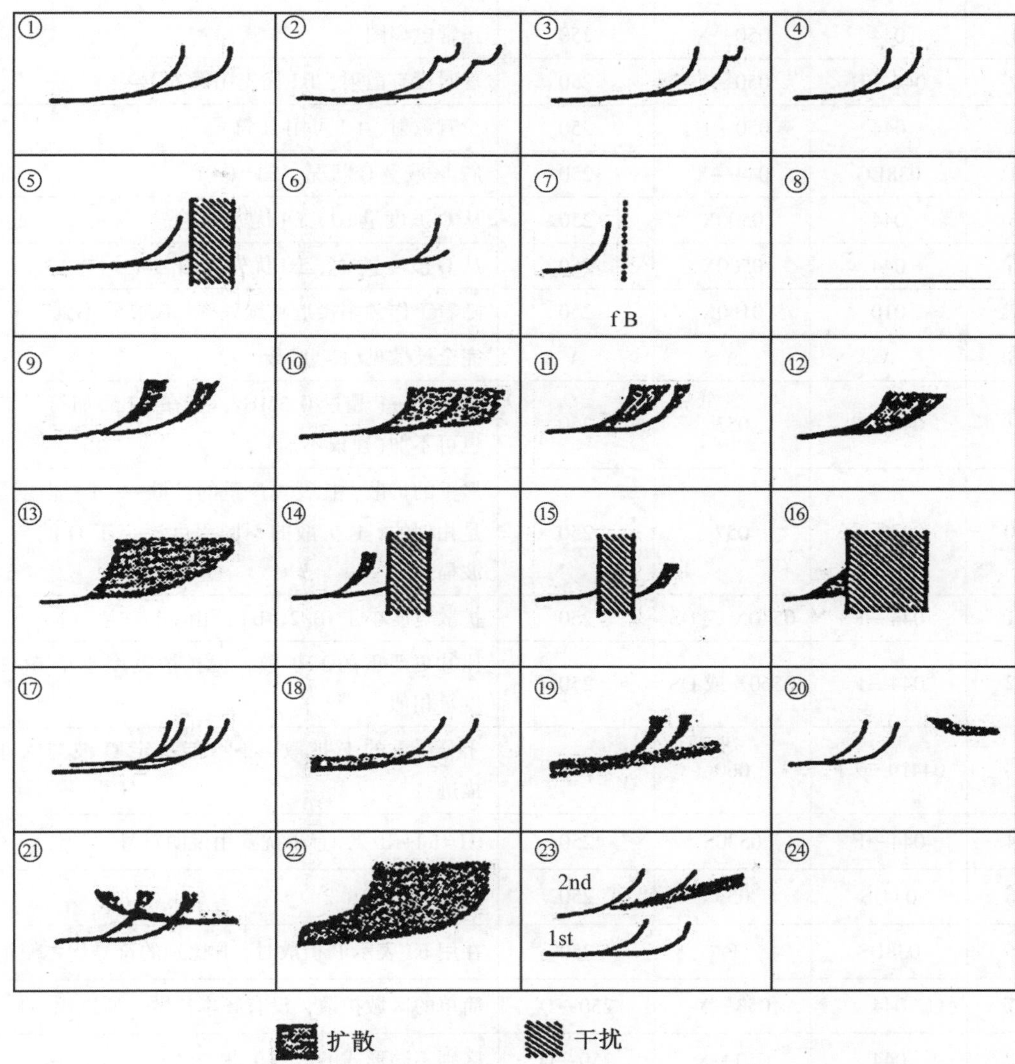

图 3-24　扩展 F 和 fxI 的示例①

图 3-24 中不同示例的度量和解释详见表 3-41。

① N. Wakai, H. Ohyama and T. Koizumi 电离图度量手册[M]. 日本邮政省无线电研究所，中国电波传播研究所译，1992.

表 3-41　　**图 3-24 中不同示例的度量和解释**

序号	foF2	fxI	h′F	解 释
①	044	050—X	250	正常电离图
②	044—H	050—X	250	现时没有散射，fxI 优先用 X 符号
③	044	050—H	250	没有散射，fxI 可用 H 符号
④	038EG	044—X	250	F2 区域呈 G 状况，fxI=fxF1
⑤	044	0500X	250	从 O 波度量 fxI，fxI 优先 X 符号
⑥	044	0500X	250	从 O 波度量 fxI，fxI 优先 X 符号
⑦	010	0160X	250	随着工作频率接近磁旋频率，fxF2 看不到
⑧	A	A	A	完全被散见(Es)遮蔽
⑨	044—F	053	250	扩散——F 超过 0.3MHz：可在 fxI 后加符号 F，也可不加(建议不加)
⑩	044—F	057	250	严重的扩散，比⑨更严重的扩散——F，但度量是相似的，F 扩散的不同程度决定于 O 波与 X 波描迹
⑪	044—F	0540X 或 OS	250	扩散宽度小于 fB/2，fxI 值由 foI 决定
⑫	044—F	0560X 或 OS	250	比⑪更严重的 F 扩散，但扩散宽度小于 fB/2，度量相似
⑬	044DF 或 F	060	250	十分严重的 F 扩散，不可能决定 O 波与 X 波描迹
⑭	044—F	0530S	250	fxI=foI+fB/2，有干扰要用说明符号
⑮	044JS	053	250	foF2=fxF2-fB/2
⑯	038DS	F	250	在用 fxI 表示 F 扩散时，F 比别的符号优先使用
⑰	044	053—X	250—Q	简单的区域扩散，没有频率扩散，所以用—X
⑱	044	050—X	250—Q	区别不同形式的区域扩散
⑲	044—F	058	250—Q	从区域扩散结构决定 fxI 的值
⑳	044	070—P	250	由极区歧迹给出 fxI 值
㉑	044—F	070—P	250	由极区歧迹给出 fxI 值
㉒	F	070	Q	广阔的混合扩散出现
㉓	044	050—X		地面后向散射描迹，不能由它来取得 fxI 值
㉔	B	B	B	完全吸收

4) M(3000)F2：

(1) M(3000)要从 F2 或 F1 层寻常波分量度量。

(2)附加在 M(3000)F2 上的限量符号与说明符号通常分别与 foF2 使用的符号相同。

[例]

当 foF2=F，则 M(3000)F2=F；

当 foF2=3.4F，则 M(3000)F2=305F；

当 foF2=44JR，则 M(3000)F2=320JR。

(3)有些附加在 M(3000)F2 的符号与 foF2 用的符号不相同，举例如下：

[例]

当 foF2=153DC，(15.3MHz 以上无描迹)，则 M(3000)F2=C；

当 foF2=42EG，(foF1≥foF2)，则 M(3000)F2=G；

当 foF2=98，(被 Es 描迹遮蔽)，则 M(3000)F2=A。

3.4.2 F2 层描迹的不同情况及其实例解释

F2 层描迹包括典型 F2 层、F2 虚高受 F1 层发展不充分影响、F2 层描迹低部不水平、F2 层被 Es 层遮蔽、F2 层临频吸收、干扰造成描迹缺失、描迹超出机器高度上限、机器造成 F2 层描迹缺失、F 层单支描迹、四分支描迹、附加层 F3 层、F2 层瞬时描迹、扩展 F 层、F2 层倾斜描迹、Z 描迹及 G 条件共 16 种情况。

3.4.2.1 典型 F2 层

F2 层描迹有良好的时延，寻常波和非常波分量描迹完整，且低频端描迹水平。按精度规则所有参数不需外推，直接度量。

3.4.2.2 F2 虚高受 F1 层发展不充分影响

白天电离图，由于 F1、F2 层分层不充分导致 F2 低端未出现水平描迹，使得 h'F2 度量值受影响或不能取值。通常应按精度规则加相应限量符号和说明符号 L，或仅注符号 L。

3.4.2.3 F2 层描迹低部不水平

F2 层低部因遮蔽、吸收、机器故障等原因未能发展完全，低频端描迹不水平。

3.4.2.4 F2 层被 Es 层遮蔽

F2 层被 c 型、l 型等 Es 层部分或全部遮蔽，对 F2 层参数的获取造成影响。

通常应按精度规则加相应限量符号和说明符号 A，或仅注符号 A。

3.4.2.5 干扰造成描迹缺失

因干扰导致 F2 层描迹部分或全部消失，对 F2 层部分或全部参数的度量产生影响。

3.4.2.6 F2 层临频吸收(衰减)

在 F2 层的临频附近，由于偏畸吸收使 F2 临频变弱而影响参数度量。通常应按精度规则加相应限量符号和说明符号 R，或仅注符号 R。R 称为高频吸收，亦称为偏畸吸收。

3.4.2.7　描迹超出机器上限(高度上限)

F2 层描迹出现范围超过探测虚高上限。参数度量受影响，通常应附加说明符号 W。

3.4.2.8　机器造成 F2 层描迹缺失

机器故障造成的 F2 层描迹部分或全部缺失，影响参数度量，通常应附加说明符号 C。

3.4.2.9　F2 层单支描迹

在电离图中 F 区只观测到 F1 或 F2 描迹的寻常波或非常波分量。

3.4.2.10　四分支描迹

表现为 F 层 X 波和 O 波描迹临界频率附近均有明显的分叉描迹。一般第二支与第四支间隔 fB/2、第一支与第三支间隔 fB/2。

3.4.2.11　附加层 F3 层

附加在主 F2 层的边缘是一个短的描迹，并且在一个很小频率范围扩展，临频比 F2 层临频稍高一点，0.5~1.5MHz。F3 层的最小虚高比 F2 层的虚高要高 100~200km。

F3 层的形成是由于 EXB 漂移和中性风的联合作用引起的向上漂移，并导致了 F2 层的向上漂移，形成了 F3 层，与此同时正常的光化学和动力学影响维持了在较低高度的 F2 层。

图 3-25 给出的 F3 图例，摘自参考文献【13】和【14】。

3.4.2.12　F2 层瞬时描迹

表现在主描迹外出现的随时间快速变化的 U 形描迹；附加在主 F2 层的边缘且连着 F2 层。

3.4.2.13　扩展 F 层

扩展 F 层是 F 区的突发不均匀结构。其回波在频高图上描迹显示为临界频率漫散或水平描迹漫散。它们经常在极光椭圆区和地磁赤道区的夜间存在。扩展 F 层的尺度为 100~400km。它与在地磁赤道上水平延伸的而在高纬度上垂直延伸的小尺度不均匀体存在相关联系。类似的不均匀体，在中纬度地区出现概率大为减小。

扩展 F 层的类型：

(1)频率扩散：临界频率附近的描迹在频率上变宽；

(2)区域扩散：远离临界频率的描迹在高度上变宽或附属描迹出现，或两者同时出现；

(3)混合扩散：描迹在高度和频率上都变宽，并且没有显示出清楚的 F 型和 Q 型；

(4)歧迹(P)：不能归于频率、区域和混合扩散类型的描迹，它表明存在来自斜向反射区的描迹，该区通常可反射比最接近顶空的 F 层高得多的频率。

3.4.2.14　F2 层倾斜描迹

有两种情况：一种是描迹从斜传播方向反射来的，当 F 层有大的倾斜时，描迹上升到接近 foF2 期望值频率然后翻身转为水平，有时邻近 foF2 的回波会突然地消失(此时 foF2 要用极限值加限量符号 E 与说明符号 Y 的来表示。)。

另一种是当电离层在南北方向有倾斜时，O 分量与 X 分量频率之间的差一般不会是 fB/2，而且有时一个分量的形状会发生变形(此时可用另一个正常的分量加 H 用 fB/2，推导出来)。

3.4.2.15　Z 描迹

所谓 Z 描迹，是指沿着地磁力线传播的第三个磁离子分量。F2 层的 Z 描迹与 X 波描迹相差一个磁旋频率(fB)。foF2 大约出现在这两个分量的中间，当 Z 描迹出现时，通常用说明符号 Z 表示。

3.4.2.16　G 条件

所谓 G 条件，是指 F2 层在伴随磁暴而来的电离层扰动期间，F2 层电子浓度变得等于或小于 F1 层的电子浓度或 foF2 临界频率急剧下降，h′F2 急剧增高的情况，通常用说明符号 G 表示(注意与符号 W 的区别)。

以下表 3-42～表 3-58 对上述每一种不同情况结合观测实例分别进行度量解释。

图 3-25 为 F3 层图例。

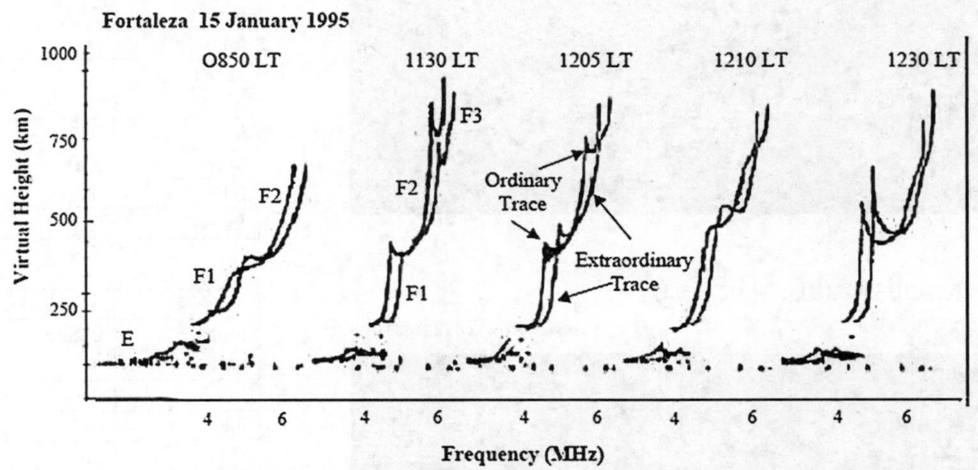

Figure 1. Sequence of VIS ionograms from Fortaleza(3° S, 38° W), showing presence of F3 layer (after Balan et al., 1997)

图 3-25　F3 层图例①

① N Balan, G J Bailey, M A Abdu, et al. Equatorial plasma fountain and its effects over three locations: Evidence for an additional layer, the F3 layer[J]. J Geophys Res, 1997, 102: 2047-2056.

表 3-42　　　　　　　　　　　　　　**典型 F2 层**

① 拉萨站 2013 年 6 月 2 日 10：15 时：

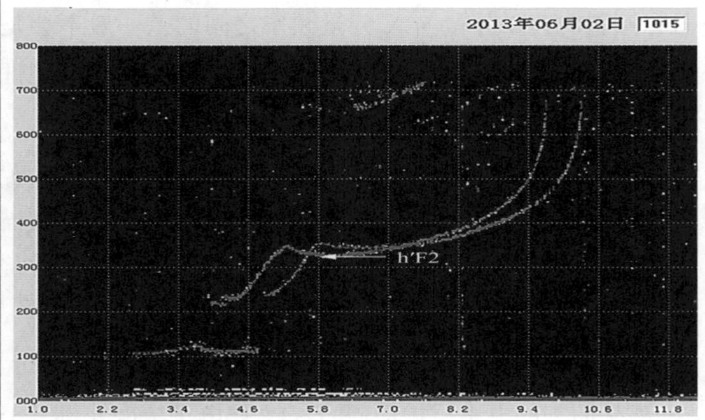

参数	结果
fmin	025
h'E	105
foE	360
foEs	048
h'Es	110
fbEs	042
h'F	225
foF1	520
M3F1	365
h'F2	325
foF2	097
M3F2	270
fxI	104-X
Es-type	c2

② 西安站 2013 年 3 月 17 日 07：30 时：

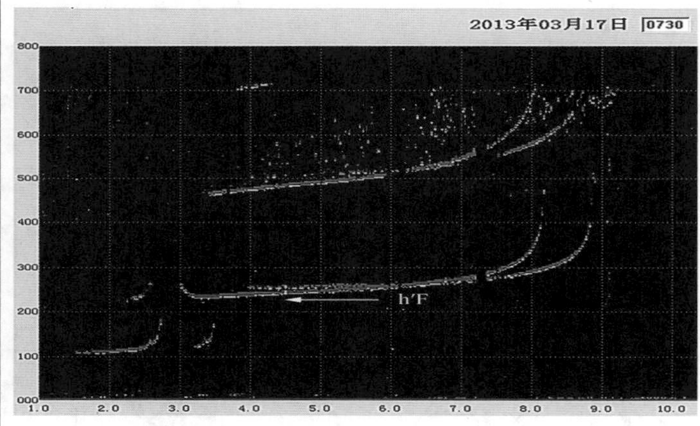

参数	结果
fmin	015
h'E	110
foE	280
foEs	028EG
h'Es	G
fbEs	028EG
h'F	230
foF1	
M3F1	
h'F2	
foF2	082
M3F2	340
fxI	089-X
Es-type	

③ 长春站 2013 年 3 月 1 日 02：15 时：

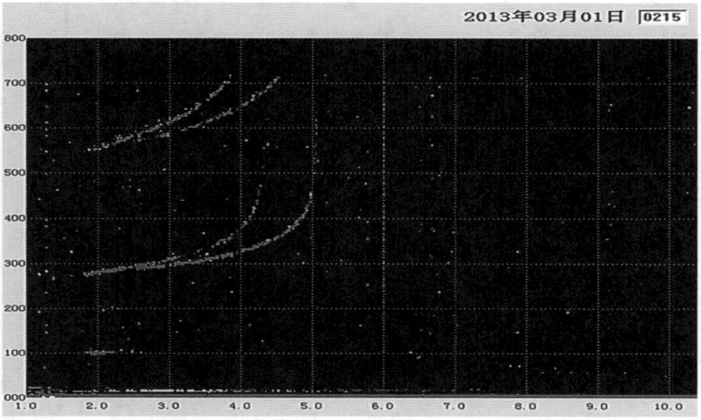

2013年03月01日 0215

参数	结果
fmin	018ES
h'E	
foE	
foEs	016JS
h'Es	100
fbEs	018ES
h'F	275
foF1	
M3F1	
h'F2	
foF2	043
M3F2	295
fxI	050-X
Es-type	f1

典型 F2 层

【1】观测结果：夏季白天典型电离图，正规 E、F1、F2 层与 c 型 Es 层都可清晰观测到。

解　　释：此图中，h′F2 从 F2 层水平描迹的最低部分去度量，F2 层描迹 O 波与 X 波描迹清晰，发展时延良好，foF2 可正常取值，且与 fxI 相差 fB/2，M3F2对 F2 描迹能用拟合传输曲线(折点虚线)度量出来。所以，

h′F2 = 325；foF2 = 097；M3F2 = 270

【2】观测结果：白天的电离图，看得到正规 E 层，而没有出现 F1 层。

解　　释：通常，foF1 尖角应出现在虚线所示的频率附近，但因为在此电离图中 F1 层没有形成，在 foF1 与 h′F2 表格栏内应保持空白。所以，

h′F = 230；foF2 = 082；M3F2 = 340

注　　意：一个瞬间的层，看起来像 F1 层描迹，某些时候在日出或日落前后出现。这类层随时间变化十分迅速，很容易从正规 F1 层区别出来。可在 h′F 上附加符号 H 表述瞬间层的偶然出现。

【3】观测结果：典型夜间电离图，从 1.8MHz 起观测到 F 层描迹，而且在 100km 高度出现 f 型 Es。

解　　释：F 层描迹的最低虚高是水平的，h′F 可直接取值，这个电离图的 F 描迹没有出现扩散回波且 foF2 与 fxI 描迹清晰，fxI 表述为 fxF2 的数值带说明符号 X。所以，

h′F = 275；foF2 = 043；fxI = 050-X

表 3-43　**F2 虚高受 F1 层发展不充分影响**

① 拉萨站 2013 年 2 月 5 日 12：00 时：

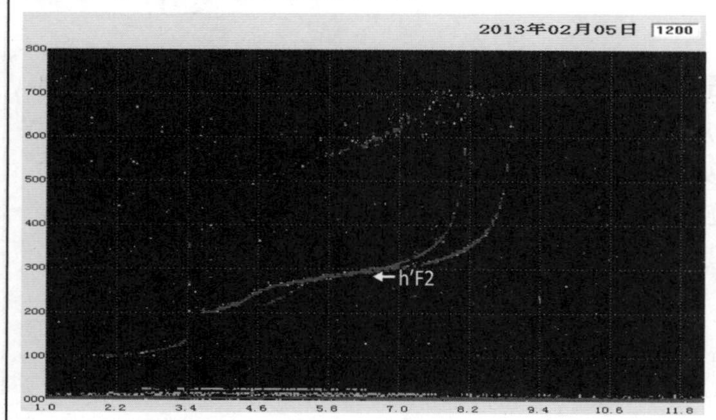

参数	结果
fmin	018
h′E	105
foE	350
foEs	035EG
h′Es	G
fbEs	035EG
h′F	200
foF1	490DL
M3F1	390EL
h′F2	280EL
foF2	082
M3F2	310
fxI	089-X
Es-type	

② 拉萨站 2013 年 5 月 4 日 10：00 时：

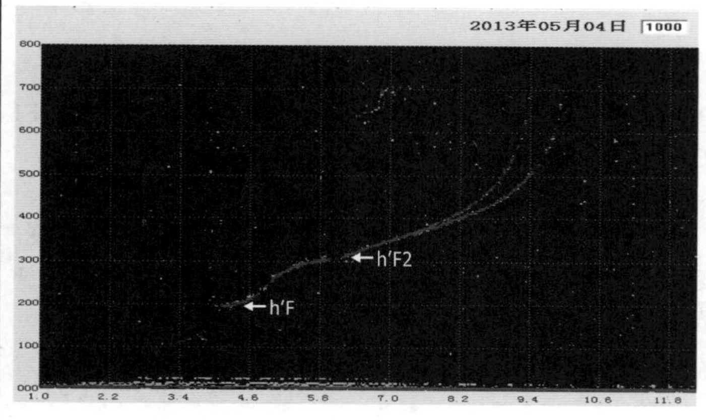

参数	结果
fmin	031
h′E	105
foE	360
foEs	039
h′Es	110
fbEs	039
h′F	195
foF1	530DL
M3F1	395EL
h′F2	300UL
foF2	093
M3F2	260
fxI	100-X
Es-type	c1

③ 拉萨站 2012 年 3 月 1 日 09：00 时：

参数	结果
fmin	019
h′E	105
foE	300
foEs	035
h′Es	110
fbEs	032
h′F	210
foF1	L
M3F1	L
h′F2	L
foF2	088
M3F2	310
fxI	095-X
Es-type	c1

F2 虚高受 F1 层发展不充分影响

【1】观测结果：观测到 F1 层，尖角在 foF1 没有完全展开，而 F2 层描迹的较低部分不水平。

解　　释：此图中，F1 与 F2 之间描迹没有明显时延突起，说明分层不明显，M(3000)传输曲线与 F1 描迹有一个切点，但 F2 描迹没有变水平时，度量 foF1 应取最可几值加限量符号 D 和说明符号 L，而 M3F1 应读切点处因子值加限量符号 E 和说明符号 L；当 F2 描迹出现一段最可几值的范围(斜率小，有两段几乎水平)时，h′F 取最可几上限的值，加限量符号 E 和说明符号 L。所以：

foF1 = 490DL；M3F1 = 390EL；h′F2 = 280EL

【2】观测结果：观测到 F1 层，而 F2 层描迹较低部分不水平。

解　　释：F1 与 F2 间描迹没有足够明显时延突起，说明分层不明显，但能看出突起处的频率值是 5.3MHz，M(3000)传输曲线与 F1 描迹有一个切点，但 F2 描迹没有变水平，度量 foF1 应取最可几值加限量符号 D 和说明符号 L，而 M3F1 应读切点处因子值加限量符号 E 和说明符号 L；当 F2 描迹出现一段几乎水平的部分时，h′F 取几乎水平的值，加限量符号 U 和说明符号 L。所以，

foF1 = 530DL；M3F1 = 395EL；h′F2 = 300UL

【3】观测结果：F1 层没有充分的发展，到足以度量出 h′F2。

解　　释：F1 层没有充分成层，F2 描迹没有水平部分，当 F 描迹从 F1 到 F2 的过渡是圆滑和难以确定时，若从电离图或该小时的月中值来推断 foF1 的话，都会有相当大的误差。所以 foF1 与 h′F2 两者都只用符号 L，即

foF1 = L，h′F2 = L

表 3-44　　**F2 层描迹低部不水平**

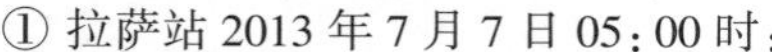

① 拉萨站 2013 年 7 月 7 日 05:00 时：

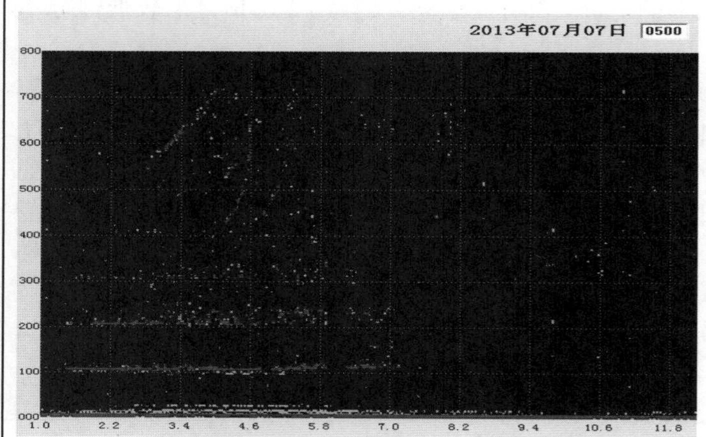

参数	结果
fmin	013ES
h′E	
foE	
foEs	065JA
h′Es	105
fbEs	040
h′F	A
foF1	
M3F1	
h′F2	
foF2	046
M3F2	265
fxI	053-X
Es-type	f4

② 拉萨站 2013 年 5 月 17 日 10:30 时：

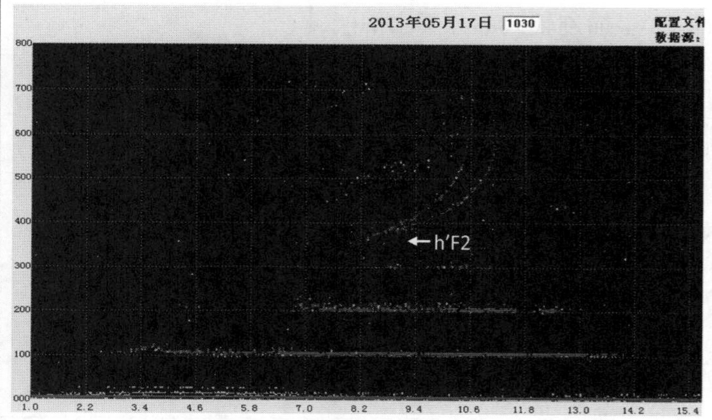

参数	结果
fmin	027
h′E	105
foE	370
foEs	131JA
h′Es	105
fbEs	083
h′F	A
foF1	A
M3F1	A
h′F2	360EA
foF2	105
M3F2	270
fxI	112-X
Es-type	c3

③ 苏州站 2013 年 5 月 13 日 10:30 时：

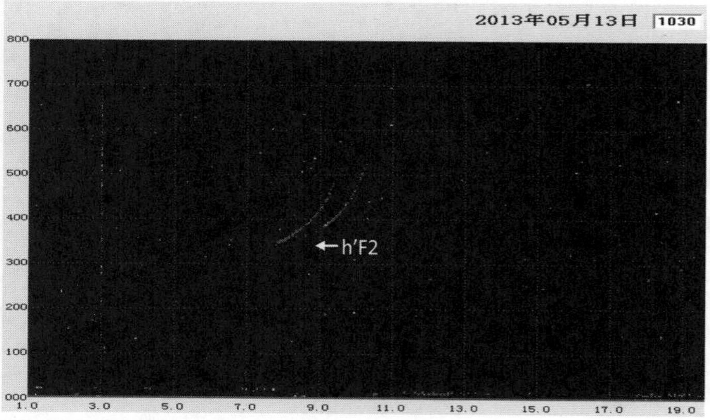

参数	结果
fmin	076
h′E	B
foE	B
foEs	076EB
h′Es	B
fbEs	076EB
h′F	B
foF1	B
M3F1	B
h′F2	340EB
foF2	095
M3F2	290
fxI	101-X
Es-type	

F2 层描迹低部不水平

【1】观测结果：f 型 Es 延伸到 7.2MHz，低于 4.0MHz 的 F 层描迹全都没有看到。

解　　释：低于 4.0MHz 的 F 层描迹被 Es 层遮蔽，h′F2 依赖于 F2 描迹低端的斜率。①当描迹的底端与水平线斜率较小，且外推值不超过正常值的 5% 或 3Δ 时，取底端值并注说明符号 A，不加限量符号；②当描迹的底端与水平线斜率较大，且外推值超过正常值的 5% 或 3Δ 时，取底端值，加限量符号 E；③当描迹的底端与水平线的斜率陡峭且超过正常值的 20% 或 5Δ 时，只注说明符号 A。

此图中，斜率陡峭且超过正常值的 20% 或 5Δ，所以 h′F2=A。

注　　意：如果 F2 描迹全部被遮蔽，也只注说明符号 A。

【2】观测结果：c 型 Es 延伸到 13.8MHz，低于 8.3MHz 的 F 层描迹全都没有看到。

解　　释：低于 8.3MHz 的 F 层描迹被 Es 层遮蔽，因为 F2 描迹的较低部分是不水平的，且 h′F2 依赖于 F2 描迹低端的斜率，根据虚高的精度规则，h′F2 度量值后要标以限量符号 E(可疑)和说明符号 A，所以，

h′F2=360EA。

【3】观测结果：仅观测到 F2 描迹。由于强吸收，低于 7.6MHz 的描迹全部消失。

解　　释：从临界频率和高度去断定，记录的描迹是 F2 描迹。对这个例子的考虑是：描迹较低部分的遗漏是因为吸收(B)，而不是测高仪的缺陷(C)或干扰(S)。因为 F2 描迹的较低部分不水平，那里存在着相当高的吸收，根据虚高精度规则，应将限量符号 E(小于)和说明符号 B 附加在数字值上，所以，h′F2=(h′F2)EB=340EB。

注　　意：当电离图上没有记录到描迹时，就要调查描迹“空白”的原因，应使用适合于原因的符号。

表 3-45 **F2 层被 Es 层遮蔽**

① 新乡站 2013 年 7 月 6 日 14:00 时:

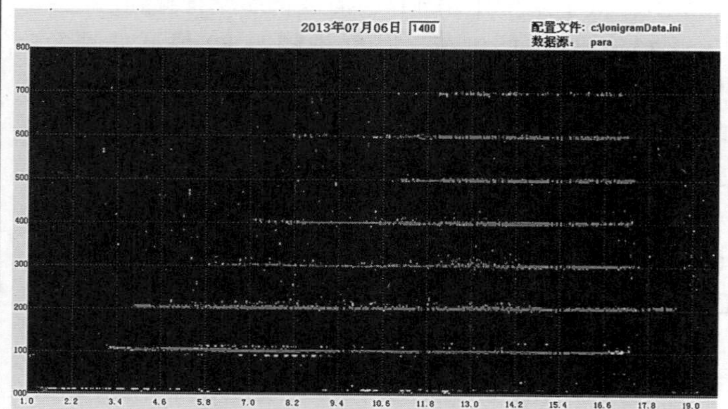

参数	结果
fmin	032
h′E	A
foE	A
foEs	166JA
h′Es	100
fbEs	166AA
h′F	A
foF1	A
M3F1	A
h′F2	A
foF2	A
M3F2	A
fxI	A
Es-type	l7

② 伊犁站 2013 年 5 月 19 日 00:06 时:

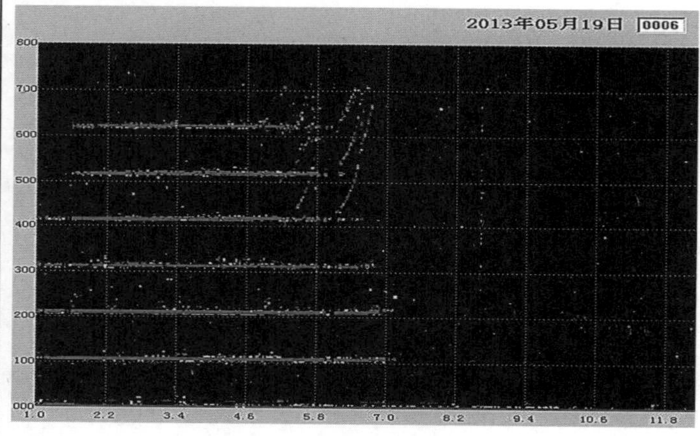

参数	结果
fmin	010EE
h′E	
foE	
foEs	065JA
h′Es	105
fbEs	052
h′F	A
foF1	
M3F1	
h′F2	
foF2	057
M3F2	A
fxI	064-X
Es-type	f6

③ 长春站 2013 年 6 月 18 日 14:00 时:

参数	结果
fmin	036
h′E	B
foE	B
foEs	089JA
h′Es	110
fbEs	089AA
h′F	A
foF1	A
M3F1	A
h′F2	A
foF2	075JA
M3F2	A
fxI	082-X
Es-type	c4

F2 层被 Es 层遮蔽

【1】观测结果：由于 Es 层遮蔽，没有观测到 F 层描迹。

解　　释：l 型 Es 层描迹延伸到 17.3MHz。有多次反射，F 层描迹完全被 Es 层遮蔽。从前后一系列电离图中预测出的 foF2 值，应与 foEs 作比较。在此例中，foF2 小于 foEs，应考虑是 F2 层被 Es 层遮蔽，所以，用符号 A，即

h′F2＝A；foF2＝A

【2】观测结果：夜间电离图。虽然在 5.2MHz 以下的回波被 Es 层遮蔽，但就 F 区反射而言，foF2 与 fxF2 都可度量成数字值。

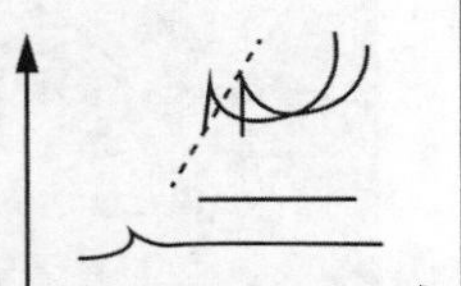

解　　释：因为 F 层描迹的曲线部分被 Es 层遮蔽，所以 M 因子直接用符号 A 表示，M3F2＝A。F2 描迹低端的斜率很大，所以 h′F＝A。

注　　意：下图所示的例子中，foF1 可度量出来，但是 foF1 的描迹低的部分已被遮蔽，即 M3F1＝A。

【3】观测结果：f 型 Es 完全遮蔽了 F 描迹的寻常波分量。

解　　释：从前后电离图来推测，F 描迹应该为非常波。所以 foF2 的值也应从 fxF2 推出，且 foEs＝(ftEs−fB/2)＝89JA；规定当 foF2 是从 fxF2 导出而大于 foEs 时，用说明符号 A 是不合理的。在这样的情况下，应考虑到干扰是否存在而决定用 S 还是 R。因为此图中 foF2 的值小于 foEs 的值，不属于此规定范围。所以，

foF2＝075JA；M3F2＝A

表 3-46　　　干扰造成描迹缺失

① 兰州站 2013 年 5 月 14 日 19：00 时：

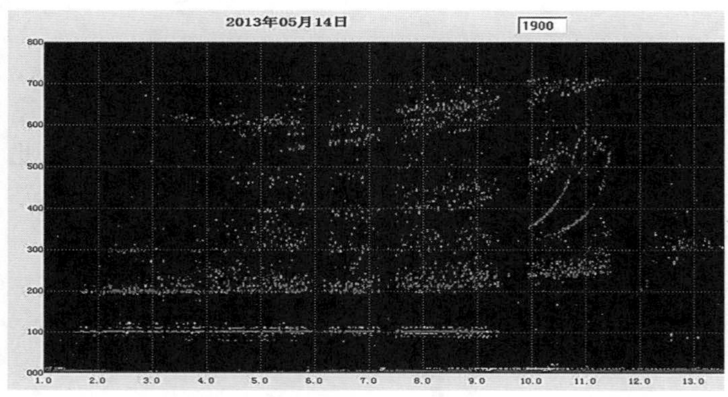

参数	结果
fmin	015ES
h′E	
foE	
foEs	094DS
h′Es	100
fbEs	094DS
h′F	355ES
foF1	
M3F1	
h′F2	
foF2	109
M3F2	305
fxI	116-X
Es-type	f2

② 拉萨站 2013 年 3 月 15 日 00：00 时：

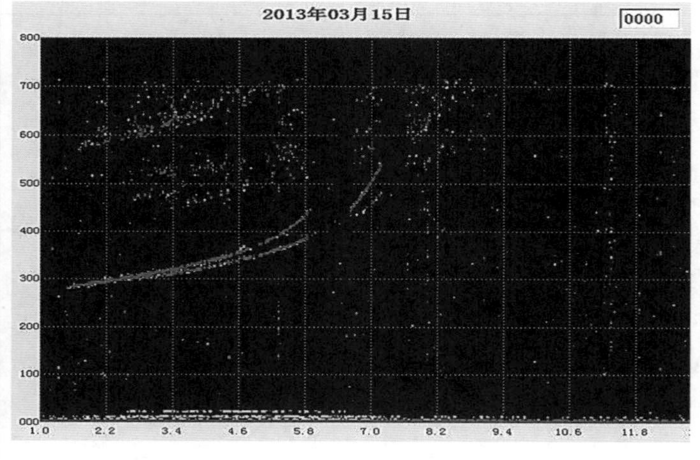

参数	结果
fmin	015ES
h′E	
foE	
foEs	015ES
h′Es	S
fbEs	015ES
h′F	285
foF1	
M3F1	
h′F2	
foF2	058DS
M3F2	S
fxI	075UX
Es-type	

③ 拉萨站 2013 年 3 月 8 日 19：00 时：

参数	结果
fmin	015ES
h′E	
foE	
foEs	018
h′Es	110
fbEs	017
h′F	215
foF1	
M3F1	
h′F2	
foF2	S
M3F2	S
fxI	S
Es-type	f1

干扰造成描迹缺失

【1】观测结果：夜间电离图，在 9.4MHz 到 10MHz 之间没有看到描迹。

解　　释：由于干扰，失去了在 9.4MHz 到 10MHz 之间的描迹，根据 F2 描迹低端的斜率度量出 h′F 的高度。应将限量符号 E(小于)和说明符号 S 附加在数字值后。所以，

h′F2=(h′F2)ES=355ES

【2】观测结果：夜间电离图，从 1.5MHz 起观测到 F 描迹，但在(5.8~6.8)MHz 和(7.2~7.7)MHz 处描迹被干扰掉。

解　　释：从时延上看，fxI 需外推至 7.5MHz，外推值在 $2\%<a<5\%$之内，所以 fxI=75UX，根据 O 波 X 波应相差 fB/2 的理论，可推出 foF2 的最可几值在 6.8MHz 处，处在干扰带内，根据精度规则外推范围为 15%，数据值应加限量符号和说明符号。所以，

foF2=058DS

注　　意：如果这个量超过 20%，就仅用说明符号 foF2=S。

【3】观测结果：夜间电离图，有较强的干扰。

解　　释：因为干扰，致使 F2 层临界频率寻常波与非常波描迹很弱，没有发展时延。根据外推精度规则得出外推量值超过 foF2(11.6MHz)的 20%，所以 foF2 不取值，只注说明符号 S，即

foF2=S；M3F2=S

表 3-47　　**F2 层临频吸收(衰减)**

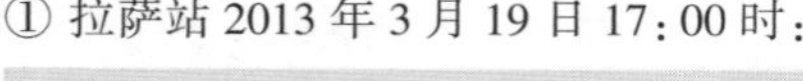
① 拉萨站 2013 年 3 月 19 日 17:00 时:

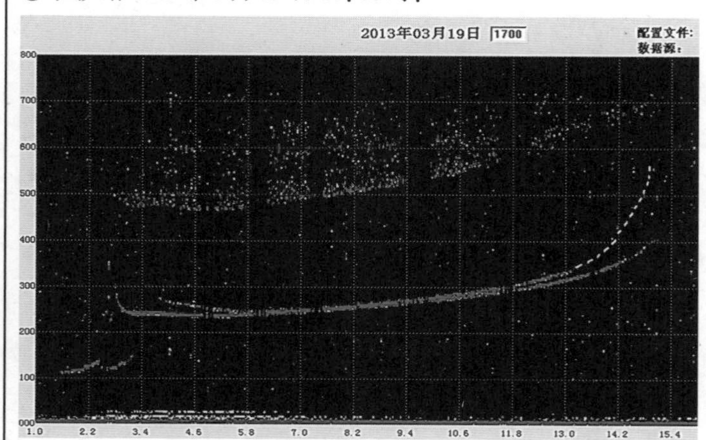

参数	结果
fmin	015
h′E	110
foE	250
foEs	025EG
h′Es	G
fbEs	025EG
h′F	235
foF1	
M3F1	
h′F2	
foF2	149UR
M3F2	310UR
fxI	156UX
Es-type	

② 拉萨站 2012 年 3 月 31 日 18:00 时:

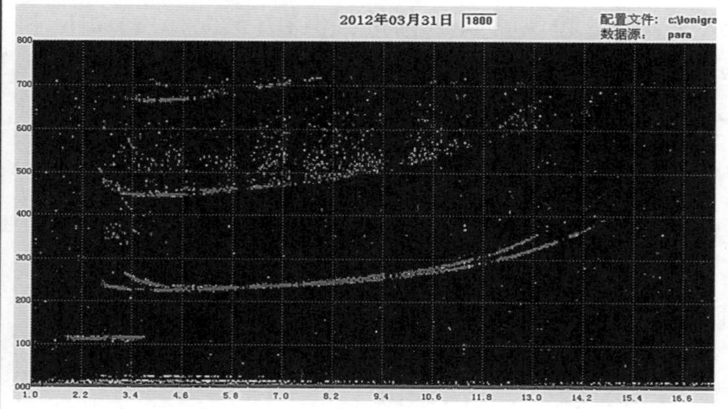

参数	结果
fmin	018
h′E	A
foE	A
foEs	030JA
h′Es	110
fbEs	027
h′F	225
foF1	
M3F1	
h′F2	
foF2	131DR
M3F2	R
fxI	R
Es-type	l1

③ 长春站 2013 年 2 月 13 日 08:30 时:

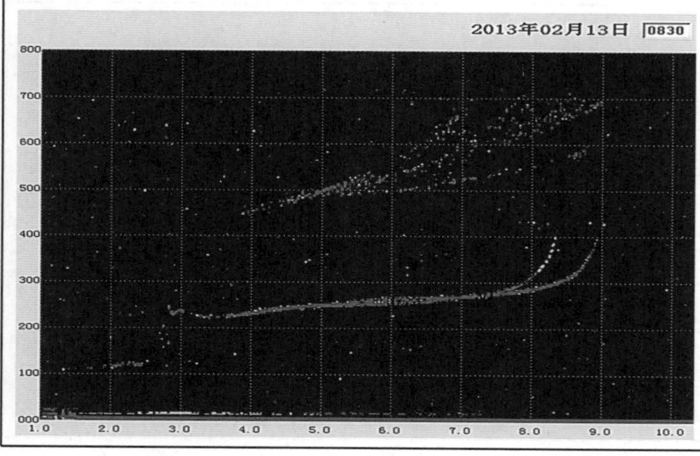

参数	结果
fmin	013
h′E	110
foE	230
foEs	025
h′Es	120
fbEs	025UY
h′F	225
foF1	L
M3F1	L
h′F2	250
foF2	083JR
M3F2	345JR
fxI	090-X
Es-type	c1

F2 层临频吸收(衰减)

【1】观测结果：F2 描迹最上部分没有记录，而在正规 E 层描迹清晰地出现。

解　　释：F2 描迹在 13.6MHz 与 15.0MHz 的两个分量由于偏畸吸收(R)而被减弱。因为 foF2 是从记录频率外推求到虚线部位而求得的，大约不确定性范围小于 9%，可用限量符号 U。所以，

foF2=(foF2)UR=149UR；fxI=156UX

【2】观测结果：F2 层描迹寻常波与非常波由于偏畸吸收而被衰减。

解　　释：foF2 要根据外推量值，使用恰当的限量符号，此图中，因为它的量值(15-13.1=1.9MHz)没有超过 foF2(15MHz)的 20%，根据外推精度规则，当不确定性百分比在 10%<a<20%或 a<5Δ 以内，取极限值，加限量符号 D 与说明符号 R。foF2=(所得的上限)DR=131DR。当 foF2 用符号 D 表示时，M3F2 与 fxI 则直接注说明符号 R 或 S。所以，

foF2=131DR；M3F2=R；fxI=R

【3】观测结果：在 F 区，非常波分量很清楚地出现，而寻常波消失了。

解　　释：首先从 fxF2 推导出 foF2。foF2=(fxF2-fB/2)JR=83JR 然后，假想再显示寻常波描迹，如虚线，对虚线应用传播曲线进行度量。在这个例子中，M3F2 将使用如 foF2 那样的相同的符号，即 M3F2=330JR。

注　　释：如果这个例子的 F 描迹寻常波受到干扰而消失，符号 R 将用 S 代替。

表 3-48　　　　**描迹超过机器上限(高度上限)**

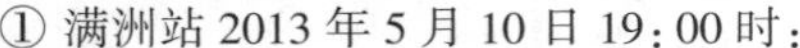

① 满洲站 2013 年 5 月 10 日 19:00 时:

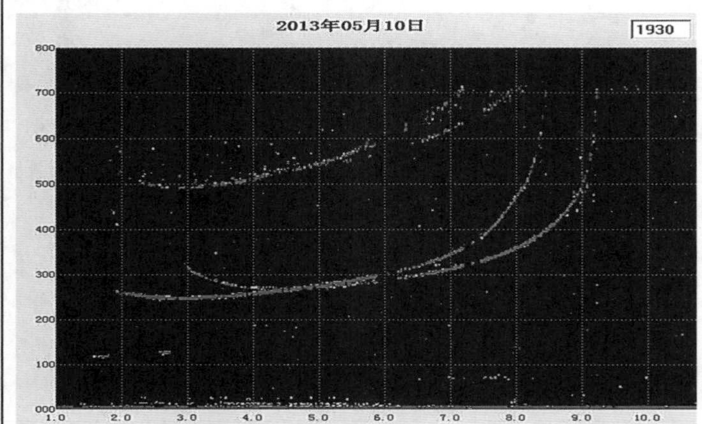

参数	结果
fmin	015
h′E	B
foE	B
foEs	018
h′Es	115
fbEs	018
h′F	245
foF1	
M3F1	
h′F2	
foF2	085
M3F2	280
fxI	093-X
Es-type	c1

② 昆明站 2013 年 7 月 26 日 09:45 时:

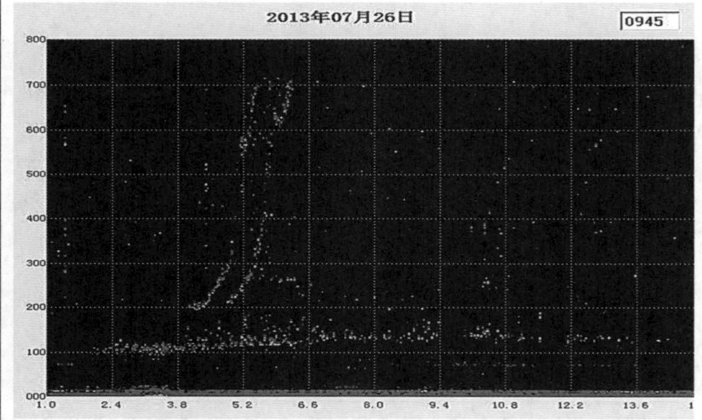

参数	结果
fmin	020
h′E	A
foE	A
foEs	115F
h′Es	115
fbEs	040
h′F	195
foF1	520-R
M3F1	385-R
h′F2	555EG
foF2	057-W
M3F2	G
fxI	063-X
Es-type	q1l1

③ 伊犁站 2013 年 7 月 15 日 07:00 时:

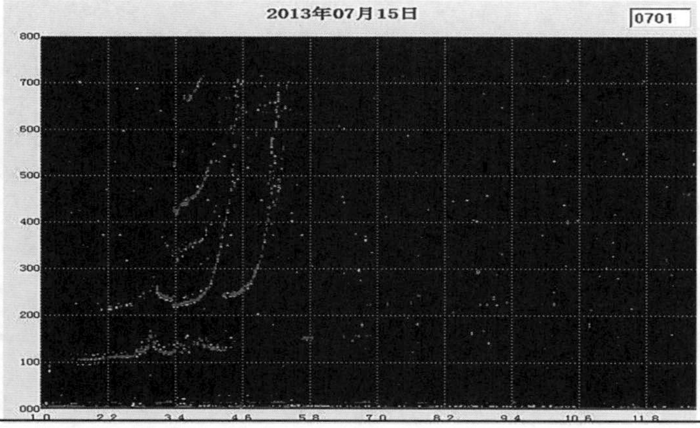

参数	结果
fmin	015
h′E	105
foE	295
foEs	034
h′Es	115
fbEs	033
h′F	220
foF1	450
M3F1	350
h′F2	G
foF2	045EG
M3F2	G
fxI	052-X
Es-type	c2

描迹超过机器上限(高度上限)

【1】观测结果：F2 描迹在记录的最大高度极限 700km 之外消失，foF2=8.5MHz。

解　　释：在超过极限高度上 foF2 描迹已经垂直，高度上限对 foF2 的值不受影响，所以 foF2 正常度量不需要加说明符号 W，即

foF2=085

【2】观测结果：F2 描迹的虚高是如此之高(555km)，以致 F2 临界频率附近的描迹远高于最大高度范围(此例为 700km)。

解　　释：因为此例观测的高度极限大约为 700km，在超过极限高度上 foF2 描迹还不够垂直，在高度极限外似乎仍然有描迹存在，应以精度规则作为基础，外推得到 foF2 的值并加说明符号 W，即

foF2=057-W

【3】观测结果：F1 描迹清晰地出现，而 F2 描迹没有记录到。foF1=4.5MHz。Es 描迹是 c 型。

解　　释：此图中，在超过极限高度上 F 层描迹已经垂直，在最大高度以上的高度不存在 F2 层描迹，F2 层电子浓度变得等于或小于 F1 层的电子浓度，所以应按 G 现象度量，foF2 应当用限量符号 E(小于)和说明符号 G 的 foF1 数字值表示，即

foF2=(foF1)EG=045EG

注　　意：请注意 G 现象中度量说明符号 G 所表示的情况与机器上限中度量 W 所表示的情况之间的差别。

表 3-49　　**机器造成 F2 层描迹缺失**

① 西安站 2013 年 3 月 17 日 14：30 时：

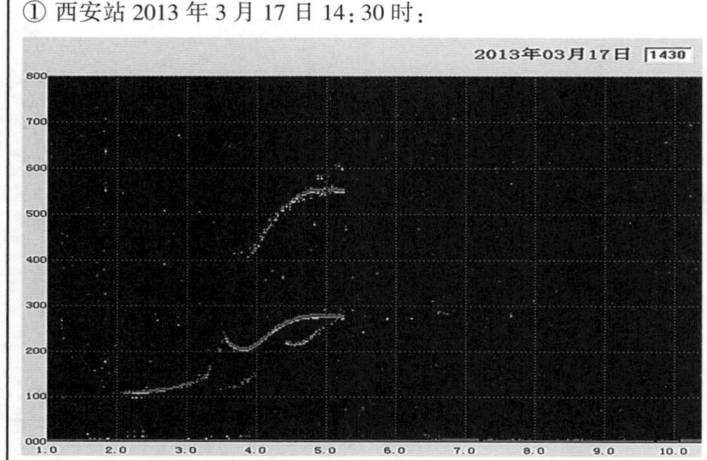

参数	结果
fmin	020
h′E	105
foE	340
foEs	034EG
h′Es	G
fbEs	034EG
h′F	205
foF1	L
M3F1	L
h′F2	C
foF2	C
M3F2	C
fxI	C
Es-type	

② 满洲里站 2013 年 7 月 2 日 16：15 时：

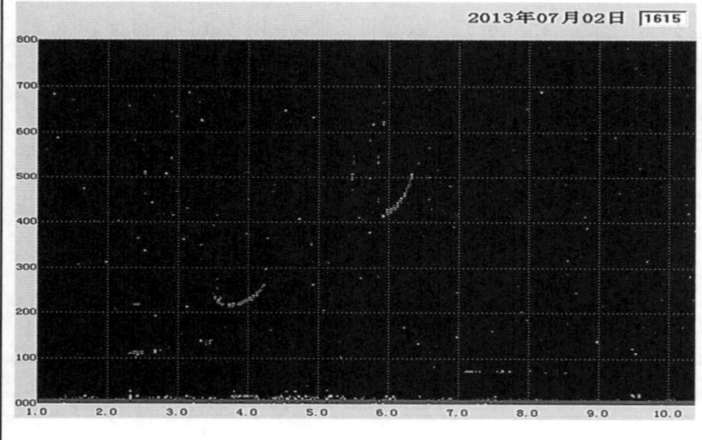

参数	结果
fmin	023
h′E	105
foE	C
foEs	035
h′Es	130-G
fbEs	035
h′F	210
foF1	440-C
M3F1	395-C
h′F2	C
foF2	056JC
M3F2	C
fxI	064-X
Es-type	c1

③ 满洲里站 2013 年 7 月 5 日 12：00 时：

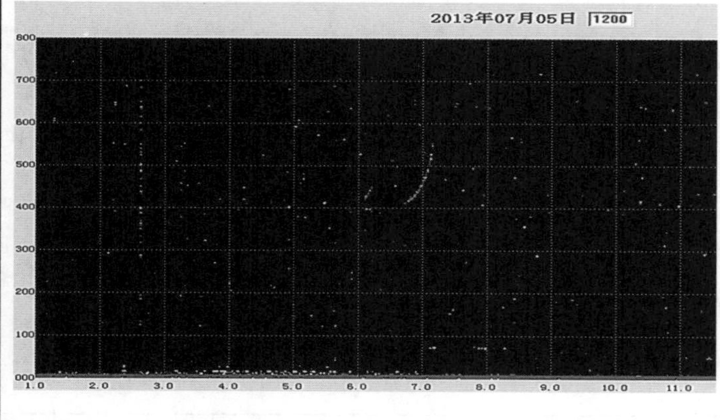

参数	结果
fmin	061EC
h′E	C
foE	C
foEs	061EC
h′Es	C
fbEs	061EC
h′F	C
foF1	C
M3F1	C
h′F2	C
foF2	063JC
M3F2	C
fxI	071-X
Es-type	

机器造成 F2 层描迹缺失

【1】观测结果：在 5.3MHz 以上 F 描迹出现缺失。

解　　释：这描迹的消失是测高仪缺陷所致，所以用符号 C 合适，

foF2=C

请注意 S(干扰)与 C 两者的差别。

注　　释：由于观测仪性能变坏，其产生的电离图并不一定如此简单。例如，还可能会发生如下的情况：描迹全部或有时部分地消失。背景噪声完全消失。描迹间断，描迹的高度变得不规则，频率标度和高度标度不正常等。

【2】观测结果：E 区与 F 区描迹都清楚地出现，但 2.8~3.3MHz 之间及 4.3~5.9MHz 之间的描迹缺失。

解　　释：这两段缺失的描迹，都是由于测高仪缺陷所造成的。在 E 区可观测到 c 型 Es，F2 只出现单支描迹，通过前后图比较可看出此描迹为非常波，foF2 的值也应从 fxF2 推出，应附加限量符号 J 与说明符号 C，foF2=(fxF2-fB/2)=056JC。所以，

foF2=056JC；M3F2=C

【3】观测结果：F 区低于 6.1MHz 的描迹全部消失。

解　　释：这描迹的缺失也是因为测高仪缺陷所致，所以用符号 C 合适。foF2 的值也应从 fxF2 推出，应附加限量符号 J 与说明符号 C，foF2=(fxF2-fB/2)=063JC，F2 描迹的曲线部分由于机器故障而无法相切，所以直接注说明符号 C。所以，

foF2=063JC；M3F2=C

表 3-50　　**F 层单支描迹**

① 北京站 2011 年 7 月 2 日 09:00 时：

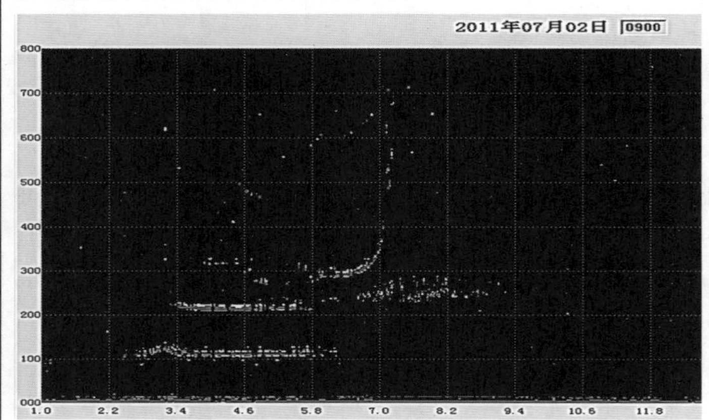

参数	结果
fmin	026
h′E	110
foE	320
foEs	059
h′Es	110
fbEs	059
h′F	A
foF1	A
M3F1	A
h′F2	285
foF2	064JR
M3F2	R
fxI	071-X
Es-type	c3

② 北京站 2008 年 8 月 22 日 12:00 时：

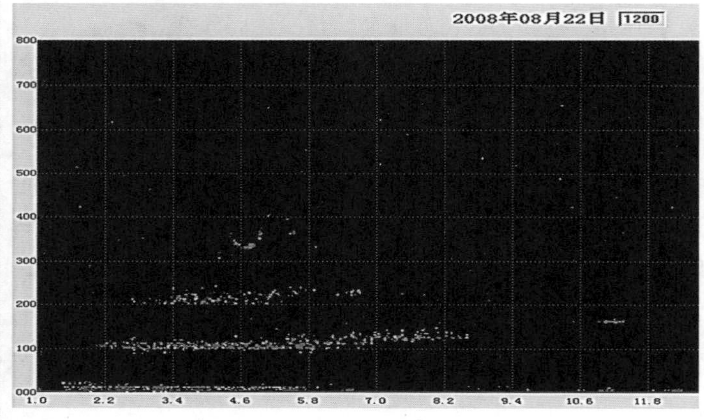

参数	结果
fmin	020
h′E	A
foE	A
foEs	055JA
h′Es	100
fbEs	044
h′F	A
foF1	A
M3F1	A
h′F2	330
foF2	051-R
M3F2	325-R
fxI	058OX
Es-type	l2

③ 新乡站 2009 年 7 月 4 日 13:00 时：

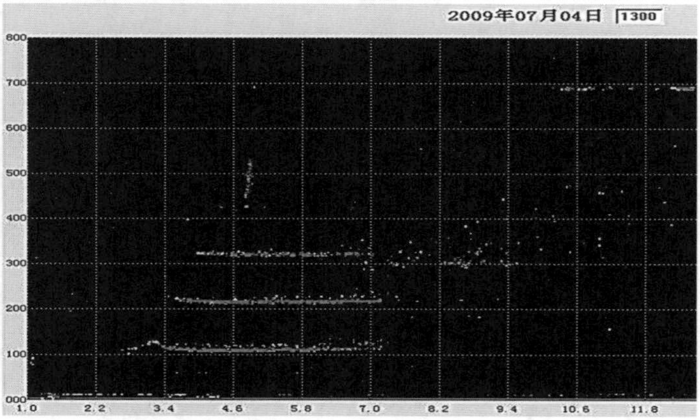

参数	结果
fmin	026
h′E	110-B
foE	320
foEs	065JA
h′Es	105
fbEs	048
h′F	A
foF1	490
M3F1	A
h′F2	G
foF2	049EG
M3F2	G
fxI	056OX
Es-type	c3

F 层单支描迹

【1】观测结果：F2 层仅出现单支描迹。根据序列图推测，F2 层的单支描迹应该为非常波，fxI＝fxF2＝7.1MHz。

解　　释：由于非常波的频率宽度为 1.2MHz，大于半个磁旋频率，因此导致寻常波未出现的原因是频率衰减，而 fxF2 是可靠的，foF2 的值可从 fxF2 推出，应附加限量符号 J 与说明符号 R，即 foF2＝(fxF2−fB/2)JR＝64JR。M3F2 受 foF2 的影响，须用 R 列表。所以，

M3F2＝R

【2】观测结果：结合序列图发现，F2 层只出现了寻常波描迹，且高频部分略有衰减。

解　　释：由于寻常波高频部分略有衰减，因此 foF2 可疑，外推一个精度单位，并附加说明符号 R。M3F2 受 foF2 影响，也应附加说明符号 R。fxI＝fxF2，而 fxF2 可以由 foF2 推导，并附加限量符号 O 和说明符号 X，即 fxI＝(foF2+fB/2)OX＝058OX。

【3】观测结果：在电离图中清晰地看到 F1 描迹的寻常波，F2 描迹没有观测到。

解　　释：从前后电离图来看，这应是 G 现象，它通常发生在伴随磁暴而来的电离层扰动期间，这时 F2 层电子浓度变得等于或小于 F1 层的电子浓度，foF2 应当用限量符号 E(小于)和说明符号 G 的 foF1 的数字值表示。即 foF1＝490，foF2＝(foF1)EG＝049EG。

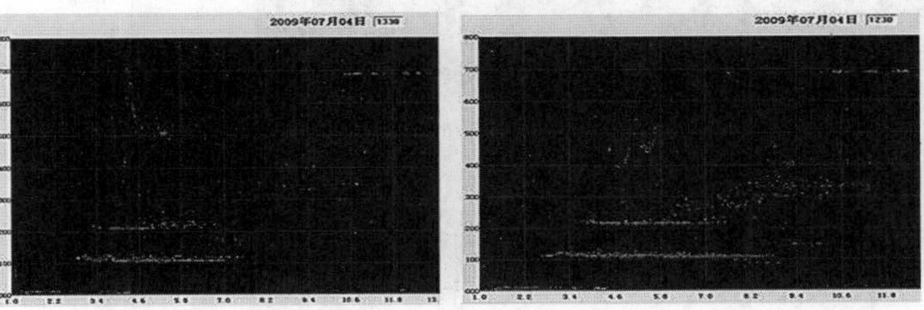

F 层单支描迹

① 拉萨站 2009 年 1 月 29 日 06:30 时:

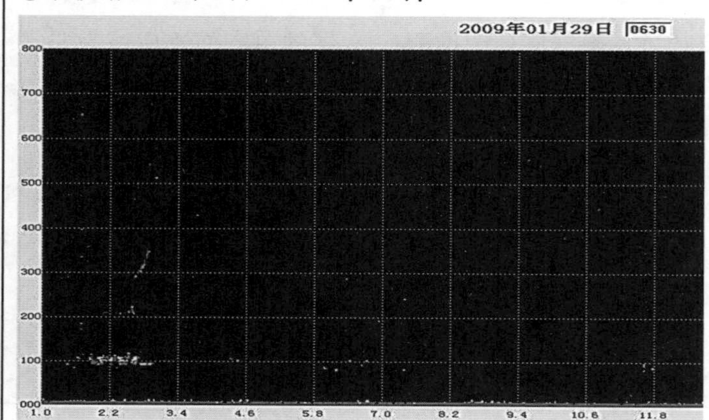

参数	结果
fmin	018ES
h′E	
foE	
foEs	020JA
h′Es	095
fbEs	020AA
h′F	A
foF1	
M3F1	
h′F2	
foF2	022JS
M3F2	S
fxI	029-X
Es-type	f2

② 拉萨站 2009 年 1 月 27 日 23:00 时:

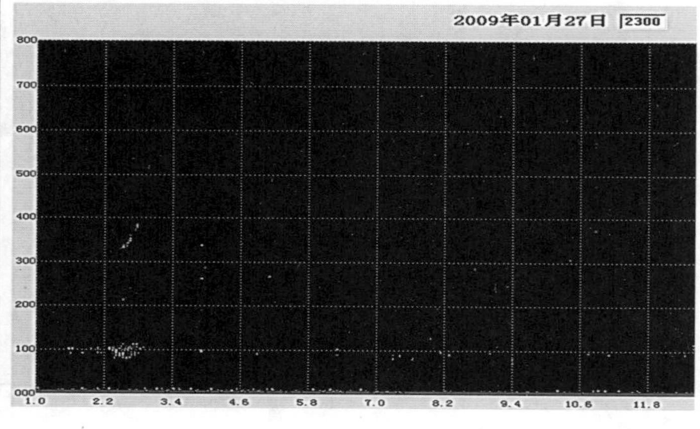

参数	结果
fmin	015ES
h′E	
foE	
foEs	022JA
h′Es	100
fbEs	022AA
h′F	A
foF1	
M3F1	
h′F2	
foF2	022JA
M3F2	A
fxI	029-X
Es-type	f1

③ 拉萨站 2009 年 1 月 29 日 06:00 时:

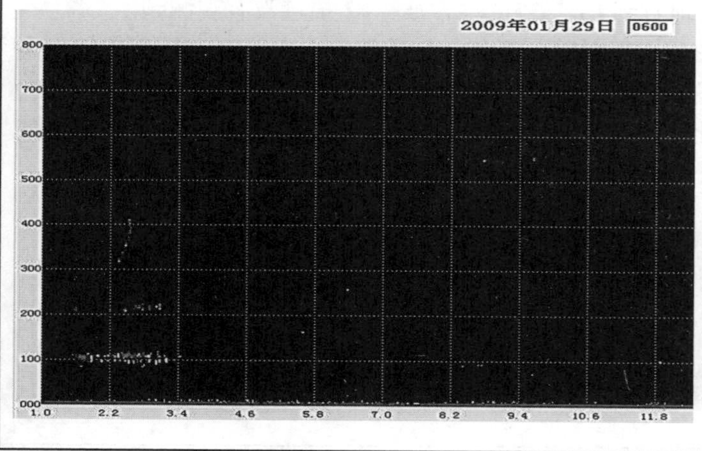

参数	结果
fmin	016ES
h′E	
foE	
foEs	025JA
h′Es	105
fbEs	025AA
h′F	A
foF1	
M3F1	
h′F2	
foF2	019JA
M3F2	A
fxI	026-X
Es-type	f2

F 层单支描迹

【1】观测结果：日出前的电离图，f 型 Es 完全遮蔽了 F 描迹的寻常波分量，

ftEs = fminF2 = 27

解　　释：从前后电离图来推测，F 描迹应该为非常波。所以 foEs = (ftEs-fB/2) JA = 020JA；foF2 的值也应从 fxF2 推出，应附加限量符号 J 与说明符号。但是加说明符号 A 还是 S 呢？foF2 = (fxF2-fB/2) J？ = 22J？规定当 foF2 是从 fxF2 导出而大于 foEs 时，用说明符号 A 是不合理的。在这样的情况下，应考虑到干扰是否存在而决定用 S 或 R。因为此图 foF2 的值大于 foEs 的值，且 6：30 还没有日出，考虑用符号 S 更合适。所以，

foF2 = 022JS，M3F2 = S

【2】观测结果：f 型 Es 完全遮蔽了 F 描迹的寻常波分量，所以，ftEs = ftF2 = 29。

解　　释：从前后电离图来推测，F 描迹应该为非常波。所以 foF2 的值也应从 fxF2 推出，且 foEs = (ftEs-fB/2) = 022JA；但是 foF2 的值加说明符号 A 还是 S 呢？

规定当 foF2 是从 fxF2 导出而大于 foEs 时，用说明符号 A 是不合理的。在这样的情况下，应考虑到干扰是否存在而决定用 S 或 R。因为此图 foF2 的值 = foEs 的值，不属于此规定范围。所以：

foF2 = 022JA，M3F2 = A

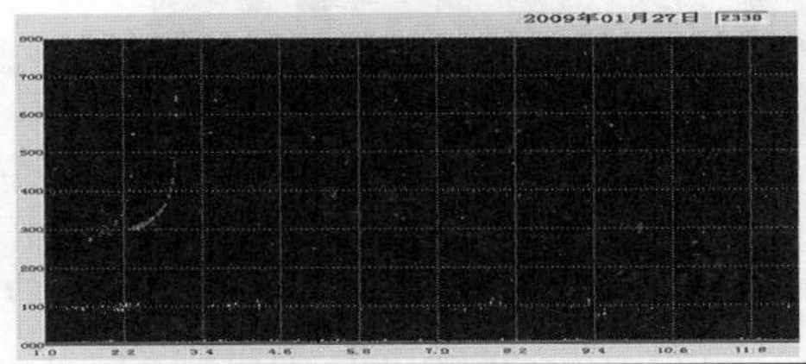

【3】观测结果：日出前的电离图，f 型 Es 完全遮蔽了 F 描迹的寻常波分量。

解　　释：从前后电离图来推测，F 描迹应该是非常波。所以 foEs = (ftEs-fB/2) = 25JA；foF2 的值也应从 fxF2 推出，应附加限量符号 J 与说明符号，foF2 的值由(fxF2-fB/2)推出为 19，由于 foF2 的值小于 foEs，所以 foF2 = 019JA 而不是 019JS。

F 层单支描迹

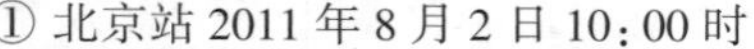

① 北京站 2011 年 8 月 2 日 10:00 时:

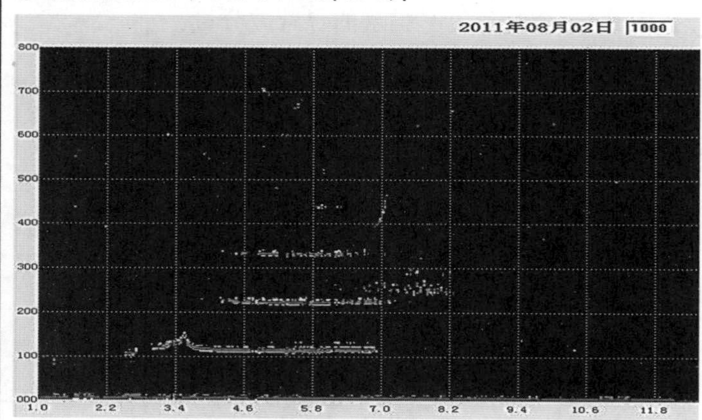

参数	结果
fmin	025
h′E	105
foE	355
foEs	062JA
h′Es	110
fbEs	062AA
h′F	A
foF1	A
M3F1	A
h′F2	A
foF2	064JR
M3F2	R
fxI	071-X
Es-type	c4

② 北京站 2010 年 7 月 23 日 21:00 时:

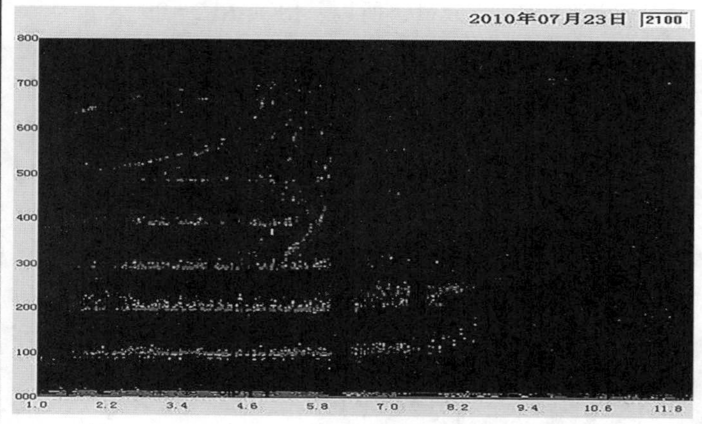

参数	结果
fmin	018ES
h′E	
foE	
foEs	072JA
h′Es	100
fbEs	052
h′F	A
foF1	
M3F1	
h′F2	
foF2	060
M3F2	305
fxI	067OX
Es-type	f5

③ 昆明站 2009 年 10 月 19 日 09:00 时:

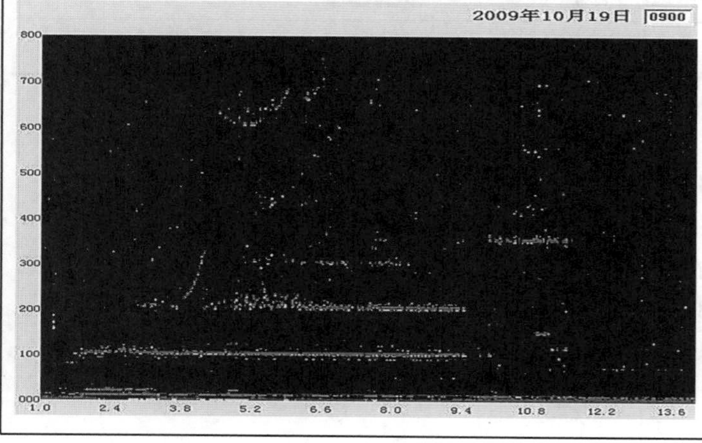

参数	结果
fmin	018
h′E	A
foE	A
foEs	089JA
h′Es	100
fbEs	038
h′F	225-A
foF1	430
M3F1	385
h′F2	C
foF2	C
M3F2	C
fxI	C
Es-type	l3

F 层单支描迹

【1】观测结果：很强的 c 型 Es，完全遮蔽了 F2 层的寻常波只观测到 F2 层非常波描迹。

解　　释：从前后电离图来推测，7.1MHz 处的 F 描迹应该为非常波。所以除 foEs =（ftEs-fB/2）= 062JA 外，foF2 的值应从 fxF2 推出并附加限量符号 J 与说明符号。但是加说明符号 A 还是 R 呢？规定当 foF2 是从 fxF2 导出而大于 foEs 时，用说明符号 A 是不合理的。在这样的情况下，应考虑到干扰是否存在而决定用 S 或 R。因为此图 foF2 的值大于 foEs 的值，且 10 点是白天，考虑用符号 R 更合适。所以，

foF2 = 064JR

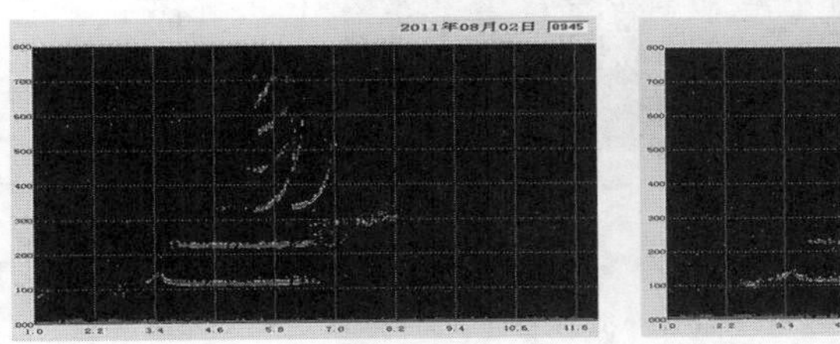

【2】观测结果：Es 层遮蔽 F 区只观测到单支描迹。

解　　释：从前后电离图来推测，此单支描迹应该是 F2 层的寻常波。所以 foF2 的值直接取，fxI 的值由(foF2+fB/2)推出。所以，

foF2 = 060；fxI = 067OX

【3】观测结果：Es 层遮蔽 F 区只观测到 F1 层的单支描迹。

解　　释：从前后电离图来推测，4.3MHz 处的单支描迹应该为 F1 层的寻常波，F2 层描迹没出现。从电离图序列分析，不是 G 现象，所以 foF2 不能用符号 G 来说明；虽然有很强的 Es，由于前面出现了 F1 层，所以 F2 层没出现，所以，也不能用符号 A 来说明。像这种电离图建议用 foF2 符号 C 或 Y 来度量。

foF2 = C

表 3-51　　**四分支描迹**

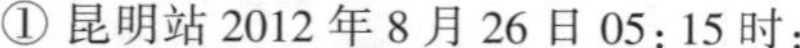

① 昆明站 2012 年 8 月 26 日 05:15 时:

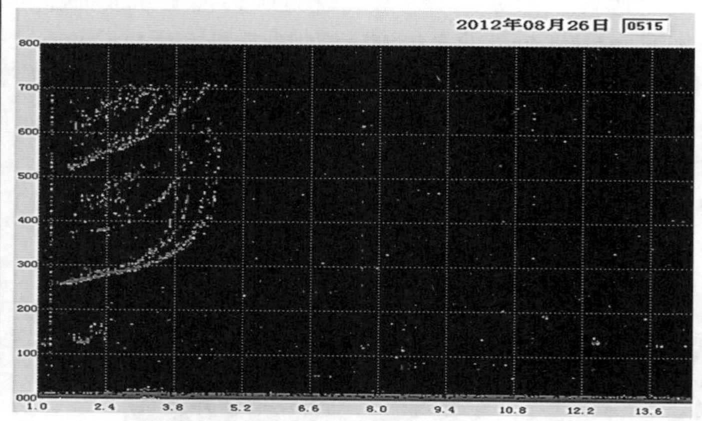

参数	结果
fmin	015ES
h′E	
foE	
foEs	014JS
h′Es	125
fbEs	015ES
h′F	255
foF1	
M3F1	
h′F2	
foF2	041-V
M3F2	300-V
fxI	047-X
Es-type	f1

② 昆明站 2012 年 9 月 22 日 03:00 时:

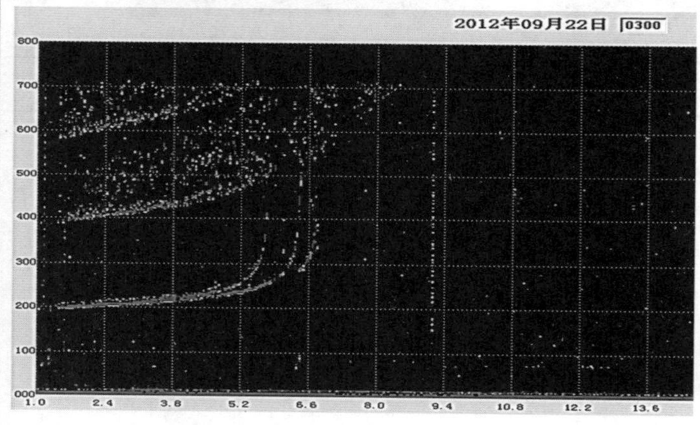

参数	结果
fmin	014ES
h′E	
foE	
foEs	014ES
h′Es	S
fbEs	014ES
h′F	195
foF1	
M3F1	
h′F2	
foF2	061JV
M3F2	V
fxI	067-X
Es-type	

③ 昆明站 2012 年 6 月 18 日 03:00 时:

参数	结果
fmin	014ES
h′E	
foE	
foEs	021JA
h′Es	120
fbEs	014ES
h′F	345ES
foF1	
M3F1	
h′F2	
foF2	030-V
M3F2	260-V
fxI	036-X
Es-type	f2

四分支描迹

【1】观测结果：观测到 F2 描迹的四个分支，即分岔描迹。

解　　释：这张图四分支描迹完整清晰，第一和第三分支、第二和第四分支的间隔都是 fB/2，规定度量时取较高频率的一对，用说明符号 V 加以注明。所以，

foF2 = (foF2) V = 041-V

【2】观测结果：F2 描迹出现分叉状，四分支描迹观测到了第一、第三和第四支。

解　　释：四分支的一个或几个通常是看不到的，它通常是四个叉点失去了某些部分，当失去寻常波时，foF2 可从非常波导出。此图中四分支描迹的第二支没有观测到，非常波分量观测到两支，且描迹较清楚，从非常波可推导出 foF2，应使用限量符号 J 与说明符号 V。所以，

foF2 = (fxF2−FB/2) JV = 061JV

【3】观测结果：F2 描迹出现分叉状，四分支描迹观测到了第二、第三和第四支。

解　　释：四分支描迹是由两对寻常波与非常波分量组成的。度量时应取较高频率的一对，标以说明符号 V。此图中寻常波分量只观测到一支，且发展不充分。根据精度规则用外推法获得 foF2 的值。所以，

foF2 = (foF2) V = 030-V

四分支描迹

① 拉萨站 2011 年 3 月 26 日 22：00 时：

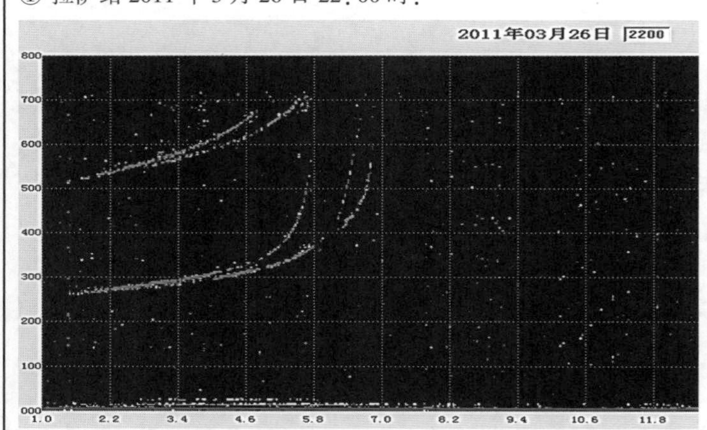

参数	结果
fmin	016ES
h′E	
foE	
foEs	016ES
h′Es	S
fbEs	016ES
h′F	260
foF1	
M3F1	
h′F2	
foF2	061JV
M3F2	V
fxI	068-X
Es-type	

② 拉萨站 2012 年 5 月 25 日 22：00 时：

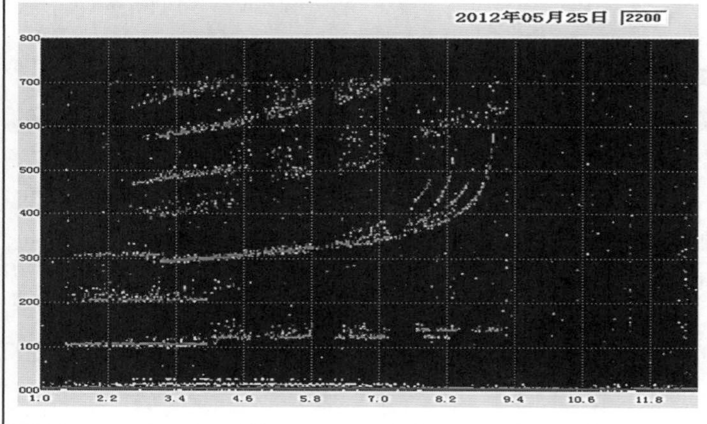

参数	结果
fmin	015ES
h′E	
foE	
foEs	085JA
h′Es	120
fbEs	030
h′F	295
foF1	
M3F1	
h′F2	
foF2	084-V
M3F2	290-V
fxI	091-X
Es-type	f1f1f

③ 拉萨站 2012 年 5 月 13 日 03：00 时：

参数	结果
fmin	014ES
h′E	
foE	
foEs	014ES
h′Es	S
fbEs	014ES
h′F	220
foF1	
M3F1	
h′F2	
foF2	058-V
M3F2	305-V
fxI	065OX
Es-type	

四分支描迹

【1】观测结果：F2 描迹非常波出现分叉。

解　　释：观测到分叉状描迹，应度量较高频率的一对，判定前一对寻常波与非常波临界频率的值为 5.8MHz 与 6.5MHz，而后一对只出现了非常波描迹为 6.8MHz，要得出寻常波的度量值则可由非常波推导出来：foF2＝(fxF2－fb/2)JV＝061JV。

【2】观测结果：F2 描迹 O 波与 X 波同时出现分叉状。

解　　释：F 描迹由两对寻常波与非常波分量组成(一对是 7.9MHz 与 8.6MHz，另一对是 8.4MHz 与 9.1MHz)，应度量较高频率的一对，应标以说明符号 V，它代表临界频率，所以，

foF2＝(foF2)V＝084-V

【3】观测结果：F2 描迹寻常波出现分叉。

解　　释：只出现寻常波分叉描迹，应度量较高频率的一对，判定前一对寻常波与非常波临界频率的值为 5.5MHz 与 6.2MHz，而后一对只出现了寻常波描迹为 5.8MHz，fxF2 从非常波描迹本身外推求得：fxI＝(foF2＋fb/2)OX＝065OX；限量符号 O 的意思是指非常波分量是由寻常波取得的。

四分支描迹

① 乌鲁木齐站 2009 年 3 月 8 日 13：30 时：

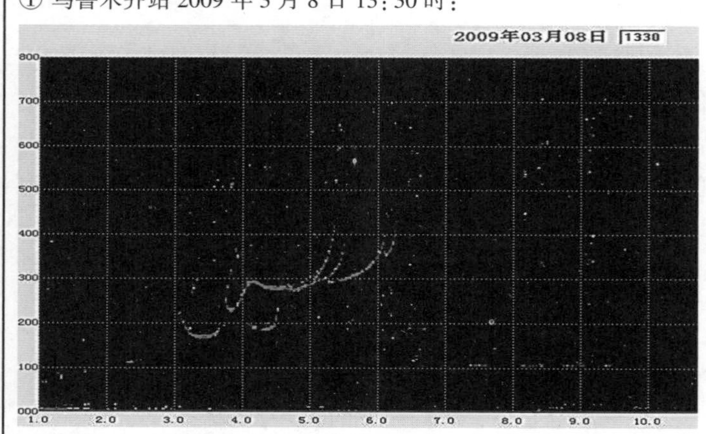

参数	结果
fmin	030
h′E	B
foE	B
foEs	030EB
h′Es	B
fbEs	030EB
h′F	165-H
foF1	420
M3F1	425UH
h′F2	275
foF2	055-V
M3F2	345-V
fxI	063-X
Es-type	

② 乌鲁木齐站 2011 年 6 月 11 日 03：00 时：

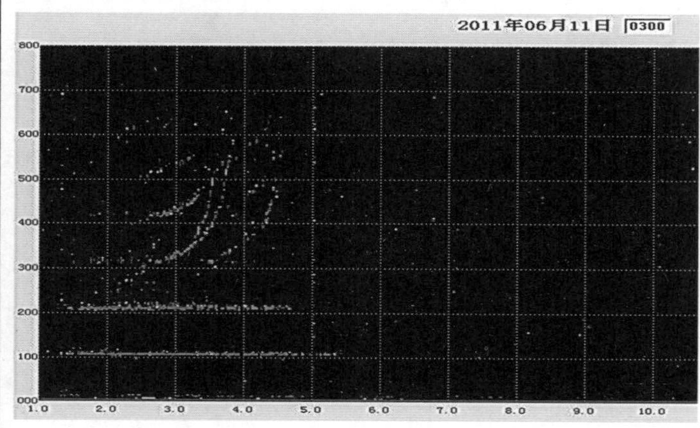

参数	结果
fmin	013ES
hE	
foE	
foEs	048JA
hEs	105
fbEs	027
hF	310-A
foF1	
M3F1	
hF2	
foF2	038-V
M3F2	295-V
fxI	045-X
Es-type	f3

③ 乌鲁木齐站 2009 年 3 月 28 日 09：30 时：

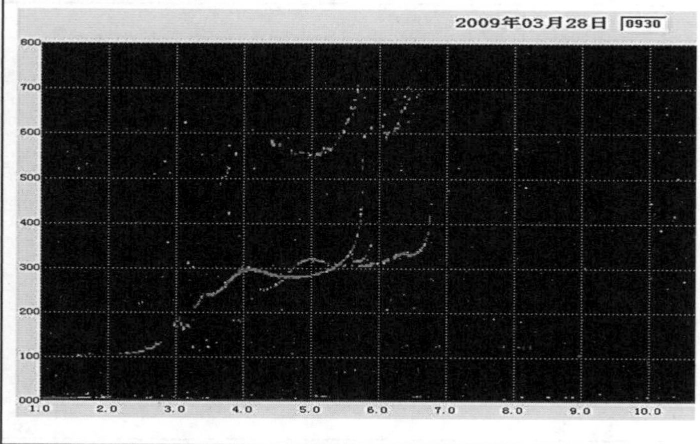

参数	结果
fmin	022
h′E	105
foE	290-R
foEs	032
h′Es	160-G
fbEs	032
h′F	210-H
foF1	410-L
M3F1	370-L
h′F2	275
foF2	061JV
M3F2	335JV
fxI	068-X
Es-type	h1

四分支描迹

【1】观测结果：出现 4 个分叉状的 F2 描迹。

解　　释：F2 描迹由两对寻常波与非常波分量组成(一对是 5.3MHz 与 6.1MHz，另一对是 5.5MHz 与 6.3MHz)，应度量较高频率的一对，并标以说明符 V，所以，

foF2 = (foF2) V = 055-V

建议度量四个叉尖的临界频率，并写在 F2 报表备注栏上，因为画频率日变化图时要用到它们(每月世界日)。

【2】观测结果：出现了 3 个分叉状的 F2 描迹。

解　　释：四分支的一个或几个通常是看不到的，它通常是四个叉点失去了某些部分而成，四分支描迹应由两对寻常波与非常波分量组成。(一对应该是 3.5MHz 与 4.2MHz，另一对是 3.8MHz 与 4.5MHz)，应度量较高频率的一对，并标以说明符 V，所以，

foF2 = (foF2) V = 038-V

【3】观测结果：出现了 3 个分叉状的 F2 描迹，2 个完好、1 个出得不全。

解　　释：四个叉的一个或几个通常是看不到的，它通常是四个叉点失去了某些部分而成，寻常波出得不全，foF2 可从非常波描迹导出。所以，

foF2 = (foF2) JV = 061JV

表 3-52　　　　　　　　　　　　**附加层 F3 层**

① 兰州站 2012 年 1 月 6 日 08:59 时：

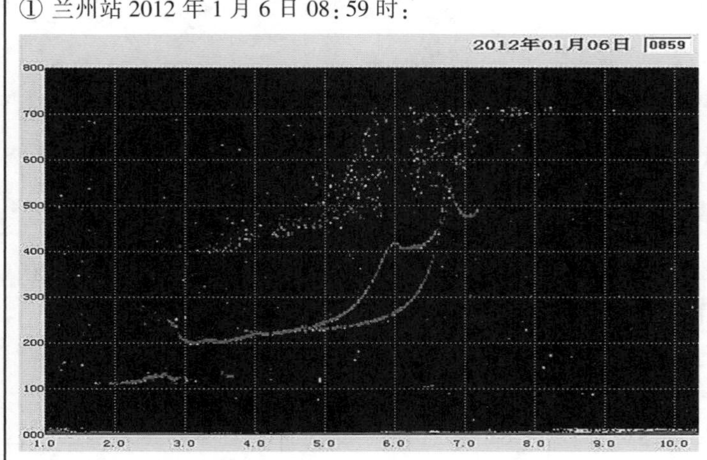

参数	结果
fmin	017
h′E	110
foE	270
foEs	031
h′Es	115
fbEs	029
h′F	195-H
foF1	
M3F1	
h′F2	
foF2	067-H
M3F2	310UH
fxI	074-X
Es-type	c2

② 兰州站 2012 年 2 月 9 日 16:00 时：

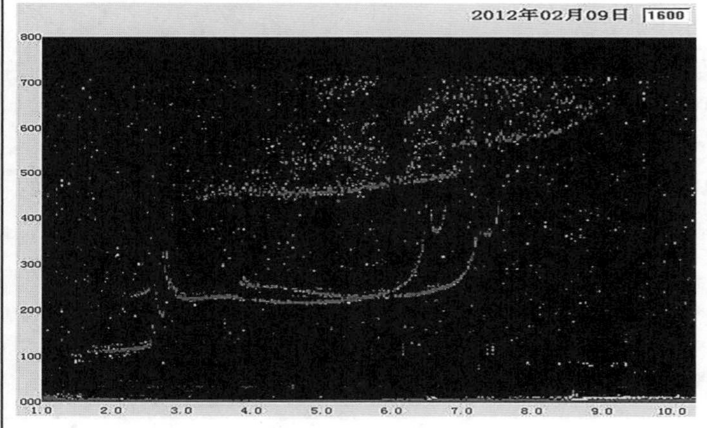

参数	结果
fmin	016
h′E	110
foE	260
foEs	028
h′Es	185EG
fbEs	027
h′F	215
foF1	
M3F1	
h′F2	
foF2	068-H
M3F2	365UH
fxI	075-X
Es-type	h1

③ 兰州站 2008 年 11 月 23 日 11:30 时：

参数	结果
fmin	019
h′E	105
foE	A
foEs	034
h′Es	175EG
fbEs	034-Y
h′F	220
foF1	410-L
M3F1	395-L
h′F2	220
foF2	064-H
M3F2	360UH
fxI	071-X
Es-type	h1c2

附加层 F3 层

【1】观测结果：F1 与 F2 几乎看不出分层，在 400km 处观测到附加层。

解　　释：从前后图比较及时间可看出，F1 与 F2 不分层，所以，h′F=195H，h′F2 不取值。在 400km 高度以上处，附在 6.0 至 6.7MHz 处范围内，频率相差 0.7MHz，虚高相差 200km 是 F3 层。

一般 F3 层临频比 F2 层临频稍高点，F3 层发生时最短的持续时间是 15 分钟，最长 6 小时左右。

注　　意：此图由于 F1 与 F2 不分层，避免将 F3 层误认为是 F2 层。

【2】观测结果：在 365km 处观测到附加层。

解　　释：在 365km 高度以上处，附在主 F 层 6.5 至 6.8MHz 处范围内，频率相差 0.3MHz，虚高相差 150km。

这是兰州站当地时间 16 点观测到的电离图，此时 F1 与 F2 分层十分不明显，应当作不分层度量，所以 h′F 直接取值 215。由于附加层附在主 F2 层的边缘，所以度量时用 foF2=068H，即

M3F2=365UH(H 表示分层的存在)

【3】观测结果：在 300km 以上观测到 O 波与 X 波十分对称的附加层。

解　　释：从前后序列图比较认为稳定层的高度在 220km 附近，所以在 300km 处的层应是 F3 层。

注　　意：F3 层可以通过垂测仪获得的电离图中出现的额外的尖点来确定，但是鉴别起来也许并不那么简单，因为电离层行波式扰动和 F1.5 层会产生类似的尖点。从获得的垂直电子浓度剖面图看，F3 层很薄，F3 层的临频比 F2 层临频稍高一点。

表 3-53　　**F2 层瞬时描迹**

① 乌鲁木齐站 2013 年 4 月 4 日 11:00 时:

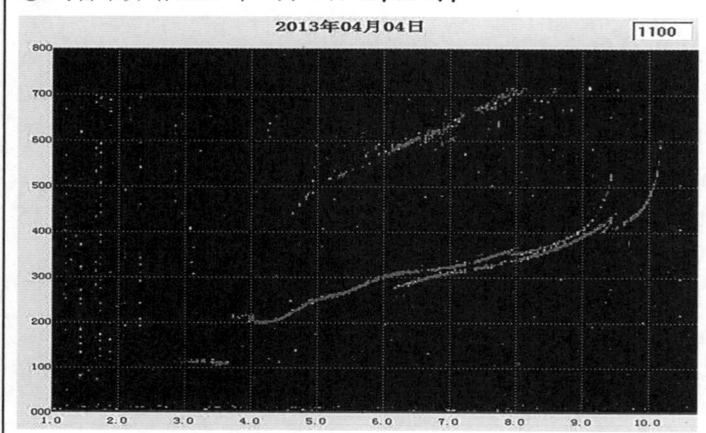

参数	结果
fmin	028
h′E	110
foE	340-A
foEs	037
h′Es	110
fbEs	037-Y
h′F	195
foF1	L
M3F1	L
h′F2	305-L
foF2	095-H
M3F2	290UH
fxI	102-X
Es-type	c1

② 拉萨站 2012 年 4 月 8 日 20:00 时:

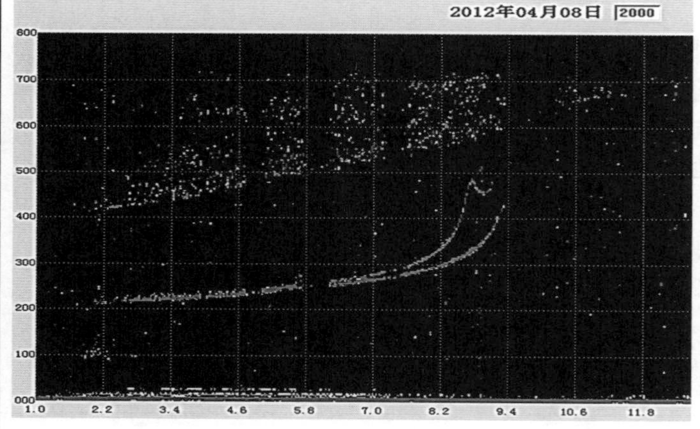

参数	结果
fmin	018ES
h′E	
foE	
foEs	023
h′Es	100
fbEs	020
h′F	210
foF1	
M3F1	
h′F2	
foF2	091-H
M3F2	310UH
fxI	098OX
Es-type	f1

③ 北京站 2008 年 11 月 29 日 12:00 时:

参数	结果
fmin	017
h′E	110
foE	265
foEs	030
h′Es	115
fbEs	030
h′F	210
foF1	390UL
M3F1	385UL
h′F2	245
foF2	063-H
M3F2	365UH
fxI	072-H
Es-type	c2

F2 层瞬时描迹

【1】观测结果：F2 层的 O 波和 X 波同时出现分层描迹。
解　　释：在 350km 高度处，F2 层的 O 波出现尖角，在 400km 高度处，F2 层的 X 波出现尖角，认为 F2 层的 O 波和 X 波同时受瞬时分层的影响，对于 M3F2 影响更严重，应加限量符号 U 和说明符号 H，所以，

foF2 = 095-H；M3F2 = 290UH

【2】观测结果：白天电离图，在 F2 层寻常分量的 8.7Hz 处，观测到一个异常的弯曲点（出现的瞬时描迹）。
解　　释：出现在 foF2 附近的弯曲点，认为是瞬时描迹，当瞬时描迹影响 foF2 时，需加符号 H，foF2 =（foF2）H = 091H；此图中 fxI 在 9.3MHz 处有干扰，从 foF2 去推导 fxI 更为实际些，则 fxI =（foF2+ fB/2）OX = 098OX；对于 M3F2 取值需附加限量符号 U 和说明符号 H。所以，

M3F2 = 310UH

【3】观测结果：F2 层 O 波存在倾斜，X 波高频部分出现分层。
解　　释：F2 层临界频率（大约 6MHz）附近的描迹形状异常，可能是分层或倾斜层的出现造成的，因此 foF2 和 M3F2，须用符号 H 加以说明，即 foF2 = 063H，M3F2 = 365UH。
X 波高频部分出现分层且与 O 波的不对称，也须加说明符号 H。即 fxI = 072H。
注　　意：符号 H 通常用于表示分层或倾斜层的出现。而符号 Y 表示在 F 区有严重的倾斜出现，此时，Y 的意思不同于“空白”。

表 3-54　　**扩展 F 层**

① 长春站 2013 年 2 月 12 日 01:30 时:

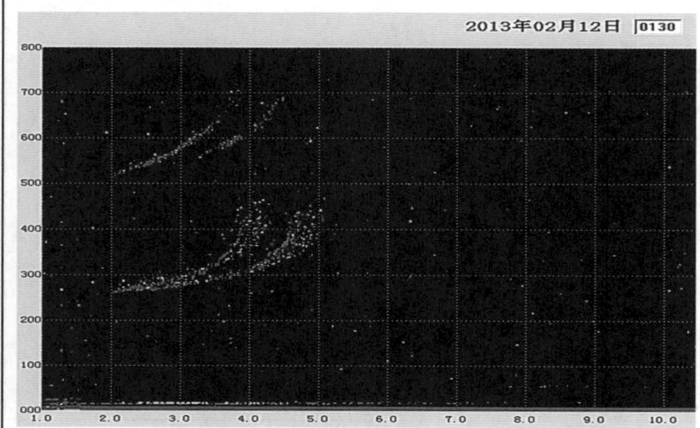

参数	结果
fmin	020EC
h′E	
foE	
foEs	020EC
h′Es	C
fbEs	020EC
h′F	260
foF1	
M3F1	
h′F2	
foF2	039-F
M3F2	315-F
fxI	051
Es-type	

② 新乡站 2013 年 7 月 16 日 03:00 时:

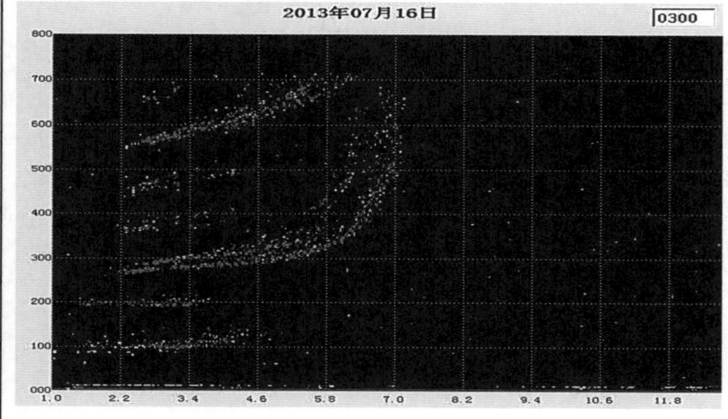

参数	结果
fmin	015ES
h′E	
foE	
foEs	031JA
h′Es	095
fbEs	023
h′F	265
foF1	
M3F1	
h′F2	
foF2	061UF
M3F2	275UF
fxI	072
Es-type	f2

③ 新乡站 2013 年 5 月 15 日 01:00 时:

参数	结果
fmin	016ES
h′E	
foE	
foEs	025JA
h′Es	115
fbEs	016ES
h′F	260
foF1	
M3F1	
h′F2	
foF2	071
M3F2	280
fxI	084
Es-type	f1f1

扩展 F 层

【1】观测结果：F 描迹的两个分量都有扩散回波。

解　　释：F 描迹的寻常波和非常波两者都处于扩散状态，此图中，每个分量回波的内边缘(频率的较低部分)是清晰的，根据频率扩散精度规则(1)中“当回波出现很清晰的内边缘时，临频值取内边缘，不加限量符号”。所以，

foF2＝039-F；fxI＝051

注　　意：表示频率扩散回波出现的标志是扩散回波的宽度超过 0.3MHz。

【2】观测结果：F 层描迹在 6.1 至 7.2MHz 上扩散，且没有十分清晰的边缘或主描迹。

解　　释：根据频率扩散精度规则(3)中“当回波出现不十分清晰的边缘时，临频值取内边缘，加限量符号 U 和说明符号 F。”所以，

foF2＝061UF；fxI＝072

【3】观测结果：F 层寻常波描迹清晰，发展良好；而非常波描迹在 7.8 至 8.4MHz 上扩散。

解　　释：由于扩散出现在 X 波描迹上，不会对 foF2 及 M3F2 产生影响，因此 foF2 和 M3F2 的取值是可靠的，而根据参数 fxI 定义，F 区(F1 或 F2 层)反射的最高频率度量为 fxI，即 fxI＝084。

扩展 F 层

① 广州站 2012 年 3 月 26 日 23：00 时：

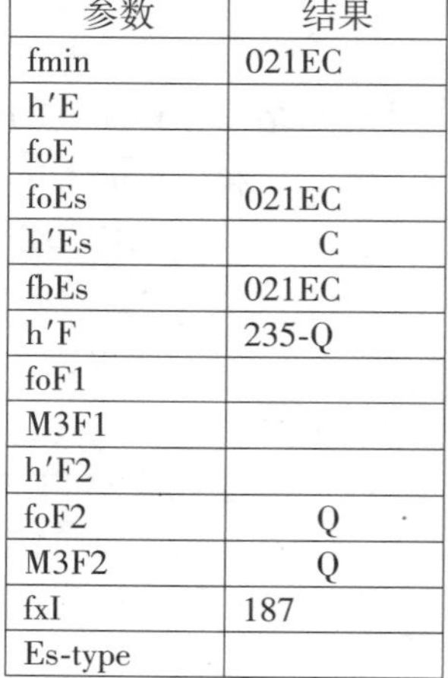

参数	结果
fmin	021EC
h′E	
foE	
foEs	021EC
h′Es	C
fbEs	021EC
h′F	235-Q
foF1	
M3F1	
h′F2	
foF2	Q
M3F2	Q
fxI	187
Es-type	

② 广州站 2012 年 3 月 26 日 23：15 时：

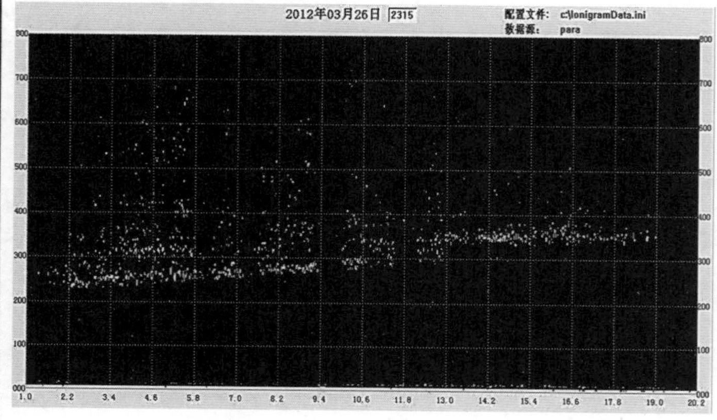

参数	结果
fmin	016ES
h′E	
foE	
foEs	016ES
h′Es	S
fbEs	016ES
h′F	230UQ
foF1	
M3F1	
h′F2	
foF2	Q
M3F2	Q
fxI	190
Es-type	

③ 广州站 2012 年 3 月 27 日 01：30 时：

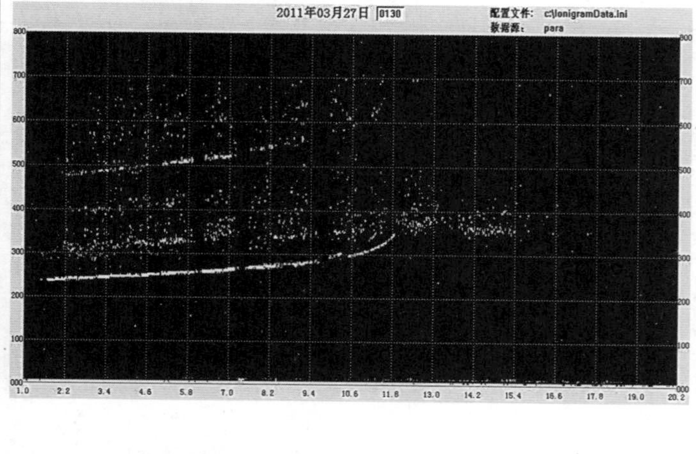

参数	结果
fmin	015ES
h′E	
foE	
foEs	015ES
h′Es	S
fbEs	015ES
h′F	235
foF1	
M3F1	
h′F2	
foF2	114
M3F2	335
fxI	158
Es-type	

扩展 F 层

【1】观测结果：在 235km 以上的高度上，区域扩散且底端边缘清晰。

解　　释：区域扩散，则 foF2 度量为 Q；底端边缘清晰，则 F 层的虚高 h′F 应度量为 235-Q；F 区最高频率就度量为 fxI。若底端边缘不清晰，则虚高 h′F 度量为 xxxUQ 或 Q。所以，

h′F = 235-Q

【2】观测结果：在 230km 以上的高度上，区域扩散，且底端边缘不十分清晰。

解　　释：则 foF2 度量为 Q；F 层的虚高 h′F 应度量为 230UQ；F 区最高频率就度量为 fxI。

注　　意：强闪烁发生时，一般 F 层存在严重扩散。这是同时间观测到的强闪烁信号。

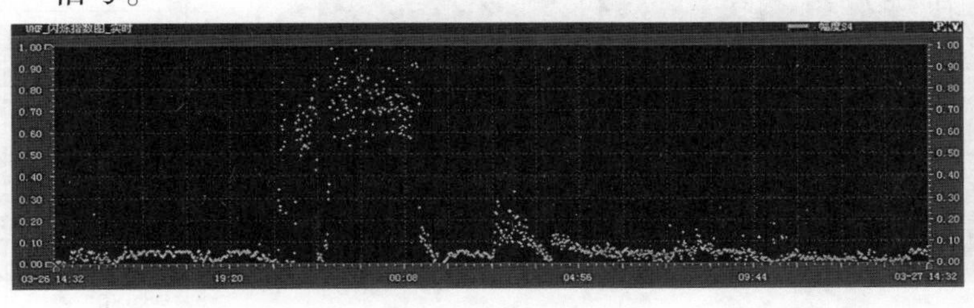

【3】观测结果：在 300km 以上的高度上存在区域扩散且能清楚观测到 F 层 O 波与 X 波。

解　　释：fxI 是表明 F 层散射存在的一个参数，当 F 区有扩散回波，F 区最高频率就度量为 fxI，此图是区域扩散，F 区最高频率是 15.8MHz 处，而不是 fxF2 的值 12.0MHz 处。所以，

fxI = 158

扩展 F 层

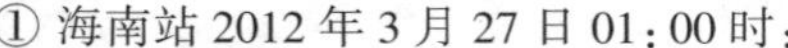
① 海南站 2012 年 3 月 27 日 01:00 时：

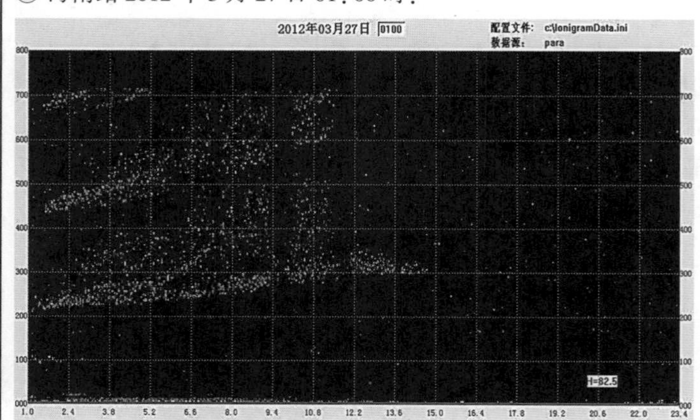

参数	结果
fmin	011ES
h′E	
foE	
foEs	011ES
h′Es	S
fbEs	011ES
h′F	215UQ
foF1	
M3F1	
h′F2	
foF2	Q
M3F2	Q
fxI	146
Es-type	

② 海南站 2012 年 3 月 26 日 23:30 时：

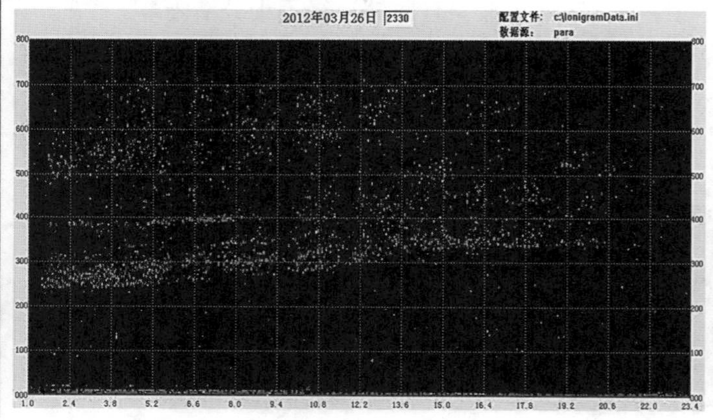

参数	结果
fmin	015ES
h′E	
foE	
foEs	015ES
h′Es	S
fbEs	015ES
h′F	240UQ
foF1	
M3F1	
h′F2	
foF2	Q
M3F2	Q
fxI	214
Es-type	

③ 海南站 2012 年 3 月 25 日 22:30 时：

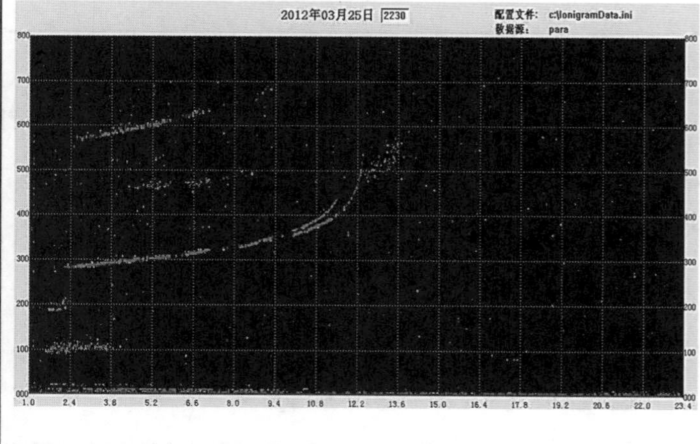

参数	结果
fmin	016ES
h′E	
foE	
foEs	032JA
h′Es	105
fbEs	022
h′F	280
foF1	
M3F1	
h′F2	
foF2	118-S
M3F2	290-S
fxI	138-P
Es-type	f1f2

扩展 F 层

【1】解　　释：在 215km 以上的高度，区域扩散，且底端边缘不十分清晰，F 层的虚高h′F 应度量为 215UQ，参数 fxI 应取到扩散的顶点 14.6MHz 处。所以，

$$h'F=215UQ$$

注　　意：强闪烁发生时，一般 F 层存在严重扩散。这是同时观测到的强闪烁信号。

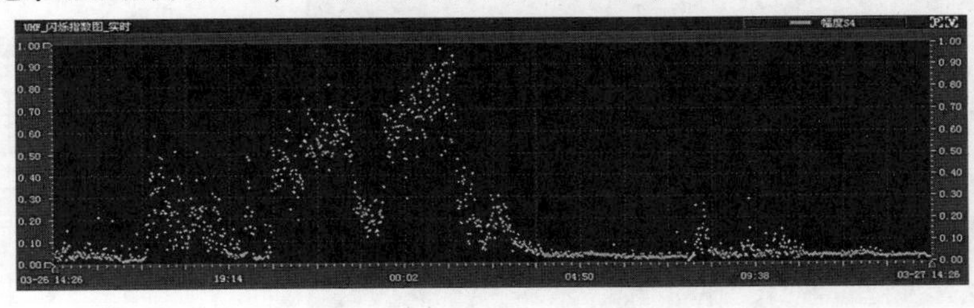

【2】解　　释：在 240km 以上的高度，区域扩散，且底端边缘不十分清晰，F 层的虚高h′F 应度量为 240UQ，参数 fxI 应取到扩散的顶点 21.4MHz 处。所以，

$$h'F=240UQ$$

而下图中，区域扩散的底端边缘清晰，h′F 应度量为 235Q。

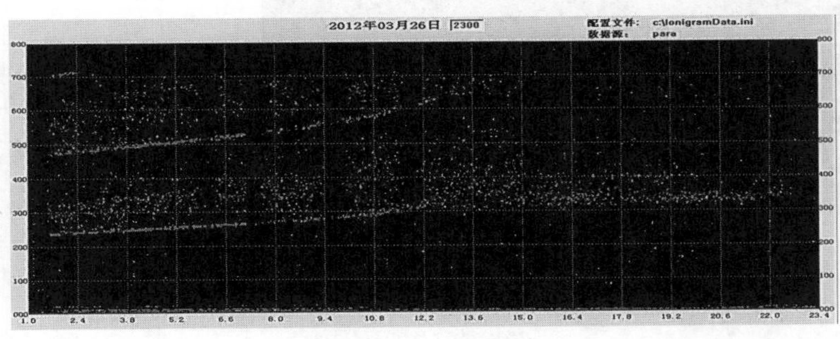

【3】解　　释：F 层描迹是正常的，但从非常波描迹起有扩散歧迹。

注　　释：这个扩散回波与非常波联系在一起，叫作“歧迹”，因为它像歧的形状(歧即鸡爪状)，这类回波是电离出现严重倾斜或有不规则结构存在时出现。所以，

$$fxI=138\text{-}P$$

扩展 F 层

① 乌鲁木齐站 2012 年 2 月 9 日 23:45 时:

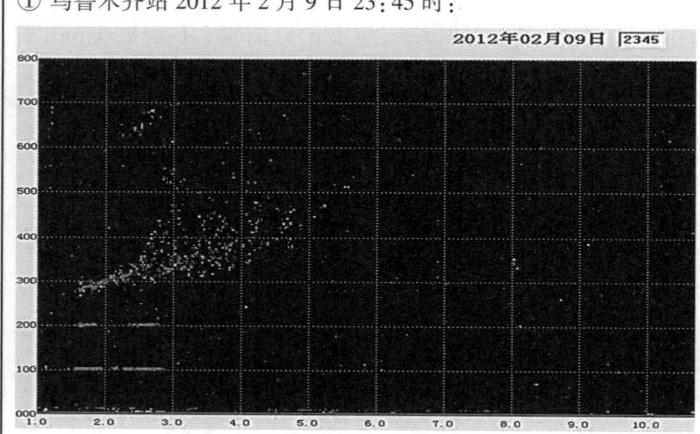

参数	结果
fmin	015ES
h′E	
foE	
foEs	023JA
h′Es	100
fbEs	015ES
h′F	275-S
foF1	
M3F1	
h′F2	
foF2	028UF
M3F2	295UF
fxI	049
Es-type	f2

② 乌鲁木齐站 2012 年 2 月 23 日 03:45 时:

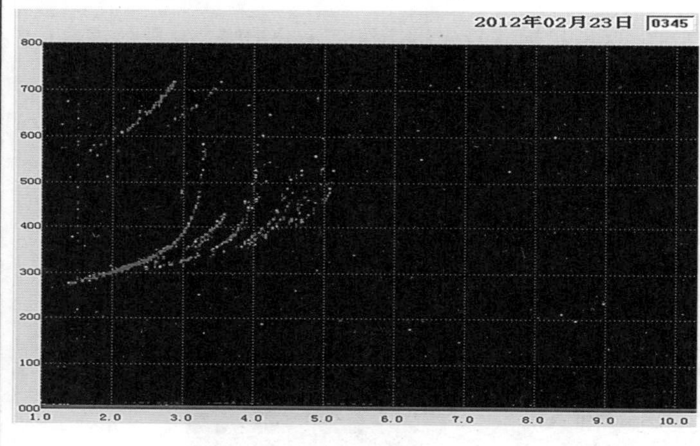

参数	结果
fmin	014ES
h′E	
foE	
foEs	014ES
h′Es	S
fbEs	014ES
h′F	280S
foF1	
M3F1	
h′F2	
foF2	034
M3F2	280
fxI	051
Es-type	

③ 乌鲁木齐站 2012 年 2 月 9 日 23:00 时:

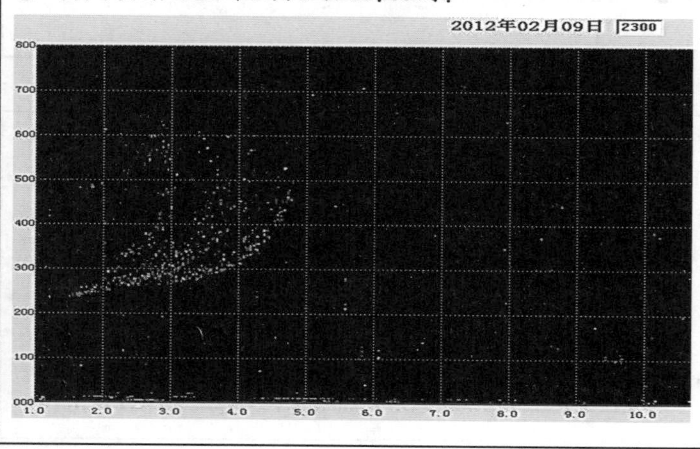

参数	结果
fmin	015ES
h′E	
foE	
foEs	015ES
h′Es	S
fbEs	015ES
h′F	235
foF1	
M3F1	
h′F2	
foF2	040UF
M3F2	300UF
fxI	048-X
Es-type	

扩展 F 层

【1】观测结果：扩散回波沿频率坐标轴的最大宽度大约为 2.1MHz(2.8~4.9MHz)。
解　释：这类扩散图叫做频率型扩散。内边缘不十分清晰，可作为度量 foF2 参考描迹。foF2=(foF2)UF=052UF；根据参数 fxI 定义，当 F 区有扩散回波和斜反射时，为 F 区的最高频率就度量为 fxI，所以，

fxI=049

【2】观测结果：F2 层有明显的 O 波和 X 波，且伴随扩散回波和斜反射回波。
解　释：当 F 区有扩散回波和斜反射回波时，F 区最高频率就度量为 fxI，fxI=5.1MHz，而不是 fxF2=4.0MHz 的值，下图也是同样的度量方法。

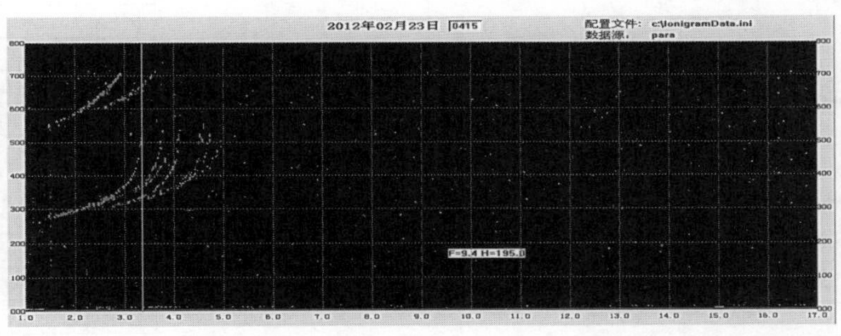

【3】观测结果：在 2.8~4.0MHz 处伴随着扩散回波，扩散的内边缘不是十分清晰。从前后序列图看，4.0MHz 处是 F2 层 O 波描迹。
解　释：由于 F2 层 O 波主描迹存在但不是十分清晰，所以度量 foF2 可由主要描迹的值注上限量符号 U 及说明符号 F 得到，因此 foF2=40UF；F 区最高频率处有很弱的扩散且频率扩散宽度没有超过 0.3MHz，所以，

fxI=048-X。

扩展F层

① 广州站2011年3月27日03:00时:

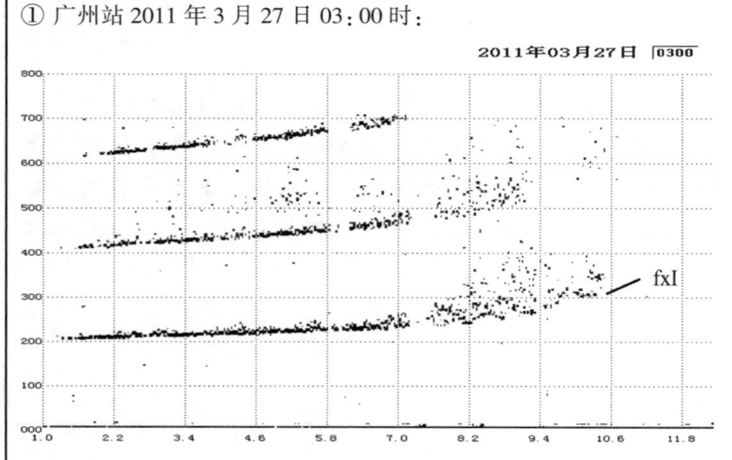

参数	结果
fmin	013ES
h'E	
foE	
foEs	013ES
h'Es	S
fbEs	013ES
h'F	200
foF1	
M3F1	
h'F2	
foF2	F
M3F2	F
fxI	104
Es-type	

② 广州站2011年3月27日03:30时:

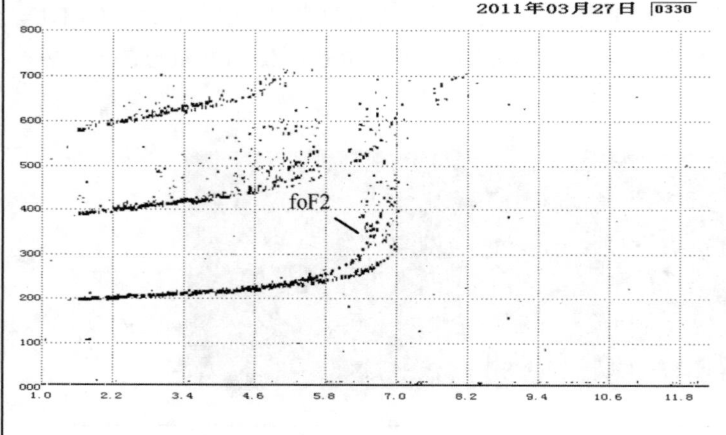

参数	结果
fmin	015ES
h'E	
foE	
foEs	015ES
h'Es	S
fbEs	015ES
h'F	195
foF1	
M3F1	
h'F2	
foF2	068UF
M3F2	355UF
fxI	074OS
Es-type	

③ 广州站2011年3月27日04:00时:

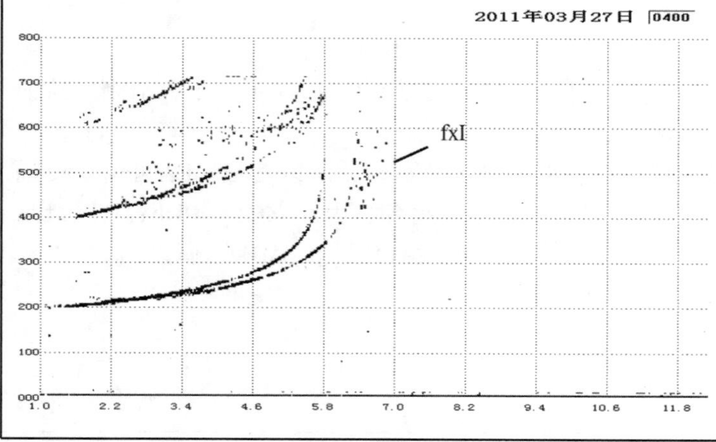

参数	结果
fmin	011ES
h'E	
foE	
foEs	011ES
h'Es	S
fbEs	011ES
h'F	195
foF1	
M3F1	
h'F2	
foF2	058
M3F2	315
fxI	068
Es-type	

扩展 F 层

【1】观测结果：观测到典型的频率完全扩散。

解　　释：F 层描迹完全扩散，扩散回波的内边缘不清晰，foF2 和 M(3000)F2 不取值，只注说明符号 F，h′F 正常度量，fxI 取最高频率值不加 X。

foF2＝F，M3F2＝F，fxI＝104

【2】观测结果：观测到频率扩散，其扩散中有主要描迹存在，且 F 层非寻常波发展不完全。

解　　释：此图，频率扩散中有主要描迹存在且不是斜反射描迹。度量 foF2 应取主要描迹并注限量符号 U 和说明符号 F；寻常波扩散宽度小于 $f_B/2$，非寻常波发展不充分时，度量 fxI 应从 foI 外推得到，需注限量符号 O 和说明符号 S。

foF2＝068UF，M3F2＝355UF，fxI＝(foI+f_B/2)OS＝078OS

【3】观测结果：观测到 F 层非寻常波附近的频率扩散。

解　　释：F 层寻常波描迹不存在扩散，而非寻常波描迹在 6.4MHz～6.8MHz 之间扩散。因此 foF2 直接取值，根据参数 fxI 的定义，F 区(F1 或 F2 层)反射的最高频率度量为 fxI。所以 fxI 取 68，而不是 fxF2 的值 64。

foF2＝058，M3F2＝315，fxI＝068

扩展F层

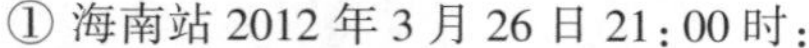

① 海南站2012年3月26日21:00时:

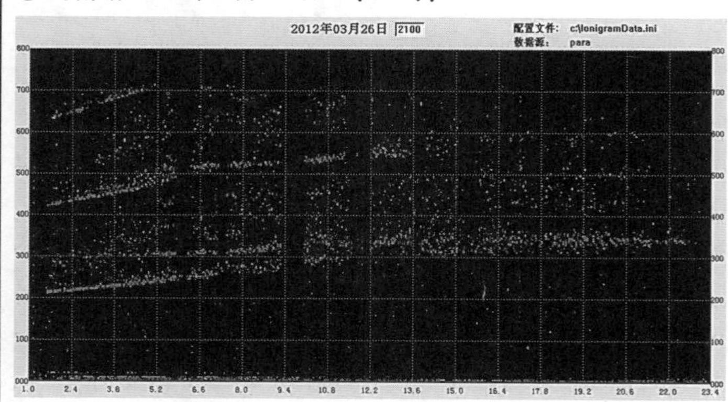

参数	结果
fmin	016ES
h′E	
foE	
foEs	016ES
h′Es	S
fbEs	016ES
h′F	210-Q
foF1	
M3F1	
h′F2	
foF2	Q
M3F2	Q
fxI	227
Es-type	

② 海南站2012年3月26日21:15时:

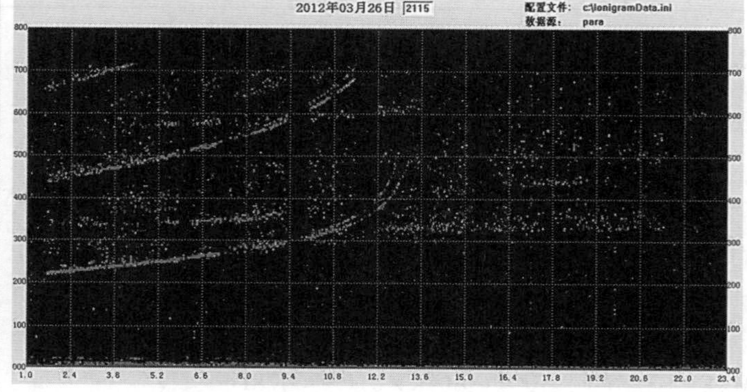

参数	结果
fmin	016ES
h′E	
foE	
foEs	016ES
h′Es	S
fbEs	016ES
h′F	220
foF1	
M3F1	
h′F2	
foF2	129
M3F2	290
fxI	212
Es-type	

③ 广州站2013年9月26日01:00时:

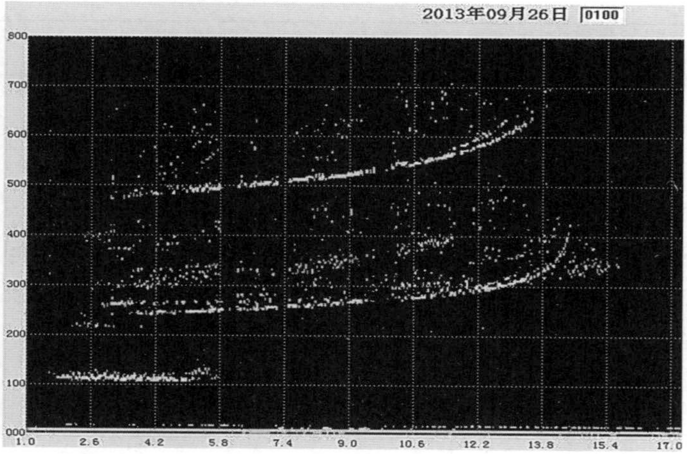

参数	结果
fmin	017ES
h′E	
foE	
foEs	051JA
h′Es	105
fbEs	028
h′F	240-Q
foF1	
M3F1	
h′F2	
foF2	138JF
M3F2	F
fxI	157
Es-type	f2

扩展 F 层

【1】观测结果：观测到了区域扩散。

解　　释：在 210km 以上的高度上，且底端边缘清晰，垂直反射回波描迹与具有扩散回波的斜反射描迹一起观测到，且伴有区域扩散，参数 fxI 应取到扩散的顶点 22.7MHz 处；F 层的虚高 h′F 应度量为 210Q；若底端边缘不清晰，则虚高 h′F 度量为×××UQ 或 Q。所以，

fxI = 227；h′F = 210-Q

【2】解　　释：fxI 是表明 F 层散射存在的一个参数，当 F 区有扩散回波和斜反射时，F 区最高频率就度量为 fxI，此图是 21.2MHz 处，而不是 fxF2 的值 13.5MHz 处。所以，

fxI = 212

【3】观测结果：在 F2 层的频率扩散中观测到了 F2 层的非常波分量。

解　　释：此图中既有频率扩散又有区域扩散，在 F2 层的频率扩散中 fxF2 的描迹清晰，应根据 fxF2 推导出 foF2 的值；fxI 的值为 F 区的最高频率 15.7MHz 处。所以，

h′F = 240-Q；foF2 = 138JF；M3F2 = F；fxI = 157

扩展 F 层

① 北京站 2010 年 3 月 17 日 08:30 时:

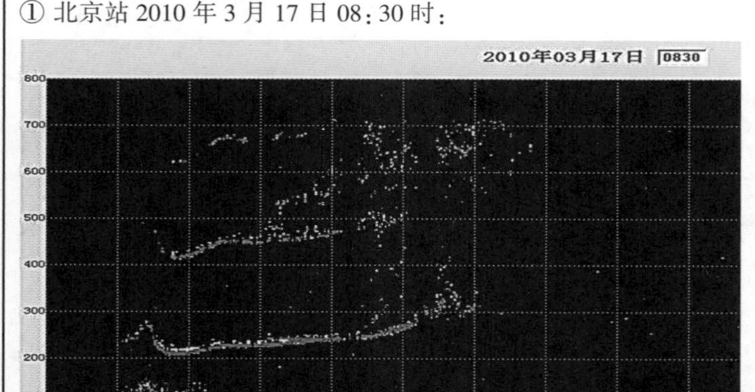

参数	结果
fmin	019
h′E	105
foE	270
foEs	030
h′Es	125
fbEs	028
h′F	205
foF1	L
M3F1	L
h′F2	225
foF2	068-R
M3F2	370-R
fxI	082
Es-type	c2

② 北京站 2008 年 10 月 25 日 00:00 时:

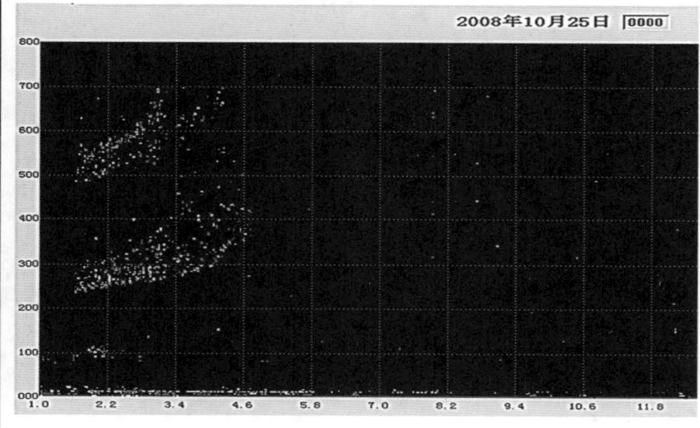

参数	结果
fmin	016ES
h′E	
foE	
foEs	016JS
h′Es	100
fbEs	016ES
h′F	240-Q
foF1	
M3F1	
h′F2	
foF2	F
M3F2	F
fxI	044
Es-type	f1

③ 青岛站 2013 年 10 月 17 日 04:46 时:

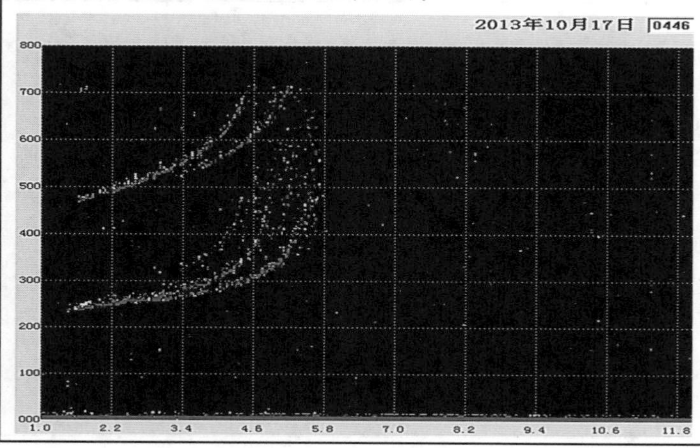

参数	结果
fmin	014ES
h′E	
foE	
foEs	014ES
h′Es	S
fbEs	014ES
h′F	235
foF1	
M3F1	
h′F2	
foF2	049UF
M3F2	310UF
fxI	057
Es-type	

扩展 F 层

【1】观测结果：F2 层的 O 波描迹发展良好，X 波描迹存在扩散。

解　　释：由于扩散出现在 X 波描迹上，不会对 foF2 及 M3F2 产生影响，因此 foF2 和 M3F2 的取值是可靠的，而根据参数 fxI 定义，F 区(F1 或 F2 层)反射的最高频率度量为 fxI。所以，

foF2＝068-R；fxI＝082

【2】观测结果：夜间电离图，在全部 F 描迹的频率范围内都看到回波扩散。

解　　释：F 层描迹除扩散回波之外，看不到清晰的反射，低频部分还出现区域型扩散，因此 h′F 的数字值应附加说明符号 Q，foF2 和 M3F2 用说明符号 F 表示，fxI 应取 F 层描迹的最高频率。所以，

foF2＝F；fxI＝044

【3】观测结果：夜间电离图，F 层描迹频率扩散。

解　　释：F 层频率扩散中存在主要描迹，在 4.9MHz 处出现较清晰的主描迹，根据 F 层频率扩散的精度规则，“当扩散中有主描迹时，频率值取主描迹，加限量符号 U”，因此 foF2 应取主描迹，并附加限量符号 U 和说明符号 F，fxI 应取扩散描迹的外边缘频率值。所以，

foF2＝049UF；fxI＝057

扩展 F 层

① 昆明站 2011 年 11 月 23 日 02:45 时:

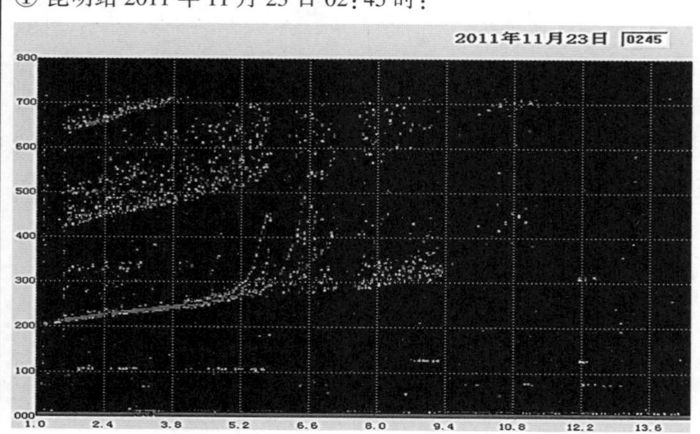

参数	结果
fmin	012ES
h′E	
foE	
foEs	012ES
h′Es	S
fbEs	012ES
h′F	205
foF1	
M3F1	
h′F2	
foF2	058
M3F2	340
fxI	094
Es-type	

② 昆明站 2012 年 6 月 11 日 03:00 时:

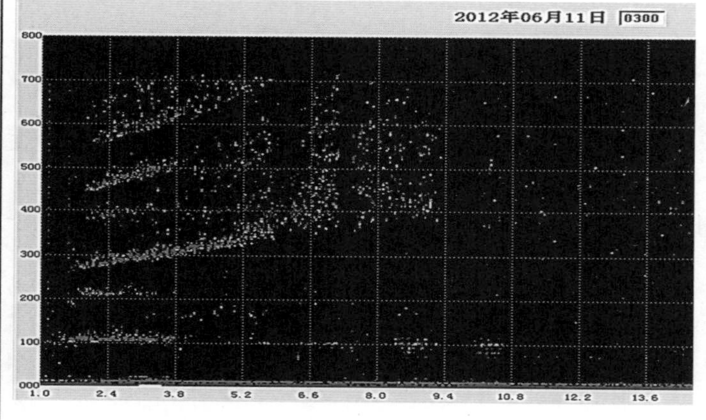

参数	结果
fmin	014ES
h′E	
foE	
foEs	032JA
h′Es	105
fbEs	018
h′F	270
foF1	
M3F1	
h′F2	
foF2	F
M3F2	F
fxI	091
Es-type	f2

③ 昆明站 2011 年 11 月 23 日 03:00 时:

2011年11月23日 0300

参数	结果
fmin	012ES
h′E	
foE	
foEs	022JA
h′Es	130
fbEs	012ES
h′F	205
foF1	
M3F1	
h′F2	
foF2	054-H
M3F2	350UH
fxI	059-X
Es-type	f1

扩展 F 层

【1】观测结果：在 F 区观测到 foF2 和 fxF2，在 fxF2 附近有扩散回波出现。

解　　释：此图中，F 层寻常波描迹不存在扩散，foF2 直接取值；根据参数 fxI 定义，记录到 F 区(F1 或 F2 层)反射的最高频率，所以，

foF2 = 058；fxI = 094

【2】观测结果：在全部 F 描迹的频率范围内都记录到扩散回波。除扩散回波之外看不到清晰的反射。

解　　释：此图中扩散回波的内边缘不清晰，即 foF2 无法取到确切值；包括扩散部分在内的 F 描迹的最高频率即是 fxI；所以，

foF2 = F；fxI = 091

【3】观测结果：观测到了 M 反射，其虚高为 2F-Es。

解　　释：M 反射是 Es 后向散射，切于 M(2F-Es)描迹。通常 M 和 N 反射是不能度量的，但是当电离层倾斜以致正常 F 描迹消失时，偶尔可用来给出 foF2 的数值。所以，

foF2 = 054-H；fxI = 059-X

表 3-55　　　　**歧迹 P 描迹**

① 昆明站 2011 年 11 月 23 日 03：30 时：

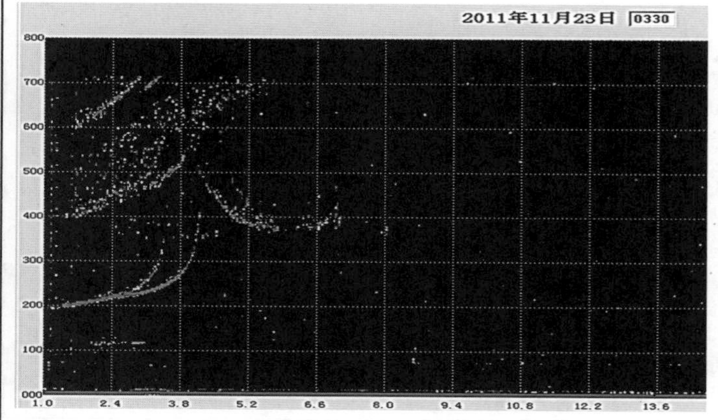

参数	结果
fmin	014ES
h'E	
foE	
foEs	025JA
h'Es	110
fbEs	014ES
h'F	195
foF1	
M3F1	
h'F2	
foF2	035
M3F2	365
fxI	071-P
Es-type	f1

② 昆明站 2012 年 12 月 8 日 17：45 时：

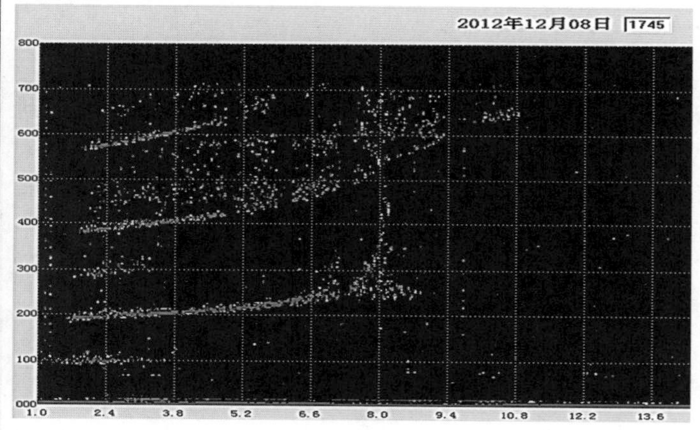

参数	结果
fmin	015ES
h'E	
foE	
foEs	027JA
h'Es	095
fbEs	017
h'F	190
foF1	
M3F1	
h'F2	
foF2	073-S
M3F2	380-S
fxI	088-P
Es-type	f1

③ 昆明站 2012 年 5 月 26 日 00：00 时：

参数	结果
fmin	012ES
h'E	
foE	
foEs	021JA
h'Es	095
fbEs	014
h'F	280-Q
foF1	
M3F1	
h'F2	
foF2	079-F
M3F2	260-F
fxI	114-P
Es-type	f2

歧迹 P 描迹

【1】观测结果：F 层描迹是正常的，但从非常波描迹后出现歧迹。

解　　释：在这个电离图中，歧迹的虚高值比 h′F 大。因为这类回波是在电离层出现严重倾斜或有不规则结构存在时出现。但它是 F 区记录到反射的最高频率，由此给出 fxI 的值。所以，

foF2＝035；fxI＝071-P

【2】观测结果：观测到从非常波描迹起有扩散歧迹，F 描迹是正常的。

解　　释：这个扩散回波与非常波连接在一起，叫做“歧迹”，这类回波是当电离层出现严重倾斜或有不规则结构存在时出现。所以，

foF2＝073-S；fxI＝088-P

【3】观测结果：两种类型的扩散回波出现在这个电离图上，一种是区域型扩散(描迹在高度方向上展开)；另一种是频率型扩散，宽度为 1.3MHz(7.9～9.2MHz)；同时还有歧迹出现。

解　　释：如果 h′F 附近的描迹宽度超过 30km，认为它是区域型扩散，说明符号 Q 适用于虚高。此图非常波描迹后也出现像歧的形状，即歧迹。所以

foF2＝079-F；fxI＝114-P

表 3-56　　　　　　　　　　　　　　**F2 层倾斜描迹**

① 拉萨站 2011 年 2 月 8 日 16:00 时:

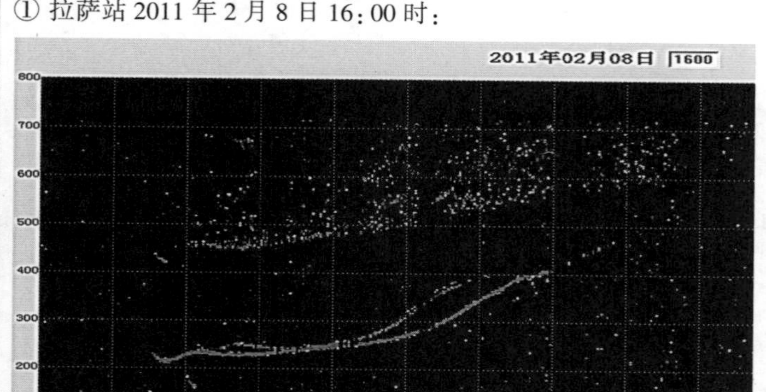

参数	结果
fmin	018
h′E	110
foE	250-R
foEs	029JY
h′Es	Y
fbEs	Y
h′F	210
foF1	370UL
M3F1	L
h′F2	225
foF2	084EY
M3F2	305DY
fxI	104-Y
Es-type	h1

② 拉萨站 2012 年 3 月 14 日 00:00 时:

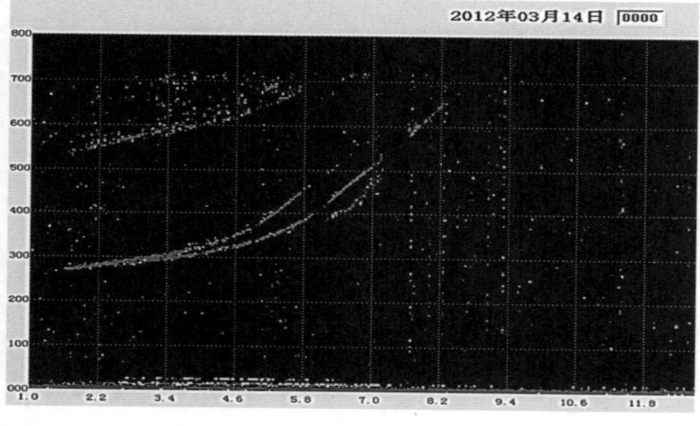

参数	结果
fmin	016ES
h′E	
foE	
foEs	016ES
h′Es	S
fbEs	016ES
h′F	270
foF1	
M3F1	
h′F2	
foF2	S
M3F2	S
fxI	083-Y
Es-type	

③ 拉萨站 2012 年 2 月 27 日 16:00 时:

参数	结果
fmin	018
h′E	115-A
foE	280
foEs	030
h′Es	120-G
fbEs	030
h′F	225
foF1	410UL
M3F1	L
h′F2	240
foF2	093
M3F2	315
fxI	105-Y
Es-type	c111

F2 层倾斜描迹

【1】观测结果：F2 层临界频率附近的描迹形状异常，同时在 8.4MHz 附近，寻常波分量突然消失。

解　　释：当 F2 层有大的倾斜时，邻近 foF2 的回波有时会突然地迅速消失。因为这样的描迹是从斜传播方向反射来的，foF2 不能直接从描迹取得，foF2 用附加限量符号 E 与说明符号 Y 的极限值来表示。所以，

foF2＝(极限值)EY＝084EY；fxI＝104-Y

注　　释：符号 H 通常用于表示分层或倾斜层的出现。而符号 Y 表示在 F 区有严重的倾斜出现，注意，Y 的意思不同于“空白”。

【2】观测结果：由于干扰的原因，F2 描迹的最上面部分没有记录到，而 fxF2 描迹发生倾斜。

解　　释：foF2 由于干扰原因发展不充分，外推频率范围超过 20%，仅使用说明符号 S 来表示；而 fxI 则应加符号 Y，表示倾斜存在。所以，

foF2＝S；fxI＝129-Y

【3】观测结果：在 10MHz 附近观测到 fxF2 发生倾斜描迹。

解　　释：foF2 基本垂直，可直接从描迹取得，而 fxI 出现倾斜需要用符号 Y 来表示。所以，

foF2＝093；fxI＝105-Y

F2 层倾斜描迹

① 昆明站 2011 年 9 月 21 日 21:00 时:

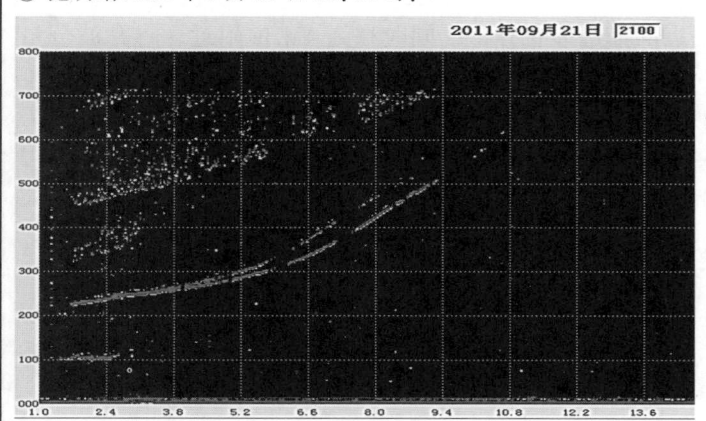

参数	结果
fmin	014ES
h′E	
foE	
foEs	019JA
h′Es	100
fbEs	016
h′F	220
foF1	
M3F1	
h′F2	
foF2	088EY
M3F2	265DY
fxI	107-Y
Es-type	f1

② 昆明站 2011 年 11 月 22 日 23:15 时:

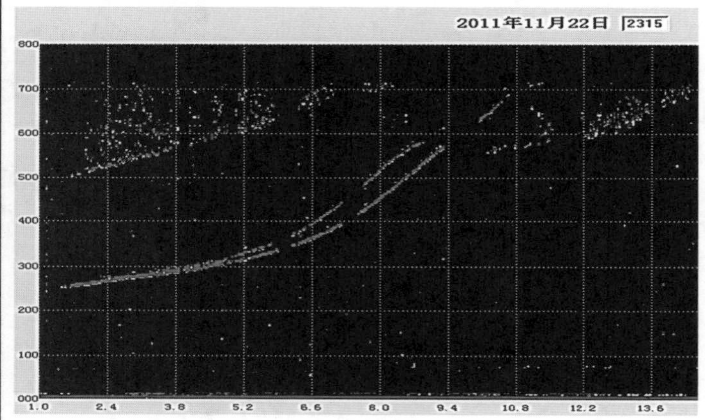

参数	结果
fmin	015ES
h′E	
foE	
foEs	015ES
h′Es	S
fbEs	015ES
h′F	250
foF1	
M3F1	
h′F2	
foF2	S
M3F2	S
fxI	105-Y
Es-type	

③ 昆明站 2012 年 2 月 21 日 16:30 时:

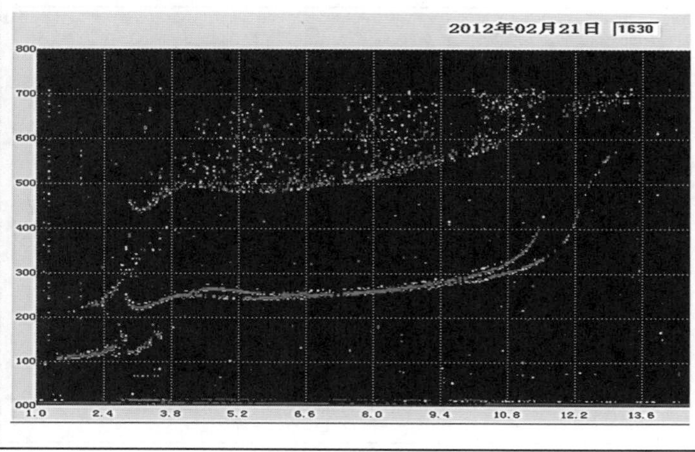

参数	结果
fmin	014
h′E	105
foE	260
foEs	029
h′Es	145-G
fbEs	028
h′F	215
foF1	L
M3F1	L
h′F2	240
foF2	116-R
M3F2	325-R
fxI	129-Y
Es-type	h1

F2 层倾斜描迹

【1】观测结果：F2 层临界频率(大约 8.8MHz)附近的描迹，形状异常，同时在 8.8MHz 附近，寻常波分量突然地消失。

解　　释：当 F2 层有大的倾斜时，邻近 foF2 的回波有时会突然地迅速消失。因为这样的描迹是从斜传播方向反射来的，foF2 不能直接从描迹取得，foF2 用附加限量符号 E 与说明符号 Y 的极限量值来表示。所以，

foF2 = (极限值) EY = 088EY；fxI = 107-Y

【2】观测结果：F2 层临界频率附近的描迹发展不充分，且形状异常，同时在 10.5MHz 附近，观测到了倾斜描迹。

解　　释：这张电离图 foF2 由于干扰的原因，发展得不充分，外推频率范围超过 20%，仅使用说明符号；而符号 Y 表示在 F 区有严重的倾斜出现。所以，

foF2 = S；fxI = 105-Y

【3】观测结果：由于偏倚吸收的原因，F2 描迹的最上面部分没有记录到，在 12.9MHz 附近观测到了倾斜描迹。

解　　释：foF2 由于偏倚吸收(R)的原因而被减弱，根据精度规则，外推频率范围小于 2%，数字值上应附加说明符号 R；而 fxI 则应附加符号 Y，表示倾斜存在。所以，

foF2 = 116-R；fxI = 129-Y

表 3-57　　　　　　　　　　　　**Z 描迹**

① 拉萨站 2012 年 4 月 1 日 01:00 时:

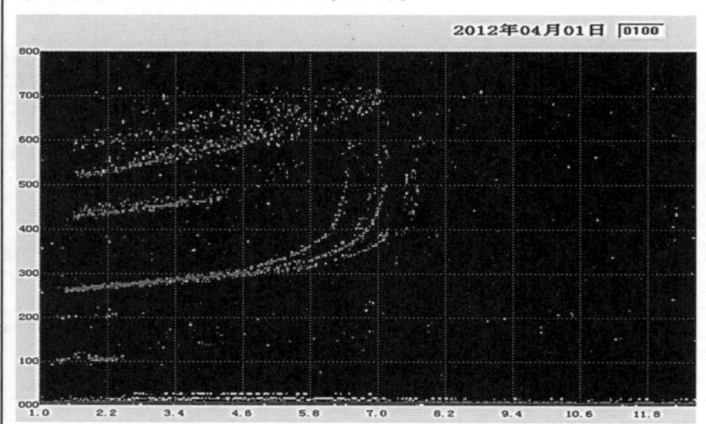

参数	结果
fmin	013ES
h′E	
foE	
foEs	016
h′Es	100
fbEs	013ES
h′F	260
foF1	
M3F1	
h′F2	
foF2	071-Z
M3F2	300-Z
fxI	078-X
Es-type	f2

② 拉萨站 2012 年 4 月 13 日 19:30 时:

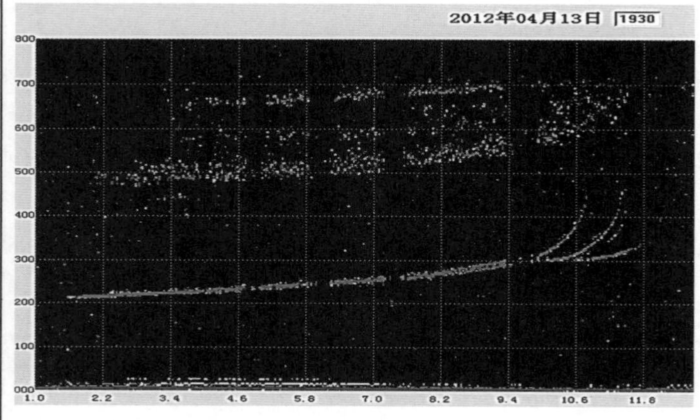

参数	结果
fmin	015ES
h′E	
foE	
foEs	015ES
h′Es	S
fbEs	015ES
h′F	210
foF1	
M3F1	
h′F2	
foF2	114-Z
M3F2	330-Z
fxI	121OX
Es-type	

③ 拉萨站 2012 年 5 月 5 日 21:00 时:

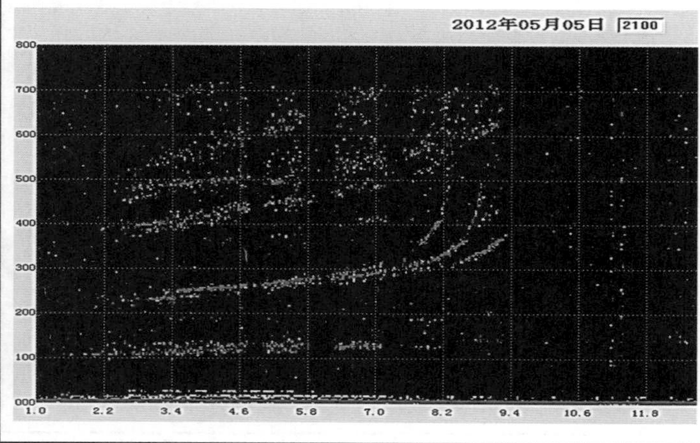

参数	结果
fmin	016ES
h′E	
foE	
foEs	064JA
h′Es	110
fbEs	033
h′F	245
foF1	
M3F1	
h′F2	
foF2	089-Z
M3F2	320-Z
fxI	096OX
Es-type	f2

Z 描迹

【1】观测结果：F2 描迹分裂为三个分支(Z，O 和 X 分量)。

解　　释：Z 模式的临界频率在 6.4MHz，它是沿着地磁力线传播的第三个磁离子分量，这类电离图不是很普遍，因为磁力线的走向在中纬与垂直方向相差很远。O 波与 X 波有微弱扩散。fxF2 与 fzF2 相差为 fB，foF2 大约出现在这两个分量的中间。当 Z 分量出现时，用 Z 符号表示。所以，

foF2=071-Z；fxI=078-X

【2】观测结果：F2 描迹分裂为三个分支(Z，O 和 X 分量)，X 波描迹发展不完整。

解　　释：此图中，Z 模式的临界频率在 10.7MHz。Z 波与 O 波相差 fB/2，而 fxF2 附近的描迹被干扰掉了，由 foF2 推导 fxF2 更为实际些。fxI=(foF2+fB/2)OX=121OX；限量符号 O 的意思是指非常波分量是由寻常波取得的。当 Z 分量出现时，foF2 用 Z 符号表示。所以，

foF2=(foF2)Z=114-Z；fxI=121OX

【3】观测结果：F2 描迹分裂为三个分支(Z，O 和 X 分量)，X 波描迹受干扰影响而发展不完整。

解　　释：此图中，Z 模式的临界频率在 8.2MHz。Z 波与 O 波相差 fB/2，而 fxF2 附近的描迹被干扰掉了，由 foF2 推导 fxF2 更为实际些。fxI=(foF2+fB/2)OX=96OX；限量符号 O 的意思是指非常波分量是由寻常波取得的。当 Z 分量出现时，foF2 用 Z 符号表示。所以，

foF2=(foF2)Z=089-Z；fxI=096OX

Z 描迹

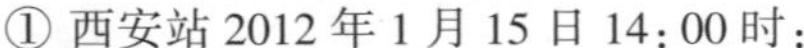

① 西安站 2012 年 1 月 15 日 14:00 时:

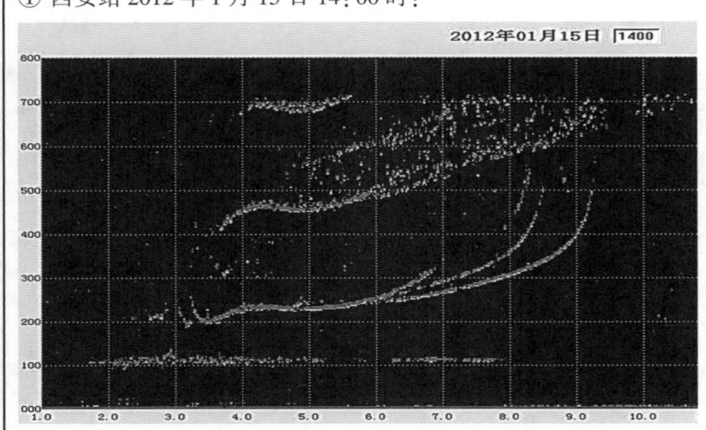

参数	结果
fmin	017
h′E	A
foE	A
foEs	071JA
h′Es	105
fbEs	032
h′F	190UH
foF1	430UL
M3F1	L
h′F2	230
foF2	085-Z
M3F2	310-Z
fxI	092-X
Es-type	l2

② 北京站 2010 年 4 月 9 日 12:00 时:

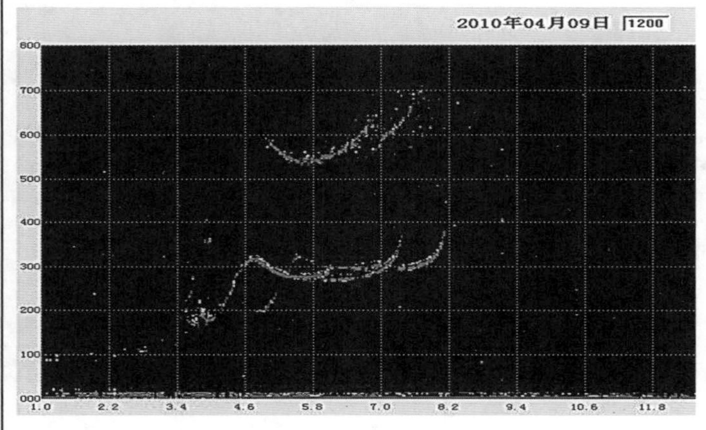

参数	结果
fmin	027
h′E	A
foE	Y
foEs	029DY
h′Es	105
fbEs	029DY
h′F	170-H
foF1	480
M3F1	415UH
h′F2	270
foF2	074-Z
M3F2	355-Z
fxI	081-X
Es-type	l1

③ 昆明站 2012 年 12 月 4 日 12:30 时:

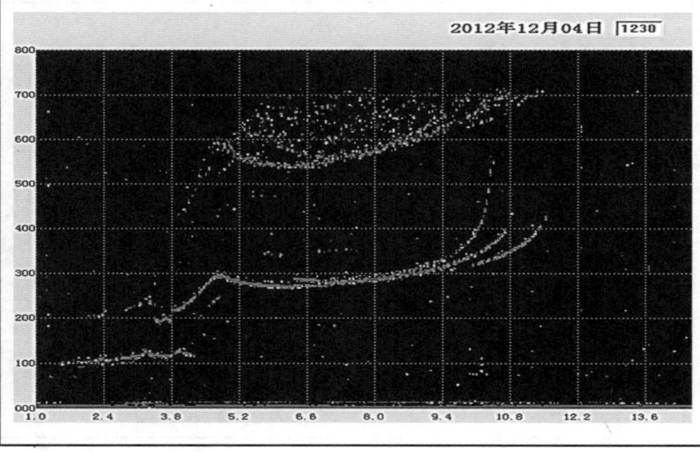

参数	结果
fmin	015
h′E	105
foE	330
foEs	037
h′Es	110
fbEs	034
h′F	190-H
foF1	470-L
M3F1	375-L
h′F2	265
foF2	110-Z
M3F2	310-Z
fxI	116-X
Es-type	c2l2

Z 描迹

【1】观测结果：F2 描迹分叉为 Z、O、X 三个分支，其中 Z 波 6.9MHz 以上描迹因衰减而未出现，寻常波和非常波描迹完好。

解　　释：Z 分支是沿着地磁力线传播的第三个磁离子分量，磁力线的走向在中纬度地区与垂直方向相差很远。fxF2 和 fzF2 之差为一个磁旋频率，foF2 大约出现在这两个分量的中间。当 Z 分量出现时，foF2 和 M3F2 正常取值，并附加说明符号 Z。所以，

foF2＝(foF2)Z＝085-Z；fxI＝092-X

【2】观测结果：在 6.1MHz 处出现了因衰减而未发展完全的分支描迹。

解　　释：结合 F2 层的二次反射，衰减分支为 Z 描迹。O、X 两分支发展良好，因此 foF2 和 M3F2 正常取值，并附加符号 Z 用以说明。所以，

foF2＝074-Z；fxI＝081-X

【3】观测结果：观测到 F2 描迹 Z、O、X 三个分支，其中 O、X 波描迹因衰减而发展不完全。

解　　释：fxF2 和 fzF2 之差为一个磁旋频率，foF2 大约出现在这两个分量的中间。因为 Z 分量发展得很好，根据一个磁旋频率的关系可确定 fxF2 的值，再根据半个磁旋频率的关系可确定 foF2 的值，并加相应的说明符号。所以，

foF2＝110-Z；fxI＝116-X

表 3-58　　G 条件

① 满洲里站 2012 年 5 月 10 日 09:00 时：

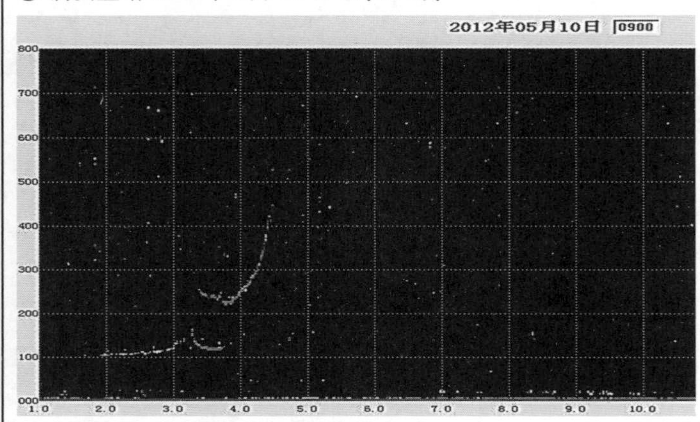

参数	结果
fmin	019
h′E	105
foE	325
foEs	038
h′Es	115
fbEs	037
h′F	220
foF1	440
M3F1	375
h′F2	G
foF2	044EG
M3F2	G
fxI	051OX
Es-type	c2

② 满洲里站 2012 年 5 月 10 日 09:15 时：

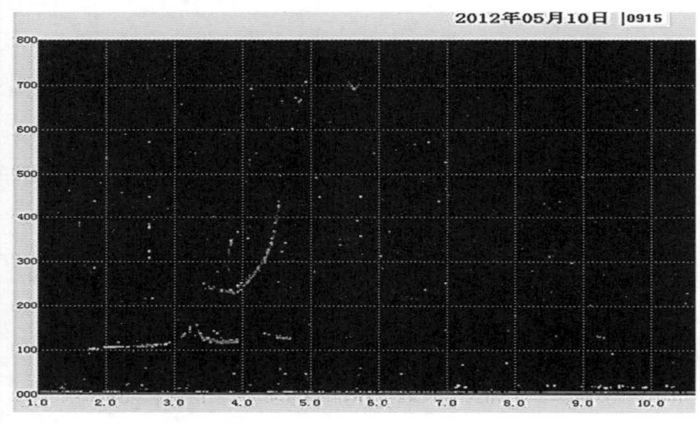

参数	结果
fmin	017
h′E	100
foE	330
foEs	040
h′Es	115
fbEs	039
h′F	240-A
foF1	460
M3F1	365
h′F2	G
foF2	050JR
M3F2	G
fxI	058-X
Es-type	c2

③ 满洲里站 2012 年 5 月 10 日 09:30 时：

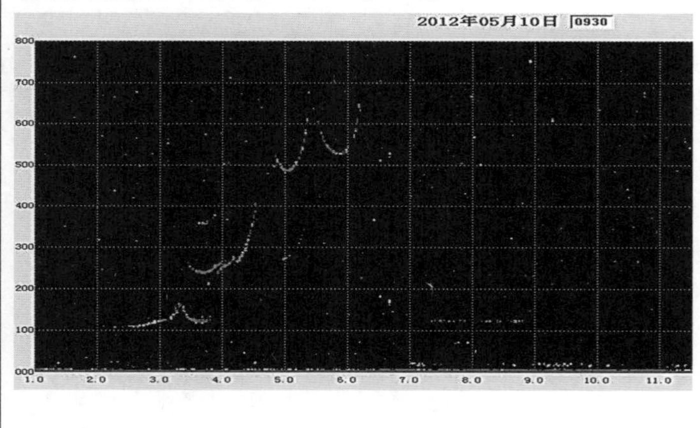

参数	结果
fmin	023
h′E	105
foE	335
foEs	038
h′Es	120
fbEs	038
h′F	245-A
foF1	460
M3F1	370
h′F2	485UG
foF2	054
M3F2	260UG
fxI	062-X
Es-type	c3

G 条件

【1】观测结果：只出现 F1 单支描迹，而 F2 描迹没有被记录到，即 foF1=4.4MHz。

解　　释：这是磁暴发生时的电离图，据资料记载，5 月 10 日受地磁活动影响，满洲里、乌鲁木齐附近出现电离层扰动。受此影响，满洲里电离层临频(foF2)大幅度下降，最大幅度达到 40%。

当 foF2 等于或小于 foF1 时，这种情况下 foF2 用 foF1 的数据带限量字符 E 和说明符号 G 给出，h′F2、M3F2 用不带数据的符号 G 列表。所以，

foF2=044EG；M3F2=G

【2】观测结果：这个例子是处于 G 现象发展阶段，foF2 只出现了非常波分量，所以，foF1=4.6MHz

解　　释：从非常波推出 foF2 接近 foF1 的值(foF2=5.0JR)，且 h′F2 很高。当 foF2<foF1+(foF1×10%)，h′F2 显得特别高时，foF2 的值是可靠的，但由于 foF2 靠近 foF1，h′F2 受 foF1 时延影响极大而显得特别高，因此须用符号 G 来体现。由于 h′F2 的原因，故 M3F2 也用符号 G 列表。所以，

h′F2=G；foF2=050JR；M3F2=G

【3】观测结果：foF2 的值是 5.4MHz；而 foF1+(foF1×10%)的值是 5.06MHz，foF1+(foF1×20%)的值是 5.52MHz，h′F2 虚高是 485km，显得比较高。

解　　释：当 foF1+foF1×10%<foF2<foF1+(foF1×20%)时，foF2 的值是可靠的，但由于 foF2 比较靠近 foF1，h′F2 还受 foF1 时延影响而显得比较高，因此须用 UG 限量并说明。由于 h′F2 受 foF1 时延影响而有疑问，故得到的 M3F2 也必然是有疑问的，所以 M3F2 必须以 UG 限量和说明。这张图也是 G 现象的发展阶段。所以，

h′F2=485UG；foF2=054；M3F2=260UG

G 条件

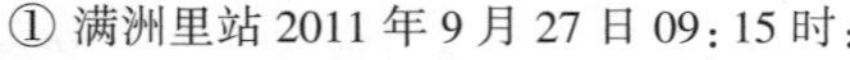

① 满洲里站 2011 年 9 月 27 日 09:15 时:

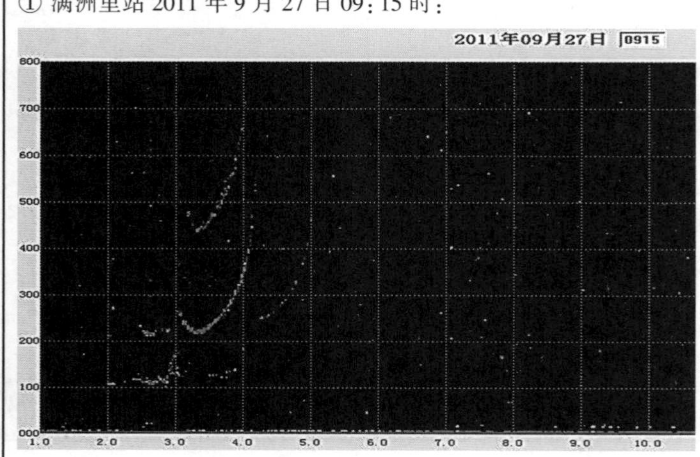

参数	结果
fmin	020
h′E	110-H
foE	300
foEs	030EG
h′Es	G
fbEs	030EG
h′F	220
foF1	420
M3F1	360
h′F2	G
foF2	042EG
M3F2	G
fxI	050-X
Es-type	

② 满洲里站 2011 年 9 月 27 日 09:00 时:

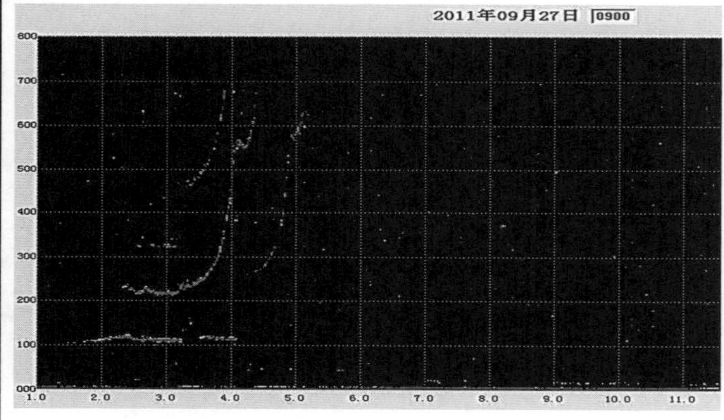

参数	结果
fmin	015
h′E	105
foE	A
foEs	033
h′Es	110
fbEs	032
h′F	225
foF1	410
M3F1	360
h′F2	550EG
foF2	044
M3F2	G
fxI	052-X
Es-type	c3

③ 满洲里站 2011 年 9 月 27 日 11:15 时:

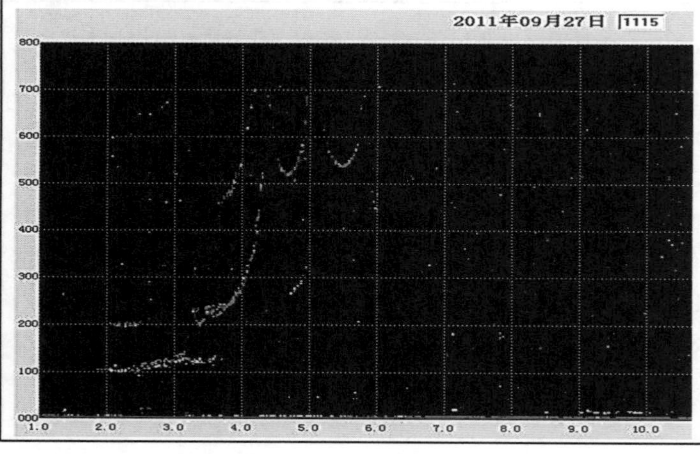

参数	结果
fmin	018
h′E	110-A
foE	315
foEs	035
h′Es	120
fbEs	033
h′F	195-H
foF1	430
M3F1	370-H
h′F2	515UG
foF2	050
M3F2	250UG
fxI	058-X
Es-type	c1l2

G 条件

【1】观测结果：F1 描迹清晰地出现，而 F2 描迹没有记录到，即 foF1＝4.2MHz。

解　　释：这是典型的磁暴发生时的电离图，据资料记载，24 日太阳连续爆发产生的日冕物质抛射于 26 日 20:37 抵达地球，造成行星际磁场剧烈扰动（行星际磁场南向分量达到−31nT），并引发强烈的地磁暴（Kp＝8）。受此影响，27 日我国北方地区电离层 foF2 大幅度下降，最大幅度达到 50%，28 日凌晨我国南方地区电离层 foF2 下降。行星际磁场、地磁场扰动截止到 10 月 1 日。所以，

h′F2＝G；foF2＝042EG；M3F2＝G

【2】观测结果：这个例子是处于 G 现象发展阶段，foF2 接近 foF1，值较低，而 h′F2 较高，所以，foF1＝4.1MHz、foF2＝4.4MHz。

解　　释：当 foF2<foF1＋(foF1×10%)，h′F2 显得特别高时，foF2 的值是可靠的，但由于 foF2 靠近 foF1，h′F2 受 foF1 时延影响极大而显得特别高，因此须用 G 或 EG 来体现。由于 h′F2 的原因，故 M3F2 即使切点能得出数值，也是极不正确的，故用 G 列表。所以，

h′F2＝550EG；foF2＝044；M3F2＝G

【3】观测结果：foF2 的值是 5.0MHz；而 foF1+(foF1×10%)的值是 4.73MHz、foF1+(foF1×20%)的值是 5.16MH，h′F2 虚高是 515km，显得特别高。

解　　释：当 foF1+foF1×10%< foF2 <foF1+(foF1×20%)时，foF2 的值是可靠的，但由于 foF2 比较靠近 foF1，h′F2 还受 foF1 时延影响而显得偏高，因此须用 UG 限量并说明。由于 h′F2 受 foF1 时延影响而有疑问，故得到的 M3F2 也必然是有疑问的，所以 M3F2 必须以 UG 限量和说明。这张图也是 G 现象的发展阶段。所以，

h′F2＝515UG；foF2＝050；M3F2＝250UG

G 条件

① 满洲里站 2012 年 3 月 16 日 08:00 时:

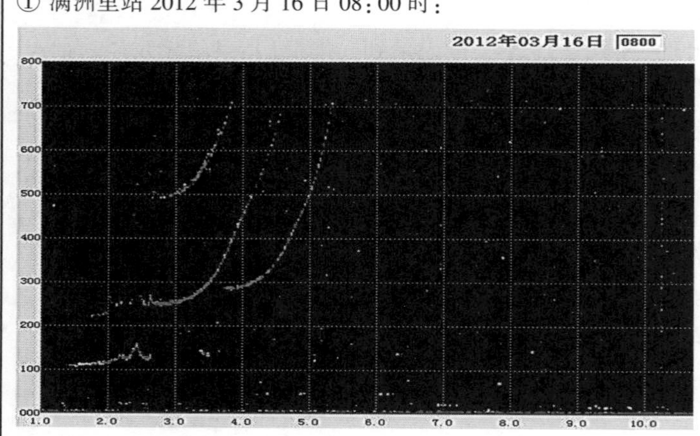

参数	结果
fmin	014
h′E	110
foE	240-H
foEs	027
h′Es	120
fbEs	026
h′F	245
foF1	460
M3F1	285
h′F2	G
foF2	046EG
M3F2	G
fxI	053-X
Es-type	c2

② 满洲里站 2012 年 3 月 16 日 08:45 时:

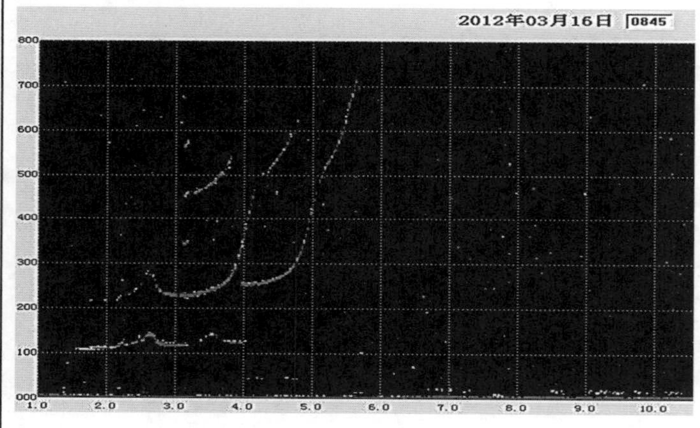

参数	结果
fmin	015
h′E	105
foE	265
foEs	032
h′Es	115
fbEs	031
h′F	225
foF1	430
M3F1	355
h′F2	500UG
foF2	049-R
M3F2	235UG
fxI	057-X
Es-type	c2

③ 满洲里站 2012 年 5 月 10 日 09:45 时:

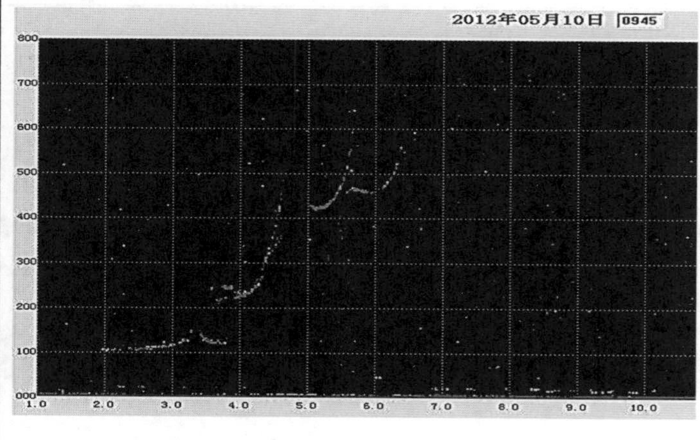

参数	结果
fmin	020
h′E	105
foE	335
foEs	038
h′Es	120
fbEs	036
h′F	215-A
foF1	460
M3F1	380
h′F2	420
foF2	057
M3F2	280
fxI	064-X
Es-type	c2

G 条件

【1】观测结果：F1 描迹清晰地出现，而 F2 描迹没有记录到；foF1＝4.6MHz，Es 描迹是 c 型。

解　　释：这类电离图经常出现在电离层扰动期间，与磁暴有关。在典型情况下，在早晨，常常是 foF2 减少，而 h′F2 增高。F2 层所谓 G 现象，它通常发生在伴随磁暴(负磁)而来的电离层扰动期间，这相应于 F2 层电子浓度变得等于或小于 F1 层的电子浓度的情况，foF2 应当用限量符号 E(小于)和说明符号 G 的 foF1 的数字值表示。所以，

h′F2＝G；foF2＝(foF1)EG＝042EG；M3F2＝G

【2】观测结果：foF2 的值是 4.9MHz；而 foF1+(foF1×10%)的值是 4.73MHz、foF1+(foF1×20%)的值是 5.16MHz，h′F2 虚高在 500km 左右，显得很高。

解　　释：当 foF1+foF1×10%< foF2 <foF1+(foF1×20%)时，foF2 的值是可靠的，但由于 foF2 比较靠近 foF1，h′F2 还受 foF1 时延影响而显得很高，因此须用 UG 限量并说明。由于 h′F2 受 foF1 时延影响而有疑问，故得到的 M3F2 也必然是有疑问的，所以 M3F2 必须以 UG 限量和说明。这张图也是 G 现象的发展阶段。所以，

h′F2＝550UG；foF2＝049-R；M3F2＝235UG

【3】观测结果：foF2 的值是 5.7MHz，而 foF1+(foF1×20%)的值是 5.52MHz，h′F2 虚高是 420km，显得较高。

解　　释：当 foF2>foF1+(foF1×20%)时，虽前后序列图是 G 现象发展过程。foF2 的值是可靠的，但由于 foF2 远离 foF1，因此 h′F2 基本上不受 foF1 时延的影响，h′F2 的值是可信的，不须加注任何符号。此时得到的 M3F2 也是可信的，也不须注任何符号。所以，

h′F2＝420；foF2＝057；M3F2＝280

G 条件

① 广州站 2012 年 7 月 10 日 06:45 时:

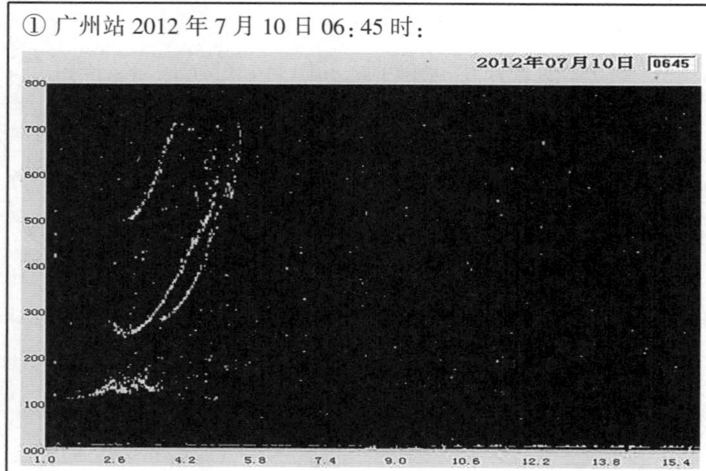

参数	结果
fmin	015
h′E	115
foE	250
foEs	030
h′Es	125
fbEs	025EG
h′F	255
foF1	490
M3F1	265
h′F2	G
foF2	049EG
M3F2	G
fxI	054-X
Es-type	c1

② 广州站 2012 年 7 月 10 日 07:00 时:

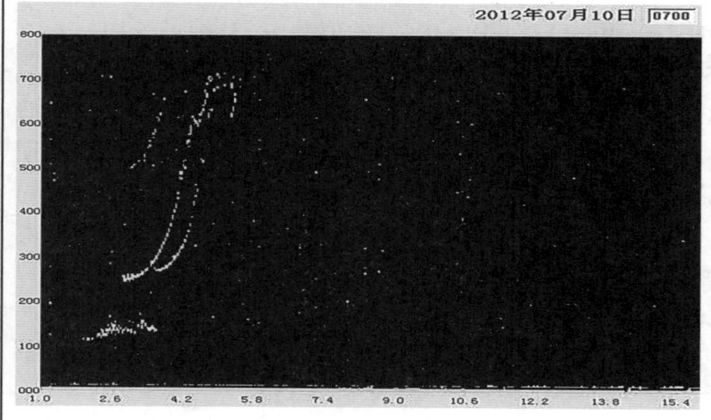

参数	结果
fmin	019
h′E	115
foE	265
foEs	032
h′Es	130
fbEs	028
h′F	250
foF1	440
M3F1	300
h′F2	600EG
foF2	048
M3F2	G
fxI	054-X
Es-type	c1

③ 广州站 2012 年 7 月 10 日 07:15 时:

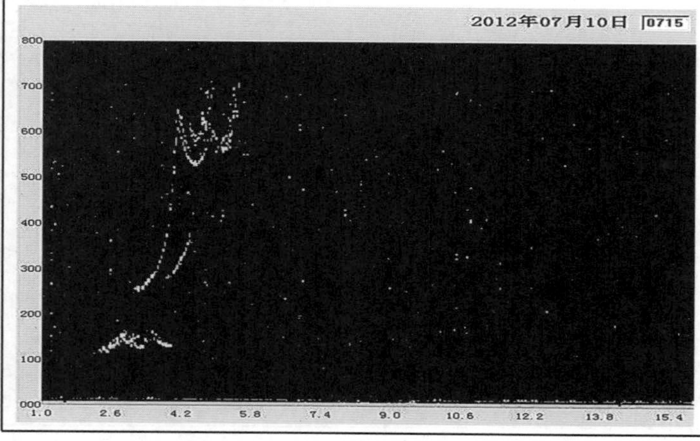

参数	结果
fmin	023
h′E	115-B
foE	285
foEs	034
h′Es	125
fbEs	031
h′F	255
foF1	410
M3F1	325
h′F2	530UG
foF2	049
M3F2	245UG
fxI	054-X
Es-type	c1

G 条件

【1】观测结果：F1 描迹清晰地出现，而 F2 描迹没有记录到，即 foF1=4.9MHz。

解　　释：这是典型的磁暴负暴发生时的电离图，foF2 接近等于 foF1，foF2 比正常下降许多，hF 比正常高 20~30km。度量 h′F 时不要因为同一时间段值偏高而只注符号不取值。所以，

h′F2=G；foF2=049EG；M3F2=G

【2】观测结果：这个例子是处于 G 现象发展阶段，foF2 接近 foF1，值较低，而 h′F2 较高。所以，foF1=4.4MHz、foF2=4.8MHz。

解　　释：当 foF2<foF1+(foF1×10%)，h′F2 显得特别高时，foF2 的值是可靠的，但由于 foF2 靠近 foF1，h′F2 受 foF1 时延影响极大而显得特别高，因此须用 G 或 EG 来体现，建议取值加 EG。由于 h′F2 的原因，故 M3F2 即使切点能得出数值，也是极不正确的，故用 G 列表。所以，

h′F2=600EG；foF2=048；M3F2=G

【3】观测结果：foF2 的值是 4.9MHz；而 foF1+(foF1×10%)的值是 4.51MHz、foF1+(foF1×20%)的值是 4.92MHz，h′F2 虚高是 530km，显得特别高。

解　　释：当 foF1+foF1×10%<foF2<foF1+(foF1×20%)时，foF2 的值是可靠的，但由于 foF2 比较靠近 foF1，h′F2 还受 foF1 时延影响而显得偏高，因此须用 UG 限量并说明。由于 h′F2 受 foF1 时延影响而有疑问，故得到的 M3F2 也必然是有疑问的，所以 M3F2 必须以 UG 限量和说明。这张图也是 G 现象的发展阶段图。所以，

h′F2=530UG；foF2=049；M3F2=245UG

G 条件

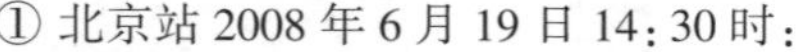
① 北京站 2008 年 6 月 19 日 14：30 时：

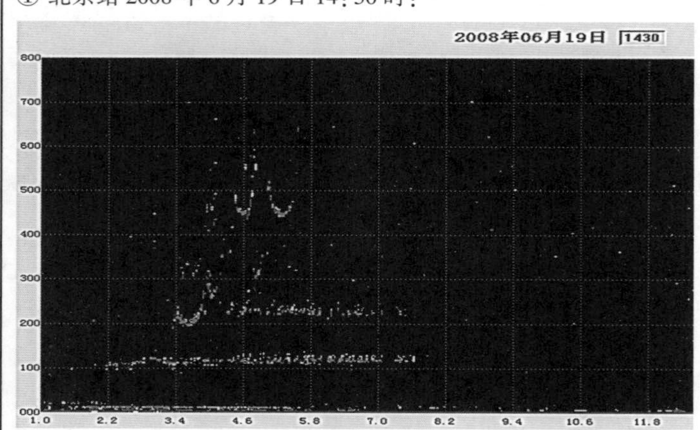

参数	结果
fmin	021
h′E	105
foE	A
foEs	069JA
h′Es	110
fbEs	034
h′F	195-H
foF1	440-R
M3F1	385UH
h′F2	G
foF2	048
M3F2	G
fxI	055OX
Es-type	c2c1

② 北京站 2008 年 6 月 28 日 11：30 时：

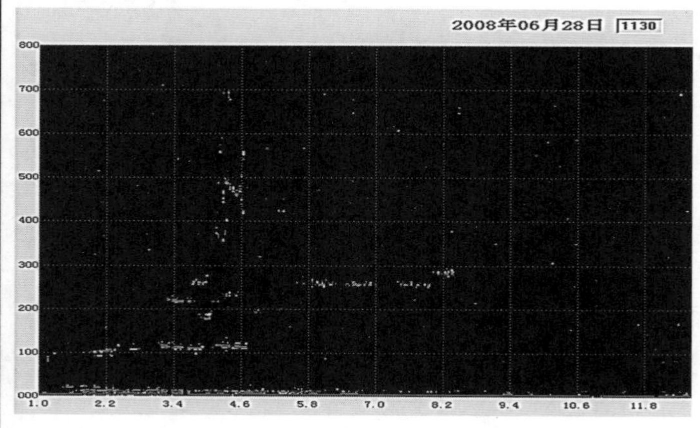

参数	结果
fmin	019
h′E	100
foE	A
foEs	039
h′Es	110
fbEs	038
h′F	A
foF1	430
M3F1	455
h′F2	G
foF2	047
M3F2	G
fxI	054OX
Es-type	c2

③ 北京站 2008 年 8 月 6 日 11：00 时：

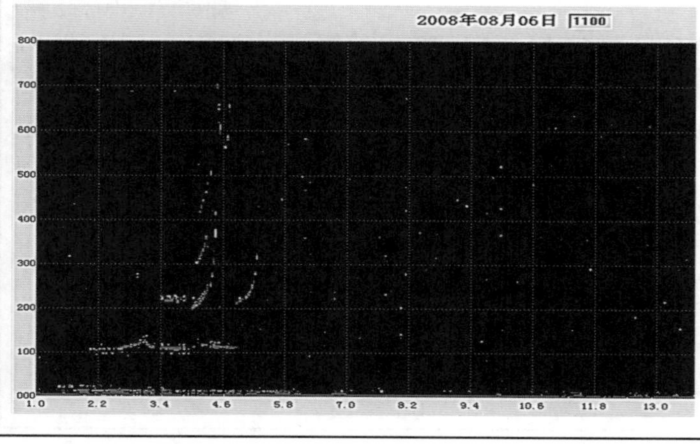

参数	结果
fmin	020
h′E	105
foE	315-A
foEs	039
h′Es	105
fbEs	040
h′F	200-A
foF1	450
M3F1	415
h′F2	G
foF2	045EG
M3F2	G
fxI	053-X
Es-type	c2

G 条件

【1】观测结果：F1 层描迹衰减较为严重，F2 层描迹高度为 445km，foF2=4.8MHz。

解　　释：F1 层高频部分的衰减影响了 foF1 的取值，因此须用符号 R 加以说明，即 foF1=440R。又 foF2<foF1+(foF1×10%)，因此 h′F2 和 M3F2 受 foF1 时延影响极大，须以说明符号 G 列表。所以，

h′F2=G；foF2=048；M3F2=G

【2】观测结果：F2 层只出现了寻常波描迹，高度为 455km，且 foF2=4.7MHz。

解　　释：当 foF2<foF1+(foF1×10%)时，h′F2 和 M3F2 受 foF1 时延影响极大，须以说明符号 G 列表，但 foF2 的值则是可靠的，因此 fxI 可以由 foF2 推得，即 fxI=(foF2+fB/2)OX。所以，

h′F2=G；foF2=047；M3F2=G

【3】观测结果：在 F 区仅出现 F1 层描迹。

解　　释：F2 层在所谓 G 现象情况下，通常发生在伴随磁暴而来的电离层扰动期间，这相应于 F2 层电子浓度变得等于或小于 F1 层的电子浓度，此时 foF2 应当用限量符号 E 和说明符号 G 的 foF1 的数字值列表，即 foF2=(foF1)EG。此外，h′F2 和 M3F2 受 foF1 时延影响，只能用说明符号 G 列表。所以，

h′F2=G；foF2=045EG；M3F2=G

G 条件

① 北京站 2008 年 8 月 6 日 13:30 时:

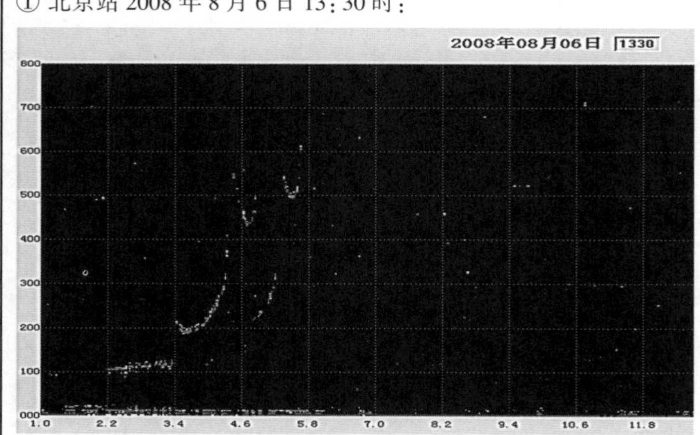

参数	结果
fmin	022
h′E	105
foE	320
foEs	034
h′Es	105
fbEs	034
h′F	190
foF1	440
M3F1	405
h′F2	430UG
foF2	049
M3F2	285UG
fxI	056-X
Es-type	c1

② 北京站 2008 年 8 月 17 日 14:00 时:

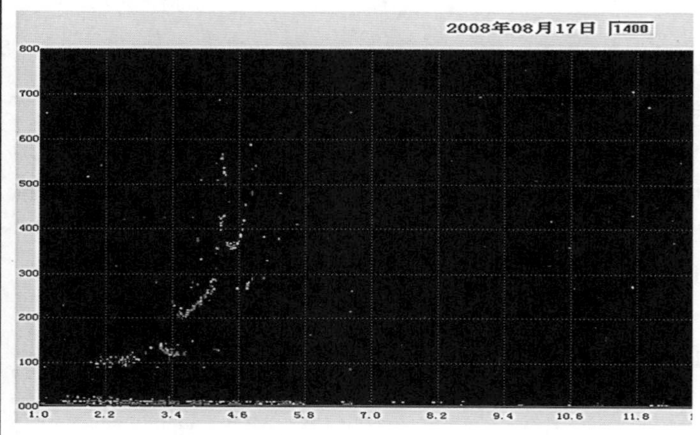

参数	结果
fmin	019
h′E	100
foE	310UR
foEs	036
h′Es	115
fbEs	034
h′F	200
foF1	430
M3F1	390
h′F2	360UG
foF2	048
M3F2	315UG
fxI	055OX
Es-type	c1

③ 北京站 2010 年 5 月 20 日 13:00 时:

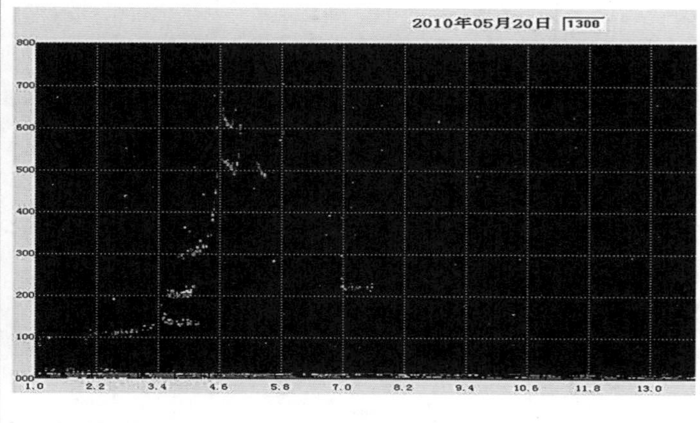

参数	结果
fmin	021
h′E	105
foE	340UR
foEs	042
h′Es	130
fbEs	036
h′F	195UH
foF1	460
M3F1	405UH
h′F2	G
foF2	050
M3F2	G
fxI	057OX
Es-type	h1

G 条件

【1】观测结果：F1 层高频部分和 F2 层描迹较弱，出现不同程度的衰减。foF2 的值是 4.9MHz，而 foF1+(foF1×10%)的值是 4.84MHz、foF1+(foF1×20%)的值是 5.28MHz，h′F2 虚高是 430km。

解　　释：由于 foF1+foF1×10%<foF2 <foF1+(foF1×20%)，foF2 的值是可靠的，但 foF2 比较靠近 foF1，h′F2 受到 foF1 时延影响而有疑问，得到的 M3F2 也必然有疑问，因此都须用限量符号 U 和说明符号 G 进行说明。所以，

h′F2=430UG；foF2=049；M3F2=285UG

【2】观测结果：F 层存在不同程度的衰减，F2 层只出现了寻常波描迹。所以，foF2=4.8MHz，介于 foF1+(foF1×10%)和 foF1+(foF1×20%)之间。

解　　释：当 foF1+foF1×10%<foF2<foF1+(foF1×20%)时，h′F2 和 M3F2 须用限量符号 U 和说明符号 G 进行说明，而 foF2 的值则是可靠的，因此 fxI 可以由 foF2 推导得出，即 fxI=(foF2+fB/2)OX=055OX。所以，

h′F2=360UG；foF2=048；M3F2=315UG

【3】观测结果：F 层存在一定程度的衰减，但不影响相关参数的获取。所以，

foF2=5.0MHz<foF1+(foF1×10%)。

解　　释：由于 foF2<foF1+(foF1×10%)，foF1 和 foF2 比较靠近，h′F2 受 foF1 时延影响极大，而 M3F2 的计算受 h′F2 影响，因此 h′F2 和 M3F2 须以说明符号 G 列表，但 foF2 的值是可靠的。所以，

h′F2=G；foF2=050；M3F2=G

3.5　其他电离图情况及其实例解释

其他电离图情况包括多重描迹、混合描迹和特殊 fmin 描迹等情况。

3.5.1　混合描迹

同一频高图出现上述两种以上的描迹；或 F 描迹除有二次反射的正规 F 描迹外，还观测到其他的 F 描迹；或 Es 的多重复合反射描迹，都属于混合描迹。

3.5.2　多重描迹

多重描迹表现为 E、Es、F1 或 F2 层描迹出现多次反射，以及 E 层和 F 层之间的混合反射，如 M 反射(2h′F− h′Es)、N 反射(h′F+h′Es)。

一个描迹从电离层做多于一次的反射，称之为复次反射。从同一个层两次反射的回波，具有来自地面的中间反射，称之为两次回波，三次反射给出三次回波，依次类推。

3.5.3　特殊 fmin 描迹

fmin 是在电离图上记录到的反射回波的最低频率。特殊 fmin 描迹是指由于机器原因或电离层骚扰造成 fmin 增高、二次反射的最低频率(fm2)低于第一次反射的(fmin)以及电离图上只观测到了非常波分量等几种特殊情况下 fmin 取值方法。

3.5.3.1　度量精度

fmin 的度量精度为 0.1MHz，例如 1.6MHz。

3.5.3.2　度量值的说明

fmin 用 0.1MHz 为单位的数字值表示，带或不带符号，或仅用一个符号表示。例如：

C——应为测高仪的缺陷，不能获得数字值。

16C——C 是说明符号。

46EC——E 是限量符号，C 是说明符号。

3.5.3.3　度量注意事项

(1)fmin 是以寻常波描迹为基础度量出来的。在实际度量中，建议从电离图记录到的第一次反射描迹来度量最低频率。从非常波或 Z 分量来度量 fmin 的情况是很少的。当从 Z 分量度量 fmin 时，要在数字值旁加注说明符号 Z(如 16 Z)。

(2)十分微弱的反射回波应予以忽略。

(3)当 fmin 很高时，常规的回波描迹会很弱，但仍应按强描迹来处理，用通常的方法去度量 fmin。吸收的强度可以从 fmin 的数值推导出来。

(4)绝不可从 d 型 Es 描迹去度量 fmin(在虚高低于 95km 时的弱扩散描迹)，也不可从斜反射描迹或突然出现的以及迅速变化的描迹去度量 fmin。

以表 3-59~表 3-60 对上述每一种情况结合观测实例分别进行度量解释。

表 3-59　　**混合描迹**

① 拉萨站 2012 年 4 月 1 日 00：00 时：

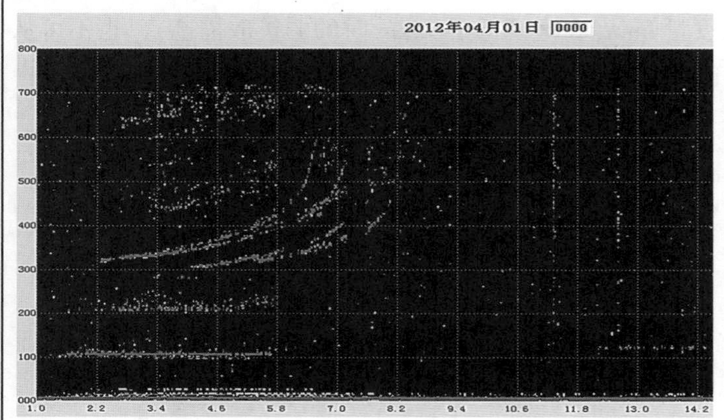

参数	结果
fmin	014ES
h′E	
foE	
foEs	050JA
h′Es	105
fbEs	041
h′F	305
foF1	
M3F1	
h′F2	
foF2	074JS
M3F2	295JS
fxI	081-X
Es-type	f2

② 阿勒泰站 2012 年 12 月 10 日 09：00 时：

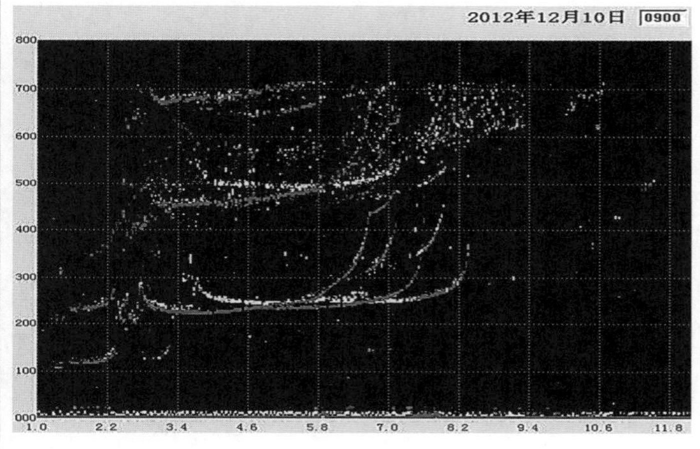

参数	结果
fmin	015
h′E	115
foE	023
foEs	023EG
h′Es	G
fbEs	023EG
h′F	220
foF1	
M3F1	
h′F2	
foF2	077-N
M3F2	365-N
fxI	084-X
Es-type	

③ 乌鲁木齐站 2012 年 11 月 5 日 11：00 时：

参数	结果
fmin	019
h′E	115
foE	290
foEs	033
h′Es	120
fbEs	031
h′F	190-H
foF1	470UL
M3F1	L
h′F2	245
foF2	N
M3F2	N
fxI	106-X
Es-type	c1l1

混合描迹

【1】观测结果：夜间电离图。除正规 F 描迹外，还在 315km 处观测到其他 F 描迹。
解　　释：在 315km 处观测到的这种描迹是一种斜反射描迹，它表明有一倾斜层通过测高仪顶空。根据前后序列图判断在 305km 处的描迹是正规描迹，因此高度和频率都要从此描迹获得，斜描迹不做处理。所以，

h′F = 305；fbEs = 041

【2】观测结果：观测到垂直回波和斜回波描迹叠在一起。
解　　释：当斜回波描迹妨碍垂直回波描迹度量时，要用说明符号 N，根据前后序列图确定 fof2 的临频值应在 7.7MHz 处。所以，

fof2 = 077-N；fxI = 084-X

【3】观测结果：观测到垂直回波和斜回波描迹叠在一起。
解　　释：当斜回波描迹妨碍垂直回波描迹度量时，要用说明符号 N，根据前后序列图和二次反射都不能确定 fof2 的临频值，所以，
fof2 = N；根据定义，应取 F 区反射的最高频率，所以 fxI = 106。

混合描迹

① 阿勒泰站 2012 年 11 月 8 日 18：00 时：

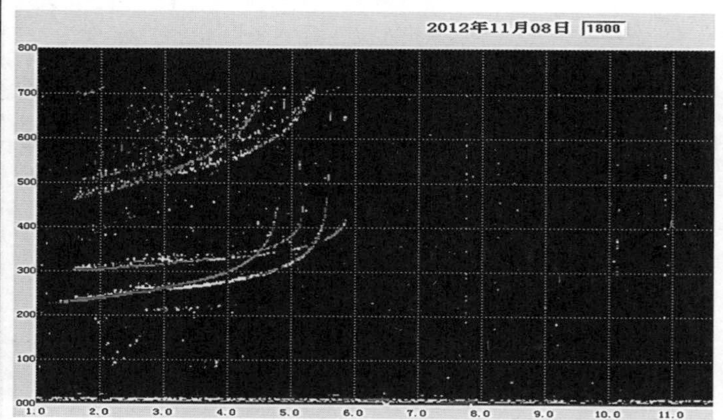

参数	结果
fmin	014ES
h′E	
foE	
foEs	014ES
h′Es	S
fbEs	014ES
h′F	230
foF1	
M3F1	
h′F2	
foF2	049
M3F2	315
fxI	056-X
Es-type	

② 苏州站 2011 年 9 月 3 日 01：00 时：

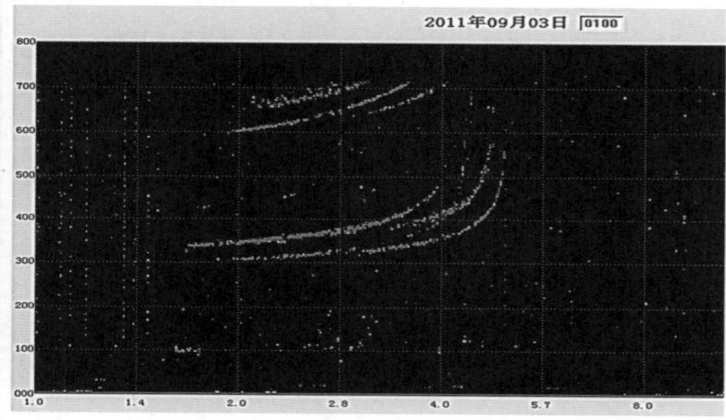

参数	结果
fmin	016ES
h′E	
foE	
foEs	012JS
h′Es	100
fbEs	016ES
h′F	305-Q
foF1	
M3F1	
h′F2	
foF2	044
M3F2	285
fxI	050-X
Es-type	f1

③ 乌鲁木齐站 2012 年 11 月 13 日 01：45 时：

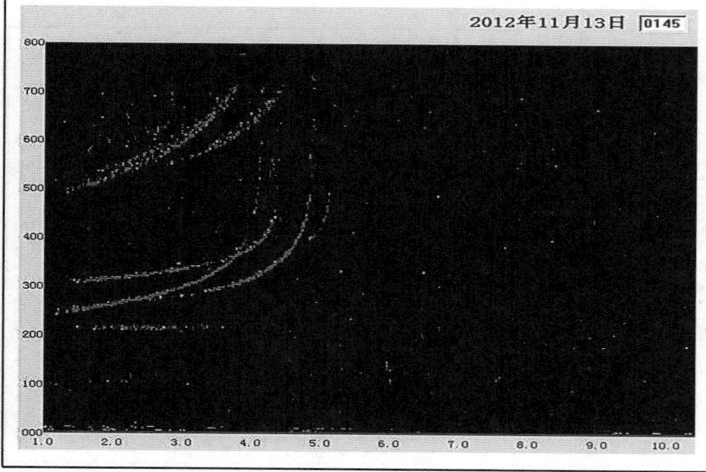

参数	结果
fmin	014ES
h′E	
foE	
foEs	014ES
h′Es	S
fbEs	014ES
h′F	245
foF1	
M3F1	
h′F2	
foF2	042
M3F2	295
fxI	048-X
Es-type	

混合描迹

【1】观测结果：除观测到正规 F 描迹外，还接收到附近站点反射的斜测描迹。

解　　释：同时观测到垂测描迹和斜测描迹时，在度量上会造成混乱。反复参考多重反射与临界频率以及前后序列图，对参数度量有很大帮助。所以，

fof2 = 049；fxI = 056-X

识别斜测描迹的标准：

① 斜测描迹的虚高大于垂测描迹的虚高；

② 斜测描迹的临频大于垂测描迹的临频；

③ 斜测描迹很少有多次反射。

【2】观测结果：夜间电离图。除正规 F 描迹外，还在 335km 处观测到其他 F 描迹。

解　　释：在 335km 处观测到的这种描迹是一种斜反射描迹，它表明有一倾斜层通过测高仪顶空。根据前后序列图判断在 305km 处的描迹是正规描迹，因此高度和频率都要从此描迹获得，简单的区域扩散，虚高加 Q 表示，临频大于斜描迹的临频且没有扩散。所以，

h′F = 305-Q；fof2 = 044；fxI = 050-X

【3】观测结果：除观测到正规 F 描迹外，还接收到附近站点反射的 F 层和 Es 层斜测描迹。

解　　释：同时观测到垂测描迹和斜测描迹时，在度量上会造成混乱。反复参考多重反射与临界频率以及前后序列图，确定高度在 200km 左右的描迹是斜测 Es 层的二次反射，不能作为 Es 类型处理。所以，

fof2 = 042；fxI = 048-X

表 3-60　　**特殊 fmin**

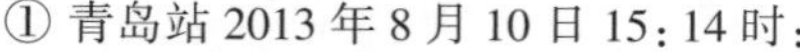

① 青岛站 2013 年 8 月 10 日 15:14 时:

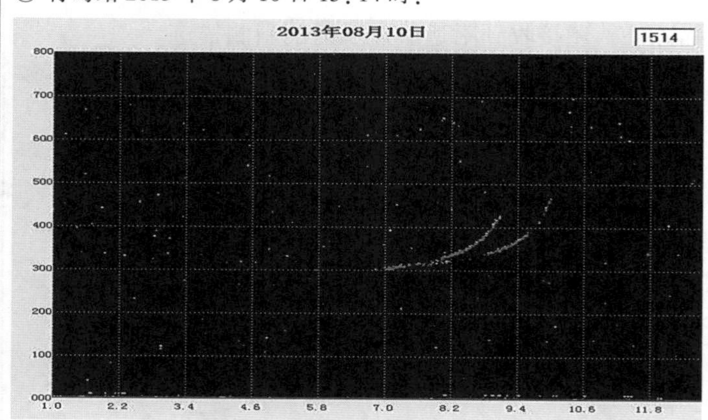

参数	结果
fmin	069EC
h′E	C
foE	C
foEs	069EC
h′Es	C
fbEs	069EC
h′F	C
foF1	C
M3F1	C
h′F2	305
foF2	093-R
M3F2	305-R
fxI	100-X
Es-type	

② 伊犁站 2013 年 4 月 2 日 22:00 时:

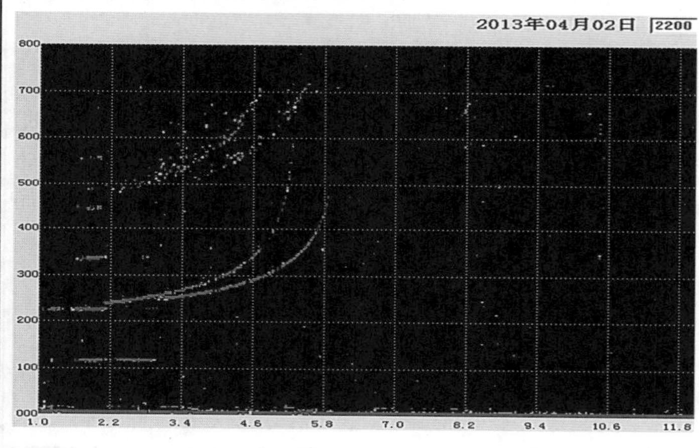

参数	结果
fmin	015ES
h′E	
foE	
foEs	022
h′Es	110
fbEs	021
h′F	235
foF1	
M3F1	
h′F2	
foF2	052
M3F2	300
fxI	059-X
Es-type	f5

③ 广州站 2009 年 1 月 23 日 06:30 时:

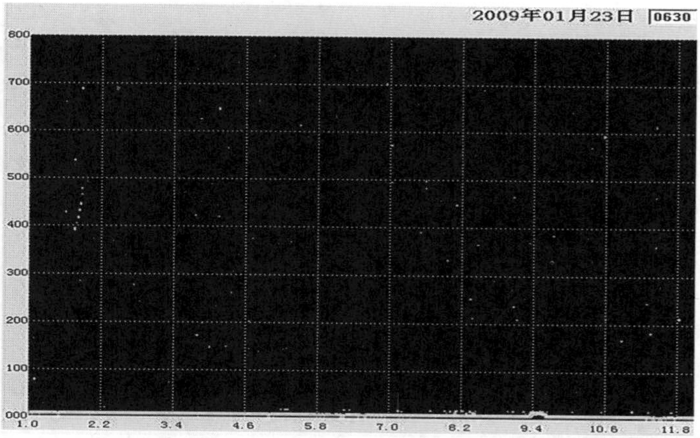

参数	结果
fmin	017ES
h′E	
foE	
foEs	017ES
h′Es	S
fbEs	017ES
h′F	S
foF1	
M3F1	
h′F2	
foF2	012JS
M3F2	S
fxI	019-X
Es-type	

特殊 fmin

【1】观测结果：由于测高仪的原因，低于 6.9MHz 的描迹没有记录下来，Es 层和 F1 层也未观测到。

解　　释：此图中，在低于 fmin 的频率，受到测高仪缺陷的影响，因此，h′E、foE、h′Es、h′F、foF1 和 M3F1，只注说明符号 C；fmin、foEs 和 fbEs，数字值应标以限量符号 E 与说明符号 C。所以，

fmin = foEs = fbEs = (fmin) EC = 069EC

注　　释：若由于吸收时，应该用说明符号 B 代替 C。下图为苏州站 2013 年 5 月 15 日图。

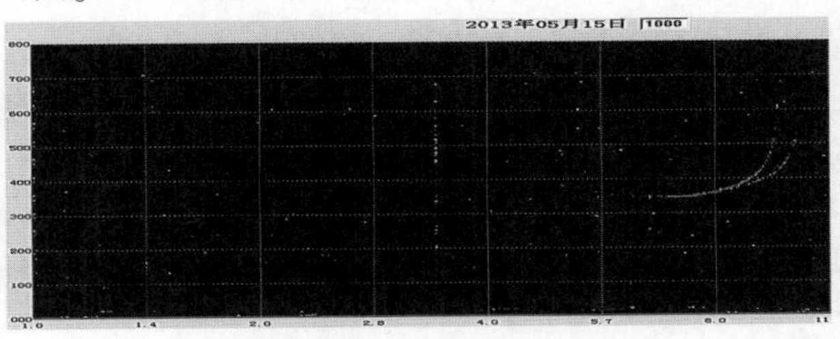

【2】观测结果：观测到 f 型 Es 第五次反射，二次反射的最低频率(fm2)低于第一次反射的 fmin。

解　　释：此图中，虽然二次反射的最低频率较第一次反射低，但在度量中，fmin 应从第一次反射去度量，而不是从第二次反射去度量。所以，

fmin = 015

【3】观测结果：由于测高仪的原因，低于 6.9MHz 的描迹没有记录下来，Es 层和 F1 层也未观测到。

解　　释：此图中，在低于 fmin 的频率，受到测高仪缺陷的影响，因此，h′E、foE、h′Es、h′F、foF1 和 M3F1，只注说明符号 C；fmin、foEs 和 fbEs，数字值应标以限量符号 E 与 S。

参考文献

[1]N. Wakai ，H. Ohyama and T. Koizumi 电离图度量手册[M]. 日本邮政省无线电研究所，中国电波传播研究所译，1992 .

[2]M Pezzopane，E Zuccheretti，C Bianchi，et al. The new ionospheric station of Tucuman：first results[J]. Annals of Geophysics，2007，50(3)：483-492.

[3]K J W Lynn，M Sjarifudin，T J Harris. F1. 5/F3 Layers in the Equatorial Ionosphere[J]. Iono Syst Res，Noosaville Astralia，2001.

[4]B Kakad，D Tiwari，T K Pant. Study of disturbance dynamo effects at nighttime equatorial F region in Indian longitude[J]. Journal of Geophysical Research Atmospheres，2011，116 (A12).

[5]E V Liperovskaya，O A Pokhoteloy，Y Hobara，et al. Variability of sporadic E-layer semi transparency (foEs-fbEs) with magnitude and distance from earthquake epicenters to vertical sounding stations[J]. Nat Hazards Earth Syst Sci，2003，3：279-284.

[6]Sarmoko Saroso：evidence of additional layer formation in the low latitude ionosphere[J]. J Sains Dirgantara，2011，2(1).

[7]A A Arayne，P L Dyson，J A Bennett. HF Propagation via the F3 Layer[G]. Iono Magnet Phys. 11，221-231，Kingston，Tasmania，Australian Antarctic Division，2001.

[8]B Zhao，W Wan，B Reinisch，et al. Features of the F3 layer in the low-latitude ionosphere at sunset [J]. Journal of Geophysical Research Atmospheres，2011，doi：10. 1029/2010JA016111.

[9]B Zhao，W Wan，Xn Yue，et al. Global characteristics of occurrence of an additional layer in the ionosphere observed by COSMIC/FORMOSAT-3[J]. Geophys Res Lett，2011，38，L02101，doi：10. 1029/2010GL045744.

[10]何绍红，徐彤 . 微粒 E 层事件判读及分析[J]. 电波科学学报，2013，28(1)：154-159.

[11]P Nenovski，C Spassov，M Pezzopane，et al. Ionospheric transients observed at mid-latitudes prior to earthquake activity in Central Italy[J]. Net. Hazards Earth Syst Sci，2010，doi：10. 5194/nhess-10-1197.

[12]N Balan，G J Bailey，M A Abdu，et al. Equatorial plasma fountain and its effects over three locations：Evidence for an additional layer，the F3 layer[J]. Journal of Geophysical Research Atmospheres，1997，102：2047-2056.

[13]M V Klimenko，B Zhao，A T Karpachev，et al. Stratification of the Low-Latitude and

Near-Equatorial F2 layer, Topside Ionization Ledge, and F3 Layer: What We Know about This? A Review[J]. International Journal of Geophysics, 2012, 1-22.

[14]赵海生，许正文，吴健．南极地区 Es 特性研究[J]．极地研究，2012，24(2)：129-135.

[15]T Xu, Z Wu, Y Hu, et al. Statistical analysis and model of spread F occurrence in China[J]. Sci Chin Tech, 2010, 53(6): 1725-1731.

[16]K S Ernest, M Sadami. Ionospheric sporadic E, in International series of monographs on electromagnetic waves[M]. Pergamon Press, 1962.

[17]龚宇，等．低纬(海南)电离层 Es 特性研究[D]．北京：中国科学院，2007.

[18]王燊，黄信榆，谭子勋．武昌上空 Es-s 的形态与出现规律[J]．空间科学学报，1983，3(1)：44-50.

[19]曾治权，等．日地关系[M]．北京：地震出版社，1989.

[20]熊皓．电磁波传播与空间环境[M]．北京：电子工业出版社，2004.